Aleff / Chalupová / Floer / Paul

Nachhaltigkeit und Qualitätsmanagement

Dana Aleff
Linda Chalupová
Wilhelm Floer
Sandra Paul

Nachhaltigkeit und Qualitätsmanagement

Ein unkonventioneller Kompass

HANSER

MIX
Papier aus verantwortungsvollen Quellen
FSC® C083411

Print-ISBN: 978-3-446-48007-0
E-Book-ISBN: 978-3-446-48096-4

Bibliografische Information der Deutschen Nationalbibliothek:
Die Deutsche Nationalbibliothek verzeichnet diese Publikation in der Deutschen Nationalbibliografie; detaillierte bibliografische Daten sind im Internet unter http://dnb.d-nb.de abrufbar.

www.hanser-fachbuch.de
Lektorat: Lisa Hoffmann-Bäuml
Herstellung: Carolin Benedix
Covergestaltung: Thomas West
Titelmotiv: © Dana Aleff / Thomas West
Satz: Eberl & Koesel Studio, Kempten
Druck: CPI Books GmbH, Leck
Printed in Germany

Inhalt

Vorwort

Der Titel des Buchs „Nachhaltigkeit und Qualitätsmanagement" klingt erstmal so, wie ich es aus all den Jahren in der Industrie kennengelernt habe, aber weit gefehlt.

Also, was ist hier anders: Schon die Zusammensetzung des Autor:innen-Teams ist ungewöhnlich, macht neugierig und inspiriert zu einer anderen Sichtweise.

Es ist eben nicht ein weiteres Handbuch, das mit Normen, Regeln und Prozessen den Eindruck erweckt, egal was man, also meist das Qualitätsmanagement, macht, es scheint immer nicht genug zu sein.

Wenn ich an meine Zeit in den Jobs denke, in denen ich für den Produktentstehungsprozess (auch ein Begriff aus der technokratischen Welt der Prozesse) verantwortlich war, habe ich viele Stunden mit Auditoren verbracht, intern und extern; Menschen, die Dinge und Verfahren beschreiben wollten und dabei immer sichergehen wollten, dass Qualität den Platz einnimmt, den sie ihr zuweisen wollten.

Ein „eierlegendes Wollmilchsau"-System sollte alles absichern, indem alle Schwachstellen und strategischen Zielsetzungen in einem Handbuch festgehalten werden.

Aber ich erinnere mich auch gerne an Feedback-Gespräche in Zertifizierungsrunden mit den Auditoren und den verantwortlichen Führungskräften, den Verantwortlichen aus R&D, Produktmanagement und QM, in denen über Sinnhaftigkeit, Verbesserungspotenzial und Auswirkungen auf die Kunden gesprochen wurde und eben nicht nur über Risiken, Strafen und Störfälle. Das war stets hilfreich und zukunftsweisend.

Nun befinden wir uns aber heute nicht mehr in der Zeit der reinen Industrialisierung und der Automatisierung von Maschinen und Fließbändern, sondern in der Zeit der „Wissensgesellschaft" und einer Zeit, in der Menschen und Maschinen zusammenarbeiten und Künstliche Intelligenz in fast jedem Prozessschritt unterstützt.

Was bedeutet das jetzt für Unternehmen und das Qualitätsmanagement und was ist mit Wissensgesellschaft gemeint?

Laut Wikipedia ist Wissensgesellschaft:

> *„Der Begriff Wissensgesellschaft bezeichnet eine Gesellschaftsformation in hochentwickelten Ländern, in der individuelles und kollektives Wissen und seine Organisation vermehrt zur Grundlage des sozialen und ökonomischen sowie des medialen Zusammenlebens werden. Allerdings baut grundsätzlich jedes gesellschaftliche System auf Wissen auf. Der analytische Wert des Begriffs „Wissensgesellschaft" ist umstritten. Der Begriff steht in engem Zusammenhang mit den Begriffen Informationsgesellschaft und Netzwerkgesellschaft sowie der mit Digitalisierung, Datafizierung und dem Internet verbundenen massenhaften Nutzung Digitaler Medien."*

Und was hat das jetzt mit Nachhaltigkeit und Qualitätsmanagement zu tun?

Dana und Team haben versucht, einen neuen und modernen Ansatz für ein „Handbuch" zu finden, das den Bedürfnissen des Themas und der Bedeutung von „Nachhaltigkeit" gerecht wird. Nicht als Alibi-Veranstaltung, sondern sie haben sich sehr tief und umfassend mit den Anforderungen von digitalen Geschäftsmodellen, Start-ups und Unternehmen, die gar keine Hardware, sondern nur Service und Software herstellen, befasst. Außerdem gilt es, die Zukunft in den Arbeitsprozessen (nicht nur in der Produktion) abzubilden, die Menschen und Maschinen, künstliche Intelligenz und emotionale Intelligenz miteinander verbindet bzw. noch verbinden wird.

In dieser Zukunft gilt es Herausforderungen wie die Klimakrise, die vermehrte Anzahl von Kriegen, Naturkatastrophen und geopolitische Veränderungen auch in Unternehmen als Risiko- oder Chancenfaktor zu betrachten und das Qualitätsmanagement dahingehend zu adaptieren bzw. diesen Umständen Rechnung zu tragen.

Was uns hilft, ist das zur Verfügung stehen von Daten und Wissen (eben aus der Wissensgesellschaft) und vernetzten Strukturen, Denken und Handeln.

Qualitätsmanagement entwickelt sich zum Lackmus-Test für Unternehmenskultur, Anforderungen der Kunden und die Verbindung nicht nur zu betriebs- oder volkswirtschaftlichen Zielen, sondern auch zu der gesellschaftlichen Verantwortung von Wirtschaft, Wissenschaft und Politik. Alles ist mit allem verbunden und damit reden wir auch von der „Demokratisierung von Information, des Internets etc.".

Wissen ist nicht länger herrschaftlich, sondern so gut und breit verfügbar, nämlich vernetzt, community-basierend und auf Augenhöhe, barrierefrei, in einfacher Sprache und nachhaltig vorhanden.

Es ist Zeit, die verstaubten Handbücher des Qualitätsmanagements in das Archiv zu schaffen, eine Überarbeitung und Aktualisierung der Zertifizierungskriterien vorzunehmen und Nachhaltigkeit als Kernverantwortung zu definieren, aber mindestens komplett zu überdenken. DIN EN ISO 9001, DIN EN ISO/IEC 27001 etc. sind alles gute und brauchbare Regelwerke und Richtlinien, die ihren Sinn haben, aber eine Verankerung in die Zukunft brauchen, statt in die Vergangenheit, die Chancen höher bewertet als Risiken und Menschen und unsere Umwelt, die Zukunftsfähigkeit unternehmerischer Aktivitäten in den Mittelpunkt stellt.

Das gelingt in diesem wundervollen Buch.

Dana habe ich im Rahmen meiner Expeditions- und Lernreise in die Start-up-Welt und zu den jungen weiblichen Gründerinnen, in Frankfurt kennengelernt.

Wir haben danach super lange telefoniert und uns im Sommer letzten Jahres in Aachen zum Spazieren gehen und Frühstücken getroffen. Das war nicht nur ein Feuerwerk an gegenseitiger Inspiration, sondern wir haben so viele Gemeinsamkeiten entdeckt und uns überlegt, dass wir uns doch gegenseitig als Mentorinnen gewinnen könnten.

Warum ist Dana Aleff eine Mentorin für mich? Sie vertritt die Generation, in deren Alter ich meine erste Führungsaufgabe im Großkonzern angetreten hatte. Sie vertritt außerdem die Generation, die klar, direkt, gut ausgebildet, empathisch und risikofreudig ist. Das kann ich von meiner Generation nicht sagen. Und das macht unsere Freundschaft so besonders. Außerdem haben wir beide das „Miss-Marple-Gen“, das uns wach und aufmerksam sein lässt. Um das genauer zu erklären, braucht es ein eigenes Buch ☺.

Als Dana mich dann fragte, ob ich das Vorwort zu dem Buch schreiben möchte, konnte ich sofort und laut JA sagen – und das, wo ich sie doch in unserem Gespräch fragen wollte, ob sie das Vorwort für mein erstes Buch „Wir können Zukunft“ schreiben möchte.

Wie nennt man so etwas? Transzentendale Verbindung von Seelen oder Duplizität der Ereignisse? Nein, es die nachhaltige und bedingungslose Verbindung und Unterstützung zwischen zwei „Geschäftsfrauen“, denen Werte, Erfolg und Impact sowie Feminismus und Menschen wichtig sind.

Herzlichen Dank für die Ehre und den allergrößten Erfolg für dieses wichtige und zeitgemäße Buch.

Vera Schneevoigt

Vom Herzen aus

Folgende Zeilen kommen aus unserem Herzen, zusammengestellt als etwas Unkonventionelles, mit Intuition und aus Menschlichkeit. Unseren Hintergrund aus der Wissenschaft wird man wohl an der ein oder anderen Ecke nicht leugnen können. Wir haben mit großer Freude über einen kleinen Teil dieser so großen Welt geschrieben und über ein Thema, das jeden Menschen zentral betrifft, aus vier ganz eigenen Blickwinkeln und doch gemeinsam.

Über Nachhaltigkeit und Qualitätsmanagement gibt es bereits unzählige Ausführungen, von den ISO-Standards bis zu Marketingversprechungen zur Klimaneutralität. Nachdem der Verlag uns vier dankenswerter Weise durch viele Zufälle zusammenführte und fragte, ob wir uns ein solches Buch vorstellen könnten zu schreiben, waren wir uns mit einer Sache intuitiv einig. Wir wollten Wert stiften für die Leser und für eine gerechte gesunde Welt und das würde nicht erreicht werden durch ein einfaches Sachbuch, das bestehendes Wissen – wenn auch in guter Form – rezitiert. Nun, dann dachten wir uns, was, wenn wir einfach etwas völlig Verrücktes machen würden, unseren Rahmen weit lassen, vom Herzen aus schreiben, nicht wie eine wissenschaftliche Veröffentlichung, sondern mit Zeilen, die uns bewegen, die Menschen bewegt haben und die nicht aufklärend oder belehrend sein sollen, sondern eine wunderbare Einladung zum Nachdenken? Mal neutral, mal poetisch, mal lustig, mal zynisch, mal kindlich und dabei einfach echt.

Was daran unkonventionell ist, dürften Sie direkt beim Durchblättern erkennen. Und da wir zu Ihrem Herzen und Ihrem Verstand sprechen möchten und mit Ihnen in den Dialog kommen wollen, haben wir uns gemeinsam für das respektvolle Du entschieden. Es erwartet Dich ein Buch, was es wahrscheinlich so noch nicht in dieser Form gegeben hat. Eine bewusst gewählte Zusammenstellung aus langen und kurzen Kapiteln, Geschichten aus dem Leben, einem fachlichen Dialog, Bildern und Gedichten, und in einem Schreibstil, der sich abschnittsweise fortlaufend verändert.

Das Buch bietet Dir Mehrwert durch

- Einblicke in die Theorien der Nachhaltigkeit und des Qualitätsmanagements;
- Inspiration und Anregungen zum Nachdenken, indem es persönliche Reflexionen und Fachwissen kombiniert;
- konkrete Beispiele und Fallstudien, die zeigen, wie Nachhaltigkeit und Qualitätsmanagement im Alltag und in verschiedenen Branchen erfolgreich umgesetzt werden können;
- den unkonventionellen Schreibstil, der dazu einlädt, bestehende Perspektiven zu hinterfragen und neue Ansätze zu entdecken;
- interaktive Elemente wie Reflexionsfragen und Aufgaben, die die Anwendung des Gelernten auf die eigene Situation fördern;
- Schaffung einer Verbindung zwischen wissenschaftlichen Konzepten und menschlicher Erfahrung, die weit über trockene Theorie hinausgeht.

In Verbundenheit und mit großer Freude,

die vier Autor:innen

1 Es war einmal – ein aktueller Comic

Wilhelm Floer und Sandra Paul

1.1 Anno 1700: Krieg, Bevölkerungszuwachs und Energiekrise

Bild 1.1
Aktuelles Bild? Nein, das gab es schon vor 300 Jahren[1)]

Mitten im 30-jährigen Krieg wächst Carl von Carlowitz als zweitältester Sohn von insgesamt 16 Kindern im Erzgebirge auf.

Ausgeplünderte Städte und die Pest prägen seine Kindheit. Der Vater von Carl ist Oberforstmeister und Waldbesitzer, wie seine Vorfahren. Trotz der schlechten Zeit erfährt Carl eine angemessene Bildung im „Holzmilieu“. Carl lernt schnell.

---

[1] Alle Bilder in diesem Kapitel, bei denen keine direkte Quelle genannt wird, stammen von Visual Plot und Sandra Paul.

1.2 Reisen und Lernen

Bild 1.2
Reisen ist Teil der Bildung

In Sachsen schrumpfen die Holzbestände. Der Holzmangel betrifft ganz Europa und belastet die Wirtschaft. Das sieht Carl mit eigenen Augen auf seiner Europareise, die Teil seiner Ausbildung ist (Bild 1.2). Fremde Länder sind die besten hohen Schulen.

Besonders in Frankreich hält sich Carl längere Zeit auf. Der Bau von Kriegsschiffen und Galeeren verschlingt die Ressourcen der königlichen Forste. Der Minister schreitet ein. Nach einer Inventur der Baumbestände organisiert er den Prozess um, reduziert den Holzeinschlag und schreibt Maßnahmen zur Wiederherstellung vor.

Carl kehrt nach fünf Jahren zurück nach Hause.

1.3 Holz – eine begehrte Ressource

Bild 1.3 Holz – eine begehrte Ressource für den Wohlstand

In Sachsen herrscht eine unstillbare Baulust und Prunksucht, finanziert durch den Silberbergbau. Gebaut wird mit Holz. Geheizt wird mit Holz (Bild 1.3). Der Baumbestand in den sächsischen Wäldern reduziert sich stark. Das Bevölkerungs- und Städtewachstum trägt dazu bei, dass die geringen Waldbestände weiter abnehmen und eine Energiekrise ist die Folge.

1.4 Carl von Carlowitzs Wirken

Bild 1.4
Carl kennt seine Aufgabe und seine Werte

Carl, nun Oberberghauptmann, ist für die Versorgung des Bergbauwesens mit Holz zuständig. Dem Herrscher sind alle Mittel recht, um seine Ziele zu erreichen – auch der Ruin des eigenen Landes. Carl schafft es, sowohl seine Aufgabe zu erfüllen, als auch seine persönlichen Werte zu vertreten (Bild 1.4). Es geht ihm um Land und Leute, um Wandel und Veränderung. Er vertritt die Meinung, jeder habe ein Recht auf Nahrung und Unterhalt und dieses Recht stehe auch den nächsten Generationen zu.

Carl kritisiert das auf kurzfristigen Gewinn ausgerichtete Denken. Die privilegierten Bevölkerungsschichten haben eine größere Verantwortung als die Untertanen, die oft um ihr Überleben kämpfen.

1.5 Sylvicultura Oeconomica

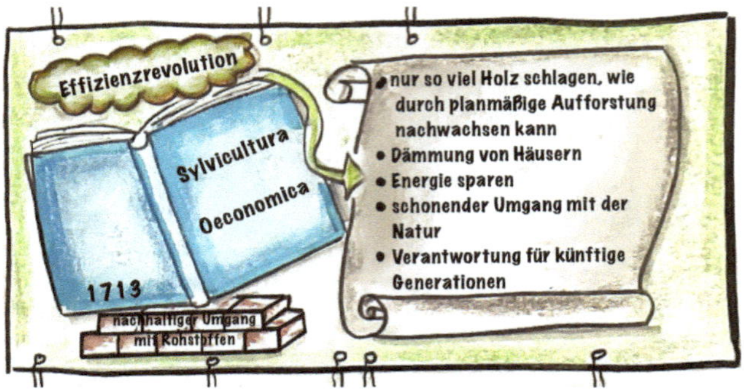

Bild 1.5 Carls Lebenswerk in Schriftform

40 Jahre arbeitet Carl und dient seinem Herrn. Er bewirkt, dass nur so viel Holz geschlagen wird, wie durch planmäßige Aufforstung nachwachsen kann. Er setzt ein weiteres Bündel von Maßnahmen durch, das einer Effizienzrevolution gleichkommt. Er bewirkt die Wärmedämmung beim Hausbau und die Verwendung von energiesparenden Schmelzöfen und Küchenherden.

Sein Wissen gibt er weiter, er schreibt ein Buch, „Sylvicultura Oeconomica" (Bild 1.5). Das Buch legt einen Grundstein für nachhaltiges Wirtschaften mit Rohstoffen. Der Begriff „nachhaltig" wird in diesem Werk das erste Mal verwendet. Ein Jahr später stirbt Carl von Carlowitz.

Bild 1.6
Holz: verstanden – und die anderen Rohstoffe?

Heute ist der Wald in Sachsen und in Deutschland vor Übernutzung und Rodung geschützt. Dafür sorgen Gesetze wie das Bundeswaldgesetz und andere. Global gesehen gibt es mehr Grund zur Sorge. Der Verlust von Wäldern und besonders Urwäldern nimmt dramatisch zu. Durch das Abholzen von schützenswerten Wäldern reduzieren wir Biodiversität und vernichten so dringend benötigte Kohlenstoffsenken. Und Holz ist nur eine Ressource von vielen, die wir heute für unseren Wohlstand verwenden und deren Grenzen schützenswert sind (Bild 1.6).

Carl von Carlowitz hat vor 300 Jahren einen Prozess angestoßen, der bis in die heutige Zeit andauert. Lasst uns den Ball aufnehmen und Carls Arbeit weiterführen.

1.6 Nachhaltigkeit – Kind der Krise

Bild 1.7
Nachhaltige Praktiken entstehen in Krisenzeiten

Weltweite Kriege, Überbevölkerung, Ressourcenknappheit, Verteilungskrise, Energiekrise und noch viele weitere Krisen sind allgegenwärtig. Diese Aspekte forcieren das Denken und Handeln in Bezug auf Nachhaltigkeit (Bild 1.7).

Wir brauchen Menschen wie Carl von Carlowitz. Menschen, die sich verantwortlich fühlen und die notwendige Transformation im Sinne des Gemeinwohls mitgestalten. Menschen, die wegweisende Ideen für nachhaltiges Wirtschaften entwickeln und umsetzen, die im System am System arbeiten. Gesetzliche Vorgaben und Verordnungen sind das eine, Verbundenheit zur Umwelt und Verantwortung für die nächsten Generationen sind das andere. Es werden nicht nur Visionäre gesucht. Jeder ist Teil des Systems und kann zu positiven Veränderungen beitragen, da, wo er oder sie ist, mit dem, was jeder hat.

1.7 Transformation mit Verantwortung

Bild 1.8 Gemeinsam Verantwortung übernehmen

In den Organisationen gibt es keine Blaupausen für Veränderungen. Jede Organisation muss dafür individuelle Lösungen finden und die Menschen integrieren, die beteiligt und oder betroffen sind.

Was hat das Thema mit mir zu tun? Das steht nicht in meiner Stellenbeschreibung. Carl hatte sicher keine Stellenbeschreibung. Er hatte eine Aufgabe und er kannte seine Werte und zwar nicht nur die in seinem Portemonnaie, sondern die in seinem Herzen. Er hat sich verantwortlich gefühlt.

Carl von Carlowitz erinnert uns daran, dass auch in Krisenzeiten, wie heute, Mut, Kreativität und Verantwortung gefragt sind. Lasst uns gemeinsam handeln und eine nachhaltige Zukunft gestalten.

Die **Antwort** steckt in der Ver**antwort**ung. Wir antworten auf die Herausforderungen unserer Zeit für eine florierende Wirtschaft, für alle Lebewesen und die nächsten Generationen (Bild 1.8).

> Wir stehen in einer der größten Transformationen der Geschichte und können die Zukunft gemeinsam gestalten. In jedem von uns steckt ein Carl. Weck den Carl in Dir.

Literatur

Grober, Ulrich (2024): „Hans Carl von Carlowitz – Der Erfinder der Nachhaltigkeit", *https://carlowitz-gesellschaft.de/essay/ulrich-grober-hans-carl-von-carlowitz-der-erfinder-der-Nachhaltigkeit*, aufgerufen am 25.08.2024

2 Die Geschichte aus dem Kindergarten

Dana Aleff

Es war ein wunderschöner Tag und die Sonne blitzte durch mein Fenster. Ich saß im sechsten Stock eines Hauses auf einem alten Industriegelände in unserem ersten Büro. Vorbereitungstermin per Videokonferenz für einen Vortrag kommende Woche. Nun, wie kam es dazu?

Ich bin Ingenieurin und liebe Mathematik. Dazu zählen auch Ursache-Wirkungs-Beziehungen und generell komplexe Modelle. Wenn Du selbst Führungskraft oder in der Wissenschaft tätig bist, erreichte gewiss schon mal die Floskel Dein Ohr: „Erklären Sie es so einfach, dass es ein Kind versteht".

Gefühlt hörte ich diesen Satz in den letzten Jahren berechtigterweise in etwa 50 Mal. Wahrscheinlich waren es auch etwa 37 851 Mal, wo ich wieder einmal mit voller Euphorie versuchte, die verstrickten Abhängigkeiten verschiedener Nachhaltigkeitsdimensionen über Graphentheorie zu erklären.

In einem einzigen Satz habe ich dann alles verschachtelt: Umweltdaten, Rolle der Digitalisierung in dem Ganzen, einem „eigentlich ist es ja nur ein neuer Blickwinkel im Qualitätsmanagement" und der Philosophie über das Menschsein. Nicht zu vergessen die Zusammenhänge zwischen sozialer Nachhaltigkeit, der Notwendigkeit ökologischer Technologietransformation und dem, was wir so beim industriellen Fortschritt alles bis jetzt vergaßen in unseren linearen Entscheidungsprozessen.

Der vorige Absatz zeigt auch ganz bildlich, wie ich mich damals noch ausdrückte, bis zu einem Vormittag, der sehr vieles verändern würde.

Nun lade ich Dich ein, mich zurück zu diesem wunderschönen sonnigen Tag zu begleiten. Der Tag, an dem ich mit Sonnenstrahlen im Gesicht in diesem Vorbereitungstermin saß.

In dem Vorbereitungstermin hielt ich die Kurzversion meines Vortrags und freute mich wie immer über die Rückmeldung, was ich besser machen könnte. Der Veranstalter mochte den Inhalt meines Vortrags sehr. Ja, Nachhaltigkeit und Umweltdaten sind super, sagte er, und das brauchen wir. Und im zweiten Satz sagte er dann leider, dass es absolut nichts bringe, wenn es in diesen komplizierten Worten kaum jemand verstehe. Es sollte doch ein Kind verstehen müssen.

Na, kommt Dir dieser Satz bekannt vor?

Ja, danke für die Info, dachte ich mir ... Und dann schob er, entgegen seiner 50 Vorredner mit selbiger Floskel, noch einen Satz hinterher. „Ich habe eine Aufgabe für Sie“, sagte er, „Sie gehen morgen auf die Straße und erklären einem Kind, was Sie mit dem digitalen Aufbau der Umweltdaten meinen.“

Verrückt. Wieso war ich da nicht schon längst selbst draufgekommen? Im Nachhinein schon fast zu offensichtlich, dass nicht jeder das einmal macht. Im Kindergarten oder in einem Altenheim vorgetragen: der Endgegner.

Nun weiter im Text. Jedenfalls verlebte ich meinen Arbeitstag nach genanntem Vorbereitungstermin wie jeden anderen und schlenderte im Dunkeln irgendwann spät nach Hause. Laut meinen Erinnerungen hatte ich nicht mehr viel sonst von der Videokonferenz im Kopf und ging schlafen.

Am nächsten Morgen wachte ich auf und saß voller Tatendrang neben meinem Partner im Bett und sagte völlig entschlossen: „Ich fahre jetzt in den Kindergarten.“ Berechtigterweise schaute ich in ein leicht verwirrtes Gesicht. Nach dem gestrigen Vortrag und meiner Aufgabe schien es mir aber wie der völlig logische nächste Schritt. Wo auch sonst würde ich besser ein Kind antreffen? Wohl bemerkt, nicht nur *ein* Kind.

Ich setzte meinen Partner kurz in Kenntnis über meine Videokonferenz vom Vortag. Als er mich dann für leicht positiv verrückt erklärte und mir viel Freude wünschte, zog ich mich an. Ein Kleid mit Blumen. Und fuhr los. Für alle, die mich kennen: Ich trage eher keine Blumen. Passte mich damit meiner neu gewonnenen Herausforderung an und hoffte, dass sie mich im Kindergarten nicht gleich wegschicken würden. Tue ja sicher keiner Fliege was zuleide, und darüber hinaus konnte ich es kaum erwarten, mit den Kindern über die Natur zu reden. So zog ich meine Schuhe an und radelte die zehn Minuten zum nahegelegenen Kindergarten.

Dort angekommen schloss ich das Rad ab und klingelte am Tor.

„Ja, hallo, guten Morgen, was kann ich für Sie tun?“ Scheinbar sah ich nicht aus wie eine der Mütter, die täglich hier rein- und rausspazierten.

Meine ersten Worte waren in etwa: „Ja, hallo, danke erstmal für das Türöffnen. Wahrscheinlich kommen meine jetzt folgenden Sätze etwas überraschend für Sie. Kurz für Ihren Hintergrund: Ich bin Ingenieurin, arbeite mit Ökobilanzen für die Industrie. Man sagte mir zu meinem Vortrag, dass ich das Thema zu kompliziert erkläre. Ich solle zur Übung doch einmal mit einem Kind darüber sprechen. Ja und jetzt wollte ich höflich bitten, ob das denn hier möglich ist.“

Verdutzter als das Gesicht von meinem Partner, schaute mich die gute Frau an. Berechtigterweise. „Ähm, okay, kommen Sie kurz mit."

30 Meter weiter, durch den Weg des Vorgartens gelaufen, stand ich vor der nächsten Person. Die Erzieherin, die mich eine Minute vorher am Tor aufgegabelt hatte, entgegnete der zweiten Dame in etwa so was wie: „Hier ist so eine Frau, die will einmal mit den Kindern über was sprechen. Sagen Sie es am besten selbst", übergab sie an mich. Ah ja, und so wiederholte ich meine Sätze, wurde berechtigterweise wieder leicht irritiert angeschaut und bekam als Antwort: „Na gut, dann gehen wir mal in die Vorschulgruppe, da sind die Fünf- bis Sechsjährigen und dann schauen wir mal."

Hach, Du kannst Dir nicht vorstellen, wie mein Herz hüpfte vor Euphorie, während sich im gleichen Moment ein großes Gefühl von Unsicherheit ausbreitete. Falls Du gerade selbst Kinder in diesem Alter hast, weißt Du, welche Worte und Themen diese kennen. Ich hatte im Gegensatz dazu keinen blassen Schimmer. Seltsamerweise war mein Bauchgefühl dafür nicht existent. Wo mein Bauchgefühl mich doch sonst immer als mein zweites Gehirn leitet.

Nun stand ich im Türrahmen der Vorschulgruppe und sah eine weitere Erzieherin auf dem Boden zwischen den Spielzeugen sitzen. Sie können sich vorstellen, was jetzt kommt. Die Szene wiederholte sich. Ich wurde „übergeben" mit den Worten, dass ich mit den Kindern wohl über irgendwas mit der Umwelt sprechen wollte. Ich wiederholte meine Sätze zum dritten Mal, während ich mich zu der Erzieherin auf den Boden setzte.

Die Erzieherin war toll. Sehr herzlich, sehr liebevoll und wir unterhielten uns über die Umwelt und den respektvollen Umgang mit Ressourcen. In dem Moment kam eine weitere sehr liebevolle Erzieherin in den Raum und teilte mir mit, dass sie vor Jahren im Kindergarten ein kleines Atelier aufgebaut habe. Dort würde mit alten Kartons, Papier und weiteren Dingen gebastelt.

Das war der Moment, wo ich mich an meine Kindheit erinnerte, wo wir aus „alten" Eierkartons und Flaschendeckeln ganze Kunstwerke erschufen, mit Erdfarben die Dachrinnen anmalten und uns aus Stöcken Buden bauten. Schöne Erinnerung.

Jedenfalls bekam ich dann von den beiden Frauen die finale Erlaubnis, dass ich nach dem Frühstück meinen Vortrag üben durfte und sie alle Kinder im Ruheraum zusammentrommeln würden.

Es vergingen noch ein paar Minuten auf dem Boden, bis alle Kinder zum Frühstück gerufen wurden. Die Minuten auf dem Boden waren sehr achtsam. Ich beobachtete, wie die Kinder mit ihren Autos spielten, lachten, träumten und in diesem Moment lebten. Ich begriff sehr schnell, dass sich die Welt hier nicht in meinem „Erwachsenen-Tempo" drehte. Ich nutzte die halbe Minute, wo die beiden Erzieherinnen die Kinder zum Frühstück zusammentrommelten, und sagte meine beiden Folge ab. Und so verbrachte ich die nächsten drei Stunden auf dem Boden, einem Stuhl in Zwergengröße und in dem Ruheraum des Kindergartens.

In diesen Momenten begann ich zu begreifen, was für eine besondere Gabe Kinder noch haben und wie dieses später meine größte Probe darstellen würde. Nämlich die Ehrlichkeit von Kindern, die noch so schrecklich schön genau das sagen und fragen, was sie denken, und das unzensiert. Und dazu sind sie noch auf ihre Weise sehr kritisch und hören einfach nicht mehr zu, wenn es sie thematisch nicht packt.

Das kommende Frühstück über saß ich also auf einem kleinen „Zwergenhocker" zwischen den Kindern und machte mir so meine Gedanken. Ab und zu bekam ich eine Frage, wer ich denn sei, und durfte teilhaben an Geschichten, die sie sich untereinander erzählten. Gegen Ende des Frühstücks hatte ich diesen einen Moment, an dem ich wie durch einen Geistesblitz plötzlich wusste, wie ich zumindest den Anfang meines Themas gleich einfach einleiten würde. Meine zu nutzenden Worte mussten sich ja bekanntlich auf den Wortschatz der Kinder beschränken und auf einmal schien es mir im Kopf „kinderleicht" zu fallen. Ich kann Dir nicht einmal genau sagen, was in diesen Momenten passierte. Bin und war einfach dankbar.

Ja und dann kam der Moment, wo die letzte Tupperdose zugeklappt wurde, und die Erzieherin, die Kinder in den Raum zusammentrudelten.

Halleluja, war ich aufgeregt. Viel aufgeregter als vor Vorträgen, die ich schon vor Hunderten Leuten gehalten hatte. Völlig verrückt und irrational, dachte ich mir, oder?

Dass das alles andere als irrational war und Kinder wohl ein sehr anspruchsvolles Publikum sind, wurde mir dann auch schnell klar. Wie mächtig dieses Feedback der Kinder noch für mich werden würde, erkannte ich unmittelbar nach dem Start in der allerersten Minute. Nach ein paar einleitenden Sätzen hatte ich ihre Aufmerksamkeit, bis sich die ersten beiden Kinder umdrehten und auf der Sitzbank herumkrabbelten. Herausforderung angenommen, deren Aufmerksamkeit wiederzuerlangen, dachte ich mir.

Mit einer konkret gestellten Frage zur Anregung mitzudenken waren sie plötzlich bei mir und so begann ich:

> *„Wer von euch mag Wasser oder geht gerne schwimmen, z. B. ins Meer?"*
>
> Alle Kinder zeigten begeistert auf. Dann fragte ich weiter:
>
> *„Wer von euch mag die Natur, z. B. spielen im Wald oder im Grünen?"*
>
> Wieder zeigten alle auf. Nun stellte ich die traurige Frage:
>
> *„Könnt ihr euch vorstellen, dass eines Tages all das nicht mehr funktioniert, weil es zu wenig Wasser und Bäume gibt?"*
>
> Die Traurigkeit in ihren Augen verriet, dass sie sich das nicht vorstellen wollten. Ich führte die Frage weiter aus.
>
> *„Könnt ihr euch vorstellen, dass damals, als eure Oma und Opa so klein waren wie ihr, davon noch viel mehr da war?"*
>
> Als Antwort kam von einem Schweigen bis zu einem „Echt?", auch mehrfach ein „Ja, die Erwachsenen jetzt machen alles kaputt!" zurück. Interessant, dachte ich.

Dann war der Moment gekommen, wo mein Bauchgefühl völlig aussetzte. Ob sich dieses Wort wohl schon in ihrem Wortschatz befinden würde? Ich wagte den Schritt zu fragen, ob sie wussten, was ein Unternehmen sei.

Wie ist Dein Gefühl? Wissen sechsjährige Kinder das? Ehrlicherweise dachte ich nicht, dass die Kinder damit etwas anfangen könnten, und so ratterte mein Kopf in den zwei Sekunden schon weiter, wie ich ihnen ein Unternehmen wohl umschreiben würde.

Dann geschah etwas für mich sehr Unerwartetes. Zwei Kinder meldeten sich aufgeregt. Die Erzieherin nahm beide der Reihenfolge nach dran. Die erste Antwort stimmte mich kurz sprachlos:

„Ja, das sind die Bösen, die schlechte Gase in die Luft tun."

Ich konnte es kaum glauben, dass es ein Kind so direkt auf den Punkt brachte. Das zweite Kind wurde schon ganz hibbelig und als es endlich dran genommen wurde, sagte es Folgendes:

„Nein, nein, nein, sind das nicht die, die so Bäume pflanzen und das Wasser schützen?"

Ich war tief beeindruckt von beiden Antworten. Und in dem Moment wollte ich beiden Kindern am liebsten dankbar um den Hals fallen für diese Steilvorlage. Klingt ausgedacht? Ist es aber nicht. Wo ich das hier schreibe, kann ich es selbst immer noch nicht glauben und in dem Moment fühlte es sich an wie mein Rettungsschirm und der Anker, an dem ich weiter aufbauen konnte. Schließlich war ich ja mit einer Aufgabe im Kindergarten, um Sechsjährigen zu erklären, warum globale Unternehmen angesichts der Klimakrise neben finanziellen Aspekten langsam auch mal ihre Umweltauswirkungen berücksichtigen sollten.

Nachdem ich nach wenigen Sekunden vor lauter Staunen meine Worte wiederfand, fragte ich weiter:

„Glaubt ihr, es gibt mehr Unternehmen, die böse Gase in die Luft tun, oder mehr, die sich um Bäume und die Natur kümmern?"

Alle Kinder waren sich leider richtigerweise einig, dass es mehr Unternehmen mit schädlichen Gasen gab und zeigten hibbelig und einstimmig auf das Kind, welches die erste Antwort gegeben hatte.

Ja und jetzt wurde es langsam spannend. Problem verstanden. Nächster Schritt: Lösungen.

Also fragte ich die Kinder ganz vorsichtig, was sie denn dafür tun würden, dass die Unternehmen die bösen Gase nicht mehr in die Luft tun. Ein Kind rief in die Runde:

„Sagen wir ihnen, dass sie aufhören sollen."

Ja, wenn das so einfach wäre, schwebte es in meinem Kopf herum. Ich fragte weiter, wie die Kinder das anstellen würden, dass es auch bei den Unternehmen ankommt. Ein Kind kroch ein paar Zentimeter auf der Bank nach vorne, stand halb auf und sagte, dass es Plakate basteln und sie an die Gebäude der Unternehmen aufhängen würde.

Da ich ja weiterhin meine Aufgabe im Kopf hatte, dass ich den Kindern den Nutzen einer Ökobilanzierung-Software erklären musste, ergriff ich den Moment, auf den ich nun schon Stunden gewartet hatte.

„Gut“, sagte ich, *„kurze Frage an euch: Kennt ihr alle Handys und Bildschirme?“*

„Ja, ja, jaaa“, hallte es durch den Raum.

Jackpot. Also führte ich weiter aus:

„Und was haltet ihr davon, wenn wir eure Idee mit den Plakaten einfach digital auf Handys und Computern anzeigen, damit noch mehr Menschen sie sehen können und wir die Botschaft verbreiten?“

Die Kinder fanden diese Idee großartig. Nun ja, meine Aufgabe hatte ich ja noch nicht erfüllt, also ging die Reise weiter.

„So“, entgegnete ich, *„und was wollen wir den Unternehmen denn jetzt auf dem Plakat beziehungsweise dem Bildschirm anzeigen?“*

„Na, wie sie es besser machen“, warf ein Kind ein.

Ich schaute in die Runde und auf meine eigenen Füße und sagte ohne viel nachzudenken:

„Wisst ihr, wie so ein Schuh hergestellt wird? Könnt ihr euch zum Beispiel vorstellen, dass der Schnürsenkel dreimal um die Welt fliegt, bis er so ankommt?“

Die Kreativität der Kinder war nicht mehr zu stoppen. Man könne ja zum Beispiel visualisieren, wie viel Müll entsteht und wie lang der Weg ist. Zum zweiten Teil, „Wie kann man es besser machen“, führten die Kinder und ich ein kleines Ping-Pong-Brainstorming durch. Was, wenn Unternehmen an ihren einzelnen Produkten und Prozessen herumspielen können, um Zusammenhänge zu verstehen (wie z. B. das Material austauschen oder den Produktionsstandort) und dann sehen, wie sich die Bildchen mit ihren dahinterliegenden Kennzahlen so verändern würden? Varianten können dann einfach mit roten und grünen Pfeilen nach oben und unten dargestellt werden.

Und um dann noch die Erklärung mit den Kindern abzurunden, einigten wir uns darauf, dass das „Coolste“ wäre, wenn man sein Wunschszenario einstellen könnte (bitte so und so viel weniger Wasser, bitte nicht mehr böse Gase als das und so weiter) und dann auf einen Knopf drücken, dass den Menschen in den Unternehmen angezeigt wird, was sie ändern müssen, um dieses Ziel zu erreichen.

Die Kinder hatten es längst verstanden und ich hatte die einfachste Erklärung für den Inhalt meines Vortrags gefunden.

Irgendwann während dieses Vormittags gegen Ende war der Punkt gekommen, wo sich selbst die Erzieherinnen mit in die Diskussion einschalteten und es nur so aus allen heraussprudelte. Das Kapitel würde explodieren, wenn ich alle wunderbaren Geschichten der Kinder hier auflisten würde. Erlaube mir noch einen Ausschnitt aus der Konversation zu teilen, der so viel Tiefe enthält.

Scheinbar hatten die Kinder einen Tag vor meinem Besuch die Kirche besucht und dabei von der Geschichte mit Jesus gehört. Eine Krippe schien dort ausgestellt gewesen zu sein. Wieso erzähle ich das hier? Nachdem die Kinder und ich gemeinsam überlegt hatten, was wir nun auf den Bildschirmen anzeigen wollten und welche Funktionen es enthalten könnte, schwenkten wir über zu den Themen Wiederverwendung von Gegenständen und Vermeidung von Müll. Wieso auch immer kamen wir auf Windeln. Frag mich nicht, mit welcher Aneinanderreihung von Themen wir dort genau landeten. Nach meiner blassen Erinnerung erzählte eins der Kinder relativ aus dem Nichts über sein kleines Geschwisterkind und wie dort durch Windeln so viel Müll entstand. Die folgende neue Konversation lief dann ziemlich genauso ab:

Das erste Kind machte die Aussage über den Müll der Windeln. Ein schüchternes Mädchen, das sich bisher noch nicht gemeldet hatte, zeigte auf und warf in die Runde, sie alle hätten doch gestern Jesus gesehen und der habe ein Tuch als Windel umgehabt, was man auch waschen könnte. Die Erzieherin sprang bei und bejahte die Aussage mit wohlwollender Zustimmung, sie habe recht, es gäbe wohl Windeln, die man waschen könnte. Das hätte sie gut beobachtet. Aus dem Nichts sprang ein Junge herein und glaub mir, dieses Kind werde ich nie mehr vergessen. „Ähm", sagte der Junge, „wieso müssen wir die Pampers denn wegschmeißen und warum kann man die Pampers nicht saubermachen? Wir können doch auch für die heute verwendeten Pampers einfach eine Windel-Aussaug-Maschine entwickeln, die alles aus den Windeln wieder heraussaugt. Dann kann man sie wiederverwenden."

Ich beende die Geschichte an dieser Stelle.

Das war der Moment, wo es mir das zweite Mal die Sprache verschlug. Keineswegs, weil ich es ekelig fand. Nein, ganz im Gegenteil, weil ich überglücklich und fassungslos war. Wie offen und ungehindert die Kinder über Veränderung und Innovation dachten oder noch denken durften. Frei, verrückt und doch so entschieden. Ehrlich gesagt fehlen mir die Worte, meine Emotionen in diesem Moment zu beschreiben.

Wahrscheinlich freut es mich einfach von Herzen, wenn Du zwischen den Zeilen mitgefühlt hast. Wenn Du mutig bist und daran glaubst, dass wir es mit einmal um die Ecke Denken und gutem Handeln zu einer zirkulären Wirtschaft schaffen. Weg von unendlich langen Debatten, komplizierten Kommunikationswegen und unserer Liebe zur Bürokratie. Diesen einen extra Schritt gehen.

Während ich die Geschichte das erste Mal aufschrieb, ereilten mich Hunderte Gedanken. Ich schrieb viele in sich geschlossene Themen in einzelnen Passagen auf. Passagen, in denen ich unser menschliches Handeln kritisch zu hinterfragen begann. Angefangen von meinem eigenen Bildungsweg, über die Auswahl des eigenen Jobs. Etwas, das so viel zentrale Lebenszeit ausmacht.

„Wähle weise", schwebte es mir immer wieder im Kopf herum.

Um die Geschichte nicht zu verkomplizieren, habe ich alle Passagen aus dem Hauptteil herausgenommen. Einen Teil der Gedanken habe ich nachstehend ausgeführt. Ich freue mich, wenn sie positive Energie geben und Mut machen. Aufheitern in einer Welt, die viel Leid erlebt und doch auch schon so viel Leid überwunden hat. Mir ist es wichtig, meine Aussagen immer vor einem Kontext zu tätigen, da es keine absolute Wahrheit gibt. So sind folgende Zeilen persönliche Gedanken einer jungen Frau, die sich von Herzen für eine nachhaltige und gerechte Welt einsetzt.

Ich liebte mein Studium des Maschinenbaus. Vom ersten Studienjahr an durfte ich bereits in der Forschung arbeiten. Angefangen in der Produktionstechnik. Mein Chef war großartig. Von großen Industrietreffen bis zum Versickern in Schmieröl beim Aufbau von Prüfständen, durften wir alles mitmachen. Eines Tages stand ich inmitten der Produktionshalle. „Frau", dachte ich mir, „du hast doch nicht Maschinenbau studiert, um die Welt noch kaputter zu optimieren." Es kam mir so paradox vor, wie ganze Forschungsgruppen Jahrzehnte daran forschen würden, noch mal 0,00001 % Wirkungsgrad aus irgendwelchen Fertigungslinien zu bekommen. Optimierungen auf maximale Effizienz, wo uns doch nebenan die Industrie bald um die Ohren fliegt.

Bitte versteh mich nicht falsch, ich liebe die Forschung. Auch weiß ich, dass der industrielle Fortschritt in vielen Bereichen ein besseres Leben ermöglicht hat. Der Fortschritt entschuldigt es nur nicht, die Umweltnebenbedingungen zu ignorieren.

Sind Geld und Konsum wirklich das höchste Ziel? Und würden wir rein darin als Menschen je Befriedigung finden? Wie schön wäre die Vorstellung, stattdessen täglich für etwas Bedeutenderes aufzustehen. Eine Weltwirtschaft, die in einem neuen Gleichgewicht ist. Leben in den planetaren Grenzen. Von linearen zu geschlossenen Kreisläufen. Keine negative Einschränkung, sondern eine wunderbare Ergänzung?

Nun zurück zu dem Moment in der Produktionshalle und was mit meiner Frustration seither passierte. Ich wollte doch einfach nicht nur gedankenlos Produktionsstraßen auf Produktivität optimieren. Dies ging übrigens so weit, dass ich ernsthaft über die Entscheidung für das Studium des Maschinenbaus zweifelte.

Ich entschied, meine Tätigkeit in der Produktionstechnik zu beenden, und wandte mich der Thermodynamik zu. Ich fand große Freude an den Naturgesetzen. Über mehrere Ecken suchte ich mir den Weg zum Thema der Ökobilanzen. Meine Frustration über das geldgetriebene Wirtschaften bestand weiter. Mein Zweifel an der Entscheidung für das Maschinenbaustudium löste sich durch den Umweltblickwinkel in Luft auf. Denn ich wusste, wofür ich ab jetzt jeden Tag aufstehen würde. Ich liebte es, alles über die Produktionstechnik, Verfahren von Maschinengestaltung bis Simulationstechnik zu lernen. Lernen und verstehen, um die Ökobilanzschicht daraufzulegen und zu überlegen, wie wir die richtigen Punkte miteinander verknüpfen können, um von linearen Verschwendungen zu geschlossenen Kreisläufen zu kommen. Das galt für alles im Unternehmen selbst und Optimierungen im globalen Industriekontext.

Wahrscheinlich war es schon da, als ich mir abends Zettel und Stift nahm und anfing, ein paar Knoten eines Graphen aufzumalen. Was müssten wir wie messen, damit in Summe die Gesamtoptimierung hin zu einer netto zirkulären Wirtschaft aufgeht?

Über die nächsten Jahre fing ich auch an, den ersten Punkt mit der Frustration über das System in Faszination zu verwandeln. Ich begann, die Muster der Entscheidungsträger nachzuvollziehen. Die Muster des Systems, in dem sie sozialisiert wurden. Was meine ich damit?

Über ein paar Forschungsprojekte hinweg kam ich in Kontakt mit vielen Vertretern aus der Industrie. „Wenn ihr doch wisst, dass eure Prozesse nicht mehr lange so weiter funktionieren werden und es nötig ist, Umweltdaten mit in Entscheidungen einzubeziehen, wieso bewegt ihr euch nicht?"

Diese Frage stellte ich irgendwann jedem, der mir begegnete, und die Antworten wiederholten sich.

„Wir können die Komplexität gerade nicht bewältigen, weil wir die Umweltdaten nicht richtig messen können" und „Ich würde ja investieren. Doch ich kann nur einmal investieren, nicht zweimal, und gerade weiß ich noch nicht genau, was richtig ist. Ich muss die Gehälter noch zahlen und habe Mitarbeiterverantwortung".

Ja und so fiel der Groschen schrittweise bei mir.

Bestimmt gibt es viele „Idioten", die das mit der Umwelt noch nicht ganz verstehen wollen. Die gibt es ja bekanntlich immer. Ja und dann gibt es ganz viele Unternehmen dazwischen, die einfach und völlig berechtigterweise auf einen kleinen Werkzeugkasten angewiesen sind.

Ich verstand immer mehr, dass wir ein System aufgebaut hatten, das nur genau auf eine Dimension hin maximierte: Geld.

Allein die Umwelt hat nur schon mehr als eine Dimension. Erlaube mir den kurzen mathematischen Ausschwenk. Wir laufen also nun in ein mehrdimensionales Optimierungsproblem hinein.

So, und was ist daran so herausfordernd?

Es gibt kein eindeutiges Richtig und Falsch, da sich Bedingungen widersprechen können. Dabei ein globales Optimum zu finden, ist nicht so einfach zu sehen.

So fuhr ich fort, über die Jahre meinen kleinen Graphen weiterzubauen. Was, wenn wir Unternehmern zeigen könnten, was Änderungen an Produkten und Prozessen für Auswirkungen auf sowohl finanzielle als auch Umweltkennzahlen haben. Und so fand ich meine Mission.

Meine Frustration und Zweifel kehrten sich um in Verständnis und Tatendrang. Da wir Menschen schon ganz gut darin sind, gigantische Finanzpläne aufzustellen, um Finanzprognosen vorherzusagen, war die logische Konsequenz, eine äquivalente Buchhaltung auf der Umweltseite aufzubauen. Ja, CO_2, aber auch und noch viel mehr: Kreislaufwirtschaftskennzahlen, von Rezyklierbarkeit bis zur Aufbereitung von Rohstoffen, Wasser und der Landnutzung.

Am Ende sind das alles wichtige Faktoren für das Risk Management, falls Du zu den Menschen gehörst, die den grünen Altruismus für etwas fernab der Realität halten. Das ist völlig in Ordnung. Das Thema ist trotzdem hoch relevant.

Am Ende wünsche ich mir einfach, dass Menschen einander begeistern. Mit Passion aus tiefem Herzen. Ich denke, Nachhaltigkeit ist etwas Großartiges. Etwas über Bewusstsein und Achtsamkeit, was uns Menschen wieder dahin zurückführt, wo wir herkommen. Zu dem, was uns ausmacht, was uns mit der Natur verbindet und was unsere Lebensgrundlage ist. Paradox oder, dass wir Menschen Müll auf die Straße werfen, wohl wissend, dass keiner von uns freiwillig auf Abfall laufen würde. Oder dass wir toxische Chemikalien in die Flüsse schütten, völlig ungeachtet dessen, dass offensichtlich alles Leben drum herum schwindet. Ich konnte meinen Augen kaum glauben, als ich vor wenigen Wochen ein Land besuchte, wo ich „Wasserfälle“ aus Müllbeuteln vorfand. Über die Sträucher verteilt tanzten Kunststofffolien im Wind. Nun, ich mag hier nicht zu weit ausschweifen.

Ich wollte Dich nicht langweilen mit jeder einzelnen Minute des Frühstücks mit den Kindern und sie unnötig kompliziert erklären und doch ist hier noch eine Sache herauszustellen.

Teilen.

Die Kinder haben so natürlich alles geteilt, was sie hatten. Der eine hatte eine Karotte mit, der andere einen Keks, jemand Drittes fein in Dreiecke geschnittene Brote. Wenn wir Erwachsenen nur in der Industrie das Teilen und die Kreislaufwirtschaft so anwenden würden, wie es ursprünglich intuitiv in uns drin ist. Stell Dir mal vor, was wir dann schon für einen Hebel hätten? Ja, das erfordert ein gewisses Weiterdenken, ja, das erfordert auch das Verändern von Prozessen. Ist es am Ende nicht eine wunderbare Erweiterung, die wir als privilegierte Unternehmer vorantreiben dürfen?

Die „Verzögerung“ durch das Frühstück war das beste Geschenk, was mir für meinen Vortrag passieren konnte und was ich erst im Nachhinein in dieser Ausdrücklichkeit realisierte. Denn durch das Frühstück hatte ich die Möglichkeit bekommen, eine Stunde die Sprechweise, Wortwahl und Konzentrationsfähigkeit der Kinder zu erleben und mir während dieser Zeit meine Erklärung für den Vortrag von Grund auf neu zu überlegen. Jetzt weiß ich, dass es nicht nur der Vortrag war, für den es so wertvoll war.

Hast Du schon mal darüber nachgedacht, dass uns Erwachsenen aus Anstand antrainiert wird, stets aufmerksam zu wirken und in einem Vortrag brav nach vorne zu gucken. Dabei liegt unsere Aufmerksamkeitsspanne laut neuesten Studien eher im Sekundenbereich. Ist schon fast lustig die Vorstellung, wie hilfreich das Feedback für wohl jeden in der Erwachsenenwelt wäre, wenn man mal so ein Experiment durchführt, bei dem alle Zuhörenden die Aufgabe haben, einfach aufzustehen, wenn der Vorredner es nicht mit genügend Spannung und Wichtigkeit auf den Punkt bringt.

Ich habe seitdem meine Kommunikation stark präzisiert und möchte an dieser Stelle das Kapitel all den wunderbaren Kindern widmen, die sich möglicherweise nie mehr an mich als Person erinnern. Als Dank, dass sie mich so viel lehrten und gleichzeitig den Glauben an das Gute und Achtsame im Menschen wiedergaben, nachhaltig und bewusst zu handeln.

Lasst uns zusammen Gutes umsetzen, aus dem Herzen und mit Bestimmtheit.

3 Alle in einem Boot

Linda Chalupová

Bevor Du in See stichst und Deine Segel in den Wind der Unternehmensführung setzt, denk daran, dass selbst die stärksten Winde keinen Unterschied machen, wenn Dein Kompass auf das Meer der Meinungen ausgerichtet ist (Bild 3.1).

Bild 3.1 Keine erfolgreiche Regatta ohne Teamarbeit [Bilderstellung unter Verwendung von OpenAI]

3.1 Das Geheimnis gemeinsamer Navigation

Das Rennen hatte gerade erst begonnen und schon spürte man die Spannung an Bord der Regatta, die mehr als nur ein Boot war – es war ein Mikrokosmos eines Unternehmens in rauer See. Die Regatta, ein schlankes, aber robustes Gefährt, schnitt durch die türkisfarbenen Wellen des offenen Meeres. Der Kapitän, ein Geschäftsführer mit jahrelanger Erfahrung, stand am Steuer. Seine Tochter, die Umweltwissenschaften studierte, hatte ihm die Bedeutung von Nachhaltigkeit nahegebracht. Das veränderte seine Sichtweise auf das Geschäft grundlegend. Seine Augen waren fest auf den sich verdunkelnden Horizont gerichtet.

„Ein Unternehmen", begann er, als er die besorgten Blicke seiner Crew – der Stakeholder – auffing, „ist wie eine Regatta. Jedes Mitglied der Besatzung muss einen Teil beitragen, sonst treiben wir ziellos umher." Seine Worte gingen im zunehmenden Wind fast unter, doch die Botschaft war klar.

Die Finanzchefin, eine Mutter von zwei Kindern, die gelernt hatte, Beruf und Familie zu balancieren, nickte zustimmend. Ihre pragmatische Herangehensweise war geprägt von der Notwendigkeit, sowohl das Unternehmen als auch ihre Familie zu sichern.

Der Navigator, ein junger, ambitionierter Nachhaltigkeitsbeauftragter, frisch von der Universität, brachte eine Mischung aus Idealismus und frischen Ideen mit.

„Ich dachte, Navigation wäre nur Kartenlesen. Jetzt fühlt es sich an, als würde ich versuchen, ein Puzzle zu lösen, während es ständig neue Teile regnet", seufzte er, als er versuchte, einen Kurs zu finden, der alle Stakeholder berücksichtigt (Bild 3.2).

Bild 3.2
Zielerreichung bei sich ständig ändernden Bedingungen [Bilderstellung unter Verwendung von OpenAI]

„Na klar, und als Nächstes laden wir noch die Fische ein, ihre Meinung zu unserem Kurs zu geben!“, murmelte die Produktionsleiterin ironisch, als die Diskussion über die Berücksichtigung aller Stakeholder aufkam.

Der Nachhaltigkeitsbeauftragte griff das auf: „Nicht die schlechteste Idee. Schließlich sind wir auch für unsere Auswirkungen auf das marine Ökosystem verantwortlich.“

Unter ihnen befand sich auch der Beschäftigtenvertreter, ein erfahrener Seemann, der die Sorgen der Belegschaft zum Ausdruck brachte: „Wir müssen auch an die Sicherheit unserer Leute denken“, mahnte er, während er das Tauwerk überprüfte, das im Sonnenlicht glänzte, bevor die Wolken es verdunkelten.

Die Crewmitglieder, die verschiedene Abteilungen des Unternehmens repräsentierten, hatten ihre eigenen Vorstellungen davon, wie man das Rennen gewinnen könnte. Da war die Finanzchefin, die ständig die Kosten im Blick hatte, der Marketingexperte, der jede Gelegenheit nutzte, um das Unternehmen in ein gutes Licht zu rücken, und die Produktionsleiterin, deren praktische Herangehensweise oft mit den idealistischen Ansichten des Nachhaltigkeitsbeauftragten kollidierte.

Am Rande der Gruppe stand die Kundenvertreterin, eine junge Unternehmerin. „Denkt daran, dass unsere Kunden uns beobachten. Dieses Rennen ist auch ein Symbol für unsere Zuverlässigkeit und Innovationskraft“, warf sie ein, während sie den sich verändernden Himmel beobachtete. Dann fügte sie noch hinzu: „Unsere Kunden erwarten von uns nicht nur Qualität, sondern auch ethisches Handeln. Wir müssen zeigen, dass wir ihre Werte teilen.“

Plötzlich meldete sich der wichtigste Lieferant, ein mittelalter Geschäftsmann mit scharfem Blick: „Wir Lieferanten sind auf euch als Kunden angewiesen. Eure nachhaltige Beschaffung sichert auch unsere Zukunft. Und wenn wir unsere Geschäftsmodelle prüfen müssen, dann geht es nur gemeinsam“, sagte er. „Und vergesst nicht die Wichtigkeit unserer Partnerschaften. Ohne starke Lieferketten sind Unternehmen verloren!“, ergänzte der Geschäftsmann bestimmend, als er eine dunkle Wolkenmasse am Horizont bemerkte.

In der Nähe stand auch eine Gesetzgebervertreterin, eine Frau mit strengem Blick, die die Bedeutung von Compliance und rechtlichen Rahmenbedingungen betonte: „Außerdem muss sichergestellt werden, dass wir alle Vorschriften einhalten. Ein falscher Schritt könnte katastrophale Folgen haben“, sagte sie, während Blitze den Himmel durchzogen.

Nicht weit entfernt beobachtete ein Konkurrent das Geschehen. Sein spöttisches Lächeln verriet seine Hoffnung, dass das Team scheitern würde, als er die zunehmend rauen Wellen betrachtete. Als der Navigator vorschlug, einen umweltfreundlicheren, aber riskanteren Kurs zu nehmen, entbrannte eine hitzige Diskussion: „Wir können nicht einfach unseren Kurs ändern, ohne die Konsequenzen zu bedenken!“, protestierte die Finanzchefin, während die Regatta zu schaukeln begann.

*

Der Kapitän lauschte den Argumenten, sein Blick war jedoch immer wieder zum Himmel gerichtet, wo sich dunkle Wolken zusammenbrauten. Er wusste, dass die bevorstehende Krise – sowohl das Unwetter als auch die unternehmensinternen Spannungen – eine schnelle und entschlossene Reaktion erfordern würden.

Inmitten der Diskussionen und des aufkommenden Sturms versuchte der Kapitän, einen Moment der Heiterkeit zu schaffen: „Wisst ihr, was das Gute an einem Sturm ist? Er bringt uns dazu, das zu tun, was wir schon lange hätten tun sollen – zusammenarbeiten."

Einige Crewmitglieder lächelten gezwungen, erkannten aber die Wahrheit in seinen Worten, als es heftig zu schaukeln begann. Während die Regatta in die immer höher werdenden Wellen schnitt und der Wind an Stärke gewann, wurde klar, dass diese Reise mehr als nur ein Rennen war. Es war eine Reise zur Entdeckung der Bedeutung von Zusammenarbeit, Verständnis und nachhaltiger Führung. Der Himmel verdunkelte sich immer mehr und der Sturm rückte näher. Die Wellen wurden zu mächtigen, schäumenden Gebilden, die sich hin und her warfen. Die Crewmitglieder, die zuvor noch in hitzige Diskussionen verwickelt waren, wurden nun von der dringenden Notwendigkeit, durch den Sturm zu steuern, vereint.

Der Kapitän rief seine Crew zusammen: „Jetzt ist nicht die Zeit für Uneinigkeit. Wir müssen zusammenarbeiten, um durch diesen Sturm zu kommen. Jeder von euch hat wichtige Fähigkeiten. Lasst uns diese nutzen!"

Das Rauschen des Windes und das Krachen der Wellen gegen die Regatta erzeugten ein ohrenbetäubendes Konzert, das ihre Stimmen übertönte. Die Finanzchefin übernahm die Kontrolle über die Ressourcenverteilung, während der Marketingexperte seine Kommunikationsfähigkeiten nutzte, um die Moral zu stärken. Der Navigator und die Finanzchefin arbeiteten zusammen, um einen Kurs zu finden, der sie sicher durch den Sturm steuern würde. Als eine riesige Welle sie traf, verloren sie fast die Produktionsleiterin, die über Bord gespült wurde. Mit vereinten Kräften und voller Vertrauen arbeitete die Crew zusammen, um sie zu retten.

„Ich hätte nie gedacht, dass ich mal Seefahrerqualitäten brauchen würde, um Bilanzen zu prüfen!", sagte die Finanzchefin während der Rettungsaktion.

Dieser Moment war eine Wende – alle erkannten, dass sie nur als Team überleben konnten. Inmitten des tobenden Sturms, als sie von einer Welle zur nächsten geschleudert wurden, kam der entscheidende Wendepunkt. Der Kapitän und der Navigator, erschöpft, aber entschlossen, erkannten, dass die wahre Herausforderung nicht nur darin bestand, durch den Sturm zu steuern, sondern auch darin, die Krise als Chance für eine nachhaltige Veränderung im Unternehmen zu nutzen. Sie riefen erneut ein Treffen aller Crewmitglieder zusammen: „Den Sturm können wir nur zusammen bewältigen!", erklärte der Kapitän, „Jeder von euch hat einzigartige Einsichten und Fähigkeiten. Wir müssen unsere Kräfte bündeln und einen Plan entwickeln, der alle unsere Perspektiven berücksichtigt", fügte er hinzu.

Jeder Blitz, der den Himmel erleuchtete, warf ein grelles Licht auf ihre entschlossenen Gesichter. In einer intensiven Ideensammlung, bei der jeder seine Ideen und Bedenken äußerte, entstand ein neuer Plan. Dieser Plan integrierte die verschiedenen Interessen und Fähigkeiten der Crewmitglieder und fokussierte sich auf langfristige Nachhaltigkeit und Zusammenarbeit.

„Haben wir auch die Meinung des Sturms eingeholt? Vielleicht hat er auch einige interessante Vorschläge", scherzte der Marketingexperte während der Planentwicklung, um die Regatta sicher durch den Sturm zu navigieren.

Mit neuer Energie und einem gemeinsamen Ziel vor Augen arbeiteten die Crewmitglieder zusammen, um sicher durch den Sturm zu navigieren. Jedes Mitglied trug auf seine Weise bei. Ihre vereinten Anstrengungen zeigten Wirkung.

Langsam, aber sicher beruhigte sich das Meer, und sie fanden ihren Weg zurück in ruhigere Gewässer.

*

Als die Regatta schließlich die Ziellinie überquerte, war klar, dass der wahre Sieg nicht im Gewinnen des Rennens lag, sondern in der Überwindung der Krise durch gemeinsame Anstrengungen und nachhaltige Strategien. Jedes Crewmitglied reflektierte über seine persönliche Reise. Der Kapitän erkannte, dass wahre Führung bedeutet, alle Stimmen zu hören und zu berücksichtigen. Die Finanzchefin hatte gelernt, dass langfristige Nachhaltigkeit genauso wichtig ist wie kurzfristige Gewinne. Und der Navigator hatte gesehen, dass seine Ideen Wirkung zeigen konnten, wenn er andere von ihrer Bedeutung überzeugte. Dem Rest der Crew ist ebenfalls klar geworden, sie haben den Sturm nur überstanden, weil sie alle zusammengearbeitet haben. Alle lernten, wie wichtig es ist, alle Stakeholder einzubeziehen und die Bedürfnisse gegenseitig zu verstehen.

3.2 Gemeinsam Erfolg sicherstellen

Aus der obigen Geschichte lassen sich wertvolle Lektionen für das Stakeholder-Management in Deinem Unternehmen ziehen. Du merkst, dass die Einbindung und das Verständnis aller Stakeholder nicht nur in herausfordernden Zeiten, sondern kontinuierlich, den Grundstein für den Erfolg von Nachhaltigkeitsstrategien und somit Deines Unternehmens legen. Die Crewmitglieder demonstrierten eindrucksvoll, dass Zusammenarbeit und ein tiefes Verständnis für jeden Stakeholder – für jeden von ihnen – essenziell sind.

Um dieses Ziel zu erreichen, sind bewährte Methoden und Ansätze unerlässlich. Beispielsweise das Stakeholder-Mapping, mit dem Du Projektzufriedenheit steigern kannst, indem ein klares Bild aller beteiligten Parteien und ihrer Interessen durch das Mapping geliefert wird. Oder die Durchführung von regelmäßigen Kommunikationsforen, die die interne Transparenz verbessern und die Stakeholder-Bindung erhöhen können.

Ein besonders effektiver Ansatz ist die Methode Circle Facilitation, die eine offene und gleichberechtigte Diskussion fördert. Das kann zur Verbesserung der Teamdynamik und einer Steigerung der Innovationsrate führen. Schlüsselelemente sind dabei zum einen die Schaffung einer inklusiven Umgebung, in der jeder die Möglichkeit hat, gehört zu werden. Zum anderen spielt die Einbeziehung aller Stakeholder in den Entscheidungsprozess durch partizipative Entscheidungsfindung eine entscheidende Rolle. Circle Facilitation hat sich in Situationen bewährt, wo nachhaltige Lösungen von allen Stakeholdern getragen werden sollen. In Bild 3.3 sind die Grundsätze dieser Methode dargestellt.

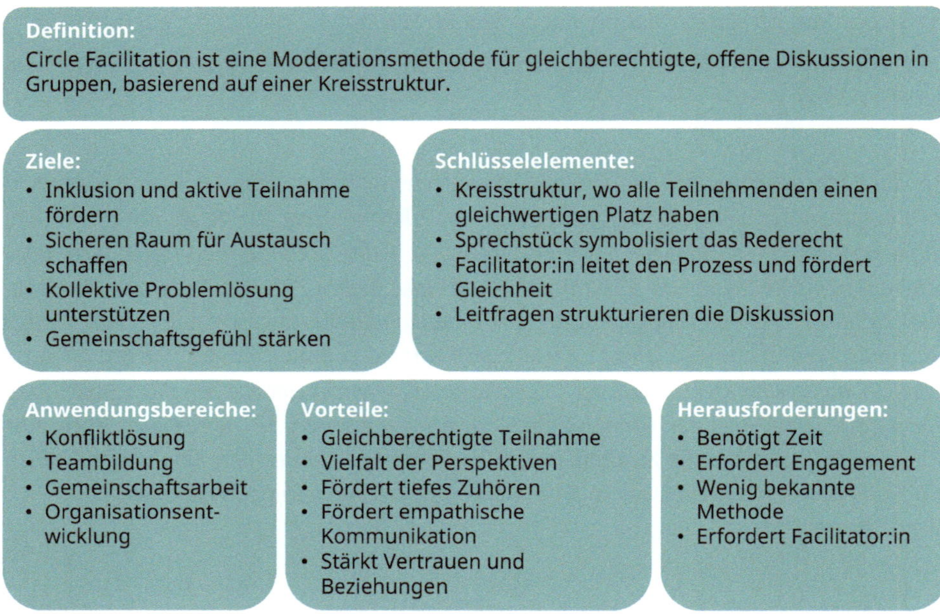

Bild 3.3 Grundsätze der Methode „Circle Facilitation"

In der Praxis können Dir außerdem folgende Maßnahmen weiterhelfen:

- Führe Stakeholder-Mapping durch. Beginne mit einem umfassenden Mapping, um alle relevanten Stakeholder zu identifizieren und zu verstehen. Nutze dabei visuelle Tools, um die Beziehungen und Einflüsse besser darstellen zu können.
- Richte regelmäßige Kommunikationsforen ein. Plane regelmäßige Treffen und Workshops, um den Austausch zwischen den Stakeholdern zu fördern. Nutze digitale Plattformen, um die Teilnahme zu erleichtern und eine breitere Beteiligung zu ermöglichen.
- Etabliere Feedback-Schleifen. Implementiere Mechanismen für regelmäßiges Feedback von allen Stakeholdern, um kontinuierliche Verbesserungen und Anpassungen in Deinen Strategien zu ermöglichen.

Die genannten Instrumente unterstützen dich dabei, eine resiliente, inklusive und nachhaltige Organisation aufzubauen, die bereit ist, die Herausforderungen der Gegenwart und Zukunft erfolgreich zu meistern.

3.3 Deine Regatta und Crewmitglieder

Reflexion

Mach Dir Gedanken, wer und was Deine Regatta beeinflusst:

- Wen muss Du bei Deinen Nachhaltigkeitsstrategien und -initiativen beachten?
- Wie kommst Du mit den einzelnen Crewmitgliedern in Austausch?
- Was sind die Bedürfnisse Deiner Crewmitglieder?

Bild 3.4 Deine Regatta und Besatzung [Bilderstellung unter Verwendung von OpenAI]

Praxistipp

In diesem Kapitel hast Du erfahren, wie wichtig die Zusammenarbeit und das Verständnis aller Stakeholder für den Erfolg von Nachhaltigkeitsstrategien und Unternehmensführung sind – Prinzipien, die direkt auf das Qualitätsmanagement (QM) übertragbar sind. Du hast gesehen, wie die Integration verschiedener Perspektiven und eine effektive Kommunikation nicht nur zur Verbesserung der Teamdynamik, sondern auch zur kontinuierlichen Verbesserung und ganzheitlichen Betrachtung im QM beitragen konnten.

Grenzenlose Kreise

Was sind Grenzen für Menschen,
schenken, wenden.
Ist das Universum endlich,
ist es die Erde nicht.
Gedicht, Musik, Poesie,
wie erreichen wir uns?
Wir Menschen wieder zu uns selbst,
die Verbindung zu dem,
was uns hält.
Achtsamkeit
Wissen wir noch,
was das ist?
Haben wir es je gewusst,
verstanden und gefühlt?
Dass wir nur existieren, in dem, was uns umgibt,
Mitmenschen und Natur.
Lineare Handlungen haben Grenzen,
Kreise sind unendlich.

Dana Aleff

4 Stakeholder-Management: Chancen und Herausforderungen

Sandra Paul

Wir waren gemeinsam auf der Regatta und haben mit der Crew erleben dürfen, dass der Sieg nicht im Gewinnen lag, sondern in der Überwindung der Krise durch gemeinsame Anstrengungen und nachhaltige Strategien. Das geht, wenn jede Stimme gehört und berücksichtigt wird.

4.1 Einbindung von Stakeholdern

Warum Stakeholder einbinden? Es geht nicht darum, ob sich die Wirtschaft grundlegend verändern soll oder nicht. Es geht darum, ob wir die Veränderung mitgestalten wollen. Je mehr Perspektiven Du im Hinblick auf Deine Organisation kennst, um so komplexer wird es. Komplexität ist nichts, was man vermeiden sollte. Komplexität ist da und anzuerkennen. Die Integration von Qualitätsmanagement und Nachhaltigkeit wird nicht einfacher, wenn Du aus Angst vor Komplexität Aspekte ignorierst oder weglässt. Wenn Du Dich auf die Vielfalt der Perspektiven einlässt, weitest Du Deinen Blick. Mit Vertrauen in den Prozess und in die Intelligenz der Crew findet Ihr Lösungen, die der Komplexität angemessen sind.

> Der Qualitätsmanager/die Qualitätsmanagerin der Zukunft fördert Komplexität und lädt zu vielfältigen Perspektiven ein.

Die Einbindung von Stakeholdern ist nicht nur sinnvoll, sie wird auch in den einschlägigen Normen und in den Vorgaben zur Nachhaltigkeitsberichterstattung gefordert. Es gibt eine Menge Normen und Standards, zu denen sich Unternehmen verpflichtet haben. Entweder weil sie es wollen oder weil sie es müssen. In verschiedenen Standards gibt es unterschiedliche Bezeichnungen für Stakeholder z. B.:

- **Interessierte Parteien:** DIN EN ISO 9001/14001/50001, Qualitäts-, Umwelt- und Energiemanagementsysteme
- **Anspruchsgruppen:** DIN EN ISO 26001, Leitfaden zur gesellschaftlichen Verantwortung
- **Interessenträger:** ESRS, Set 1, EU Richtlinie zur Nachhaltigkeitsberichterstattung

Alle meinen das Gleiche: Personen und Organisationen, die ein Interesse an den Prozessen der Organisation haben, weil sie davon betroffen sind oder darin eingebunden sind. Es geht um die erweiterte Crew einer Organisation sowie auf der Regatta in unserer Geschichte.

Du sagst vielleicht: „Das kostet doch nur unnötig Zeit. Das kann ich auch gar nicht leisten, ich habe dazu keine Ressourcen. Bei den großen Unternehmen macht das das Marketing. Und ich kann es sowieso nicht allen recht machen.“ Lassen wir Deine Einwände erstmal so stehen.

Ein weit verbreitetes Missverständnis ist, dass Stakeholder-Management nur externe Interessengruppen betrifft wie Lieferanten, Kunden oder Investoren. Tatsächlich umfasst es auch Mitarbeitende und Führungskräfte. Jeder versteht sofort, dass die Einbindung dieser Personengruppen wichtig für die Organisation und deren nachhaltigen Erfolg ist. Aber auch die Perspektiven von Mitgliedern einer lokalen Gemeinschaft und von Lieferanten sind wichtig. Diese Gruppen können Beiträge liefern, die für das Gelingen von Nachhaltigkeitsinitiativen unerlässlich sind. Trotzdem finden viele Organisationen es herausfordernd, diese Gruppen effektiv einzubeziehen und ihre Bedürfnisse in die Planung und Ausführung von Projekten zu integrieren. Das Ergebnis ist oft ein Mangel an Unterstützung und Engagement, der die Durchführung von Verbesserungen behindert.

Gründe dafür liegen häufig in veralteten Managementstrukturen und Kommunikationsstrategien, die wenig Raum für Dialog und Mitwirkung bieten. Hinzu kommt, dass die Bedeutung von Stakeholdern von der Geschäftsführung in der Vergangenheit oft unterschätzt und somit entsprechende Prozesse nicht unterstützt wurden,

Wie könnte eine aktive Einbindung Deiner Stakeholder aussehen? Dafür musst Du zunächst wissen, wer Deine Crew auf der Regatta ist.

4.2 Finde Deine Crew

Bei der letzten Übung hast Du Dir Gedanken gemacht, wer Eure Regatta beeinflusst und wen Du bei Euren Nachhaltigkeitsstrategien beachten solltest. Nimm Dir für diesen Prozess genügend Zeit. Das ist ein wichtiger Schritt.

Wer in Deiner Organisation hat noch ein Interesse daran, dass die Stakeholder-Analyse ganzheitlich durchgeführt wird? Wer unter Deinen Kolleg:innen ist bekannt für seinen oder ihren systemischen Blick und kann Dich bei diesem Schritt unterstützen? Natürlich kannst Du das auch allein machen, aber es macht nicht so viel Spaß und das Ergebnis wird niemals so ganzheitlich sein, als wenn Du mehrere Personen einbeziehst.

Praxistipp: Motivation bereits bei Einladung darstellen

Erläutere bereits in der Einladung zu diesem Treffen Deine Motivation. Warum möchtest Du, ganz persönlich, diesen Schritt gehen und wie können Deine Kolleg: innen und Mitarbeitende sich einbringen? Verwende auch Eure Unternehmensstrategie und verweise auf die Punkte, auf denen dieser Prozess einzahlen wird. Es ist immer wertvoll, wenn persönliche Motivation und unternehmerische Aufgaben zueinander passen.

Eine Einladung im Sinne von „Ich möchte gerne zusammen mit Euch ...“ ist immer attraktiver als „Wir müssen ..., weil ...“.

Die Identifizierung von Stakeholdern gelingt am besten in einem partizipativen und offenen Prozess. Mit dem Actor Tree [Visual Toolbox 2016] stellen wir Dir eine Methode vor, die einen Rahmen und eine Schritt-für-Schritt-Erklärung bietet. Die daraus entstehende Visualisierung kann zentral in einem Besprechungsraum platziert und auch im Nachgang ergänzt werden (Bild 4.1).

Dieses Tool eignet sich für eine bis zehn Personen, ist leicht durchzuführen und dauert 40 bis 60 Minuten. Am Ende erhältst Du eine kategorisierte Liste Eurer Stakeholder. Die Teammitglieder benötigen ein tiefes Wissen der Herausforderungen bzw. des Kontextes der Parteien, die von dem Thema betroffen sind oder die etwas bewirken könnten. Dies ist eine kreative Methode und sie erfordert ein offenes Mindset auch für entgegengesetzte Meinungen.

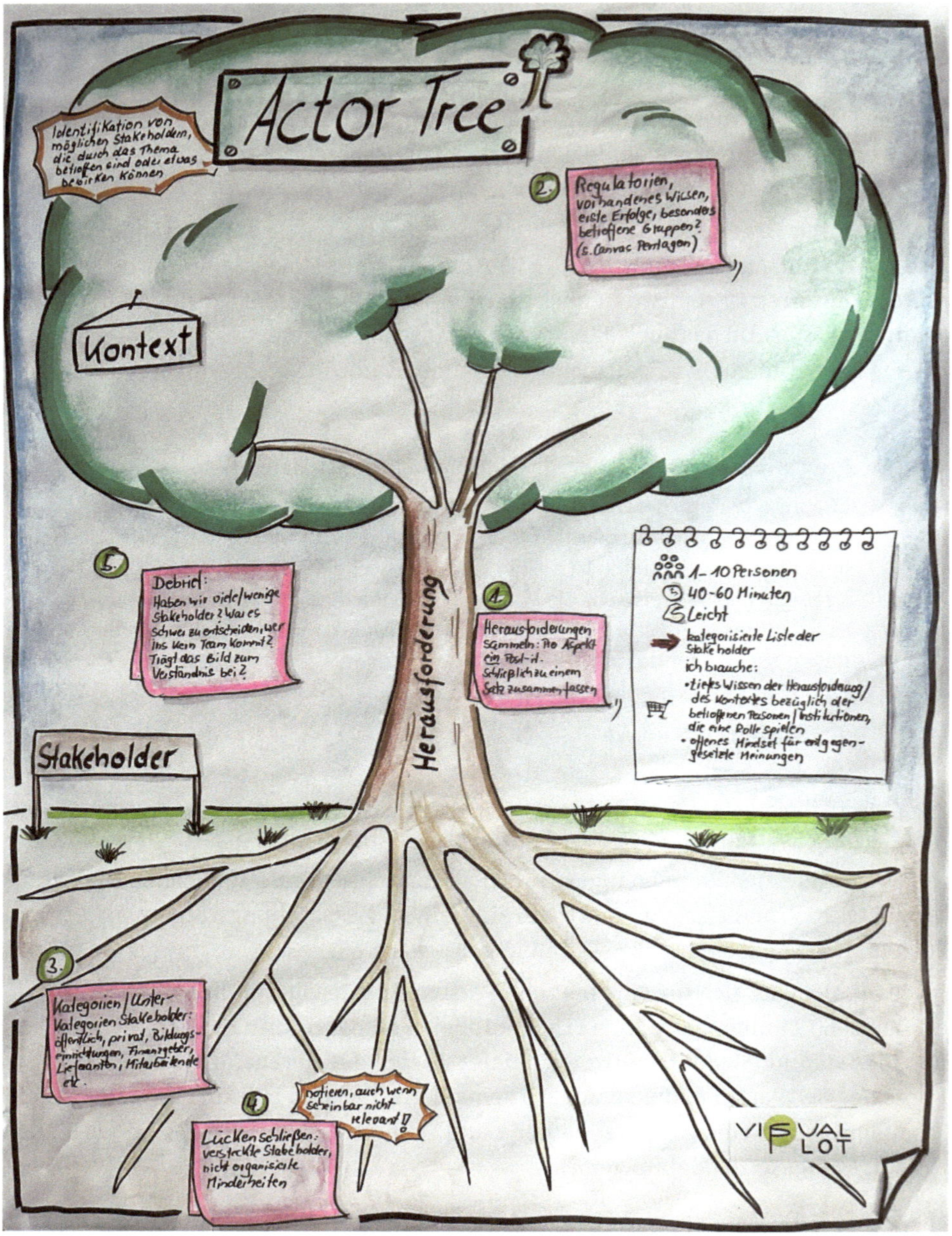

Bild 4.1 Mit Kreativität und Freude die Crew der Unternehmens-Regatta finden [Visual Plot, Sandra Paul, in Anlehnung an Visual Toolbox 2016][1)]

---

[1] Alle Bilder in diesem Kapitel, bei denen keine direkte Quelle genannt wird, stammen von Visual Plot und Sandra Paul.

Praxistipp: Einen Actor Tree „bauen"

1. **Der Stamm:** Herausforderungen sammeln. Notiert jeden Aspekt auf einem Post-It. Fasst die Herausforderungen am Ende zu einem einzigen Satz zusammen. Es kann hilfreich sein, mit einem Teil der Organisation zu beginnen. Je nach Größe der Organisation können auch mehrere Bäume entstehen, die am Ende zusammengelegt werden.
2. **Die Krone:** Kontext der Organisation: Lieferkette, Transportwege, Regulatorien, globale politische Situation, Klimawandel, Digitalisierung, Geschäftsmodell usw. Welches Wissen könnten besonders betroffene Gruppen haben? Gibt es erste Erfolge und Branchenlösungen?
3. **Die Wurzeln:** Bildet Kategorien und Unterkategorien Eurer Stakeholder, z. B. öffentlich und privat, Produkte und Dienstleistungen, Bildungseinrichtungen, Finanzgeber, Mitarbeitende etc.
4. **Lücken schließen:** Notiert alles, was Euch einfällt, auch wenn es scheinbar nicht relevant ist. Schaut auch auf versteckte Stakeholder und nicht organisierte Minderheiten. Was ist mit denen, die keine Stimme haben: Die nächsten Generationen oder die Natur in ihrer mittelbaren oder unmittelbaren Umgebung? Gebt z. B. dem Amazonas eine Stimme.
5. **Debrief:** Was trägt das Bild zum Verständnis bei? Was war schwer zu entscheiden? Wen braucht Ihr im Team regelmäßig/sporadisch? Wie oft wollt Ihr Euch treffen? Wie wollt Ihr zusammenarbeiten?

4.3 Anforderungen, Bedürfnisse, Interessen und Einfluss

Mit dem Actor Tree ist Eure Crew für alle sichtbar. Du bist nicht allein. Ihr seid ein Team, das das Boot durch die Wellen und den Sturm in die Zukunft führt. Wie könnt Ihr möglichst viel über die Anforderungen und Bedürfnisse der beteiligten Personen und Gruppen erfahren? Wie könnt Ihr die Art und Weise verstehen, wie Eure Stakeholder Einfluss auf Eure Organisation nehmen?

4.3.1 Die Stakeholder-Konferenz

Die Stakeholder-Konferenz [Kohlen, Müller 2021] ist ein Rollenspiel und macht die Interessen aller an einem Vorhaben beteiligten Parteien sichtbar. Das Vorhaben kann sich beispielsweise auf die Umstellung auf einen nachhaltigeren Herstellungsprozess beziehen, auf die Überprüfung von Geschäftsmodellen oder auf die Markteinführung eines neuen Produkts.

Die Repräsentant:innen der Organisation nehmen die Rollen verschiedener Stakeholder ein und vertreten diese in der Konferenz. Auch die Rolle des Sinns wird vergeben.

Diese wird durch die Geschäftsführung übernommen, denn es braucht die Rückendeckung durch die oberste Leitung, um das volle Potenzial der Methode ausschöpfen zu können. Der Unternehmenssinn deckt im besten Falle die ESG-Kriterien ab: ökologisch (environmental), sozial (social) und Unternehmensführung (governance). Somit vertritt die Geschäftsführung auch die Interessen und Bedürfnisse des Planeten (Umwelt/Klima) und übergeordnete soziale und ethische Fragen. Weitere Interessenvertreter:innen können sein: die zukünftigen Generationen, der Regenwald, die lokale Infrastruktur und Mitarbeitende, Eigentümer:innen, Projektleiter:innen, Zulieferer, Mitbewerber, der Staat usw.

Der Prozess braucht einen Rahmen des Vertrauens und der Offenheit und Experimentierfreude durch alle Beteiligten. Das Ziel ist es, möglichst viele Perspektiven zu erhalten, wie unwahrscheinlich sie auch sein mögen. Dabei ist es hilfreich, wenn Ihr in Eurem Unternehmen bereits eine Kultur des Zuhörens kennt und pflegt. Ist das nicht der Fall, habt Ihr mit der Stakeholder-Konferenz ein Spielfeld, achtsame Kommunikation ohne Bewertung zu üben. Einige Unternehmen bedienen sich dabei der Methode der „Gewaltfreien Kommunikation“ (GfK) [Rosenberg 2023].

Die Stakeholder-Konferenz fördert die Selbstreflexion und hilft dabei, eigene Bedürfnisse und Gefühle besser zu verstehen. Die Arbeit an der eigenen Kommunikation verbessert die Beziehung zu anderen Menschen. Das ist sowohl im privaten Bereich hilfreich als auch in Unternehmen.

Organisationsentwicklung braucht Persönlichkeitsentwicklung.

Die Stakeholder-Konferenz ermöglicht einen Rahmen, in welchem Perspektivenvielfalt innerhalb eines Unternehmens als Experimentierfeld erprobt werden kann, ohne dass tatsächliche Vertreter der Personengruppen eingeladen werden (Bild 4.2).

Bild 4.2 Deine Stakeholder-Konferenz [Bildquelle: Hosang 2024; *https://karlhosang.de*]

4.3.2 Circle Facilitation

Mit der Stakeholder-Konferenz habt Ihr gemeinsam Eure Stakeholder identifiziert und deren Rollen in einem Rollenspiel eingenommen. Bei der Methode „Circle Facilitation“ geht es darum, mit den Stakeholdern in Realität zusammenzukommen. Damit könnt Ihr über den Perspektivenwechsel auf Basis Eurer Vermutungen hinausgehen. Echte Dialoge und offene, effektive Kommunikationswege sind die Basis für echte Beziehungen. Beziehungen sind die Basis für Motivation, Wohlbefinden und für nachhaltigen Erfolg. Ihr müsst nicht alles planen. Sprecht die Einladung aus, haltet einen Raum zur Verfügung und somit den Rahmen für Eure Kommunikation. Seid ehrlich neugierig und authentisch und erlebt, was passiert.

Eine gute Methode, den Raum für einen gemeinsamen Dialog zur Verfügung zu stellen und zu halten, ist der Circle [Paul, Eller 2024]. Wahrscheinlich begegnet Ihr Euch in dieser Konstellation das erste Mal. Das erfordert etwas Mut. Mit allen Teilnehmenden kann ein ganzheitlicher Blick auf die Organisation und deren Zukunft entstehen. Gemeinsame Entscheidungen auf dieser Basis sind kreativ, nachhaltig und authentisch.

Der Circle ist eine der ältesten Formen der Kommunikation. Menschen sitzen im Kreis, ein Feuer in der Mitte, auf jedem Stuhl sitzt eine Führungskraft (Bild 4.3) [Linea, Baldwin 2014]. Im Unternehmenskontext könnt Ihr nur selten ein Feuer machen. Ihr könnt aber eine Mitte gestalten, die das gemeinsame Thema repräsentiert. Bereite den Raum so vor, dass jede Person den anderen Personen in die Augen schauen kann. Besprechungstische sind üblich, aber für diesen Kontext oft hinderlich. Sollte es sich jedoch allzu ungewohnt anfühlen, ohne schützende Tische in den Dialog zu gehen, ordne sie so an, dass es einem Kreis sehr ähnlich wird. Im Onlineformat sorge dafür, dass sich alle Teilnehmenden auf ihren Bildschirmen sehen können.

Im Circle wird jede Stimme gehört. Hilfreich ist ein Redegegenstand. Das mag befremdlich klingen. Wer jedoch täglich in klassischen Besprechungen sitzt, weiß, dass es Redner gibt, die viel Raum einnehmen. Andere hören nur zu und hätten doch so viel zu sagen. Mit einem kreisenden Redegegenstand gilt die volle Aufmerksamkeit der Person, die gerade spricht. Die Methode gibt auch Raum zum Schweigen, zum Nachdenken und zum Entschleunigen.

> *Im Kreis interagieren wir auf etwas formellere Art und Weise als im zwanglosen Gespräch. Das Potenzial für tiefe Einsicht ist hier immer gegeben, das heißt, wir müssen ständig aufmerksam zuhören. Der Gesprächsinhalt an sich ist vielleicht derselbe, aber die Muster des gegenseitigen Austauschs – wer wann spricht und wie wir zuhören, wie wir interagieren, was von uns nach dem Gespräch im Kreis erwartet wird – unterliegen weitgehend der Struktur des Kreises.*

Christina Baldwin und Ann Linea

Bild 4.3 Circle Facilitation: Auf jedem Stuhl sitzt eine Führungskraft

Die Struktur des Kreises enthält folgende Elemente:

Der Rand des Kreises

Der Rand des Kreises ist symbolisch gemeint und besteht aus der eigenen Vorbereitung, der Einladung und der Gastgeberschaft. Man kann sich im Kreis nicht verstecken oder etwas anderes erledigen. Die Teilnahme oder Nichtteilnahme eines jeden im Kreis ist sofort spürbar. Daher besteht die eigene Vorbereitung darin, herunterzukommen und einfach da zu sein, aufmerksam und bereit zu sein.

Der Gastgeber oder die Gastgeberin bereitet sich etwas intensiver vor. Sie hat alle relevanten Teilnehmenden eingeladen. Dabei hat sie folgende Informationen gegeben:

- Warum kommen wir zusammen?
- Wer wird oder sollte anwesend sein?
- Was kann jeder beitragen?
- Bei erstmaliger Anwendung des Formats: Warum diese Vorgehensweise und was beinhaltet sie?

Der Gastgeber oder die Gastgeberin bereitet den Raum vor und sorgt für eine angenehme Atmosphäre. Er oder sie ist Teil des Kreises und ausdrücklich keine Moderator:in. Verantwortlich für den Inhalt des Kreises ist jeder und jede Teilnehmende.

Kreismitte

In die Kreismitte wird etwas von Bedeutung gestellt, etwas, was das Ziel oder die Absichten der Gruppe symbolisch darstellt. Auch die Firmenpolitik oder der Nachhaltigkeitsbericht kann in der Mitte liegen oder der Prototyp einer neuen Produktidee.

Die Mitte repräsentiert das gemeinsame Thema. Während man beim Gespräch im Dialog sein Gegenüber fokussiert, reden die Teilnehmenden eines Circle in die Mitte. Der Vorteil ist, dass jede Meinung und Strategie stehenbleiben darf. Es ist fast so, als stünde in der Mitte ein Tisch, auf dem alle Geschichten und Meinungen abgelegt werden und liegenbleiben dürfen. Auch wenn sie sich widersprechen.

Befinden wir uns im Gespräch mit einer Person, die ihre Meinung zu einem Thema kundtut, fühlen wir uns genötigt, diese Meinung zu bestätigen oder zu widerlegen. Wir prüfen und bewerten: Bist Du auf meiner oder auf der anderen Seite? Wir finden Argumente, die unsere eigene Meinung unterstützen, um unser Gegenüber zu überzeugen. Denn wir wollen rechthaben. Wir wollen Bestätigung, dass wir mit unserer Meinung richtigliegen, und somit wollen wir Anerkennung als Mensch.

Im Circle hat jeder Recht. Jede Meinung bleibt stehen. Es gibt keine Bewertung. Nichts wird vom Tisch gewischt.

Der Auftakt

Wenn wir uns im Kreis treffen, gibt es den Punkt, an dem der Circle beginnt. Das ist der Wechsel zwischen informellem Austausch und der Arbeit im Kreis. Die Person, die als Gastgeber:in fungiert, oder eine freiwillige Person markiert diesen Wechsel mit einem Gedicht, einem Zitat, einer Geste oder – außerhalb von Bürogebäuden und Produktionsbereichen – dem Anzünden einer Kerze.

Erläutere den Teilnehmenden den Sinn und Zweck des Auftakts und sei offen für Impulse aus der Runde. Bei einem Circle zum Thema Agrarpolitik in der hiesigen Solawi (Solidarische Landwirtschaft) haben ein Regionalpolitiker und sein Zwillingsbruder spontan ein Lied angestimmt, als wir erläuterten, dass der Circle in den indigenen Ursprüngen oft mit Musik eröffnet wird. Auf jedem Stuhl sitzt eine Führungskraft und alle gestalten mit.

Vereinbarungen

Der Erfolg des Circle hängt davon ab, wie gut die Teilnehmenden die Regeln respektvollen Umgangs miteinander verstehen und sich daranhalten. Bei wiederkehrenden Veranstaltungen können Vereinbarungen gemeinsam erarbeitet werden. Bei einmaligen Veranstaltungen stellen wir sie vor und holen das Einverständnis der Runde ein. Folgende Vereinbarungen bieten sich an:

- Vertrauen: Persönliche Informationen bleiben im Kreis.
- Zuhören: Alle schenken ihre ganze Aufmerksamkeit der sprechenden Person.
- Neugier: Die Teilnehmenden bewerten nichts und niemanden und jede Person nimmt eine Haltung der interessierten Neugier ein.

- Authentizität: Niemand ist nur seine Rolle oder seine Stellenbeschreibung im Unternehmen, sondern eine Persönlichkeit mit Werten und Erwartungen. Persönliche Werte und Erwartungen dürfen genauso geteilt werden wie fachliche und sachliche Themen.
- Das Wesentliche: Jede:r sagt, was wichtig ist und dem gemeinsamen Ziel dient. Das kann viel oder wenig sein.
- Selbstregulierung: Jede Person fordert, was sie braucht, und bietet, was sie kann.

Check-in

Im Check-in kann sich jeder zum ersten Mal äußern. Diese erste Runde kann genutzt werden, um sich vorzustellen oder Erwartungen zu äußern. Diese Runde wird durch eine spezifische Frage oder Anweisung des Gastgebers eingeleitet:

- Erzähle kurz, was Dich bewogen hat, die Einladung anzunehmen.
- Worauf freust Du Dich heute und was sind Deine Bedenken?
- Welche Rolle repräsentierst Du hier und heute und was ist Dir an unserem gemeinsamen Thema ganz persönlich wichtig?

Praxistipp

Vermeide eine klassische Vorstellungsrunde mit Beschreibung der beruflichen Laufbahn. Das ist ermüdend und dient nicht dem gemeinsamen Ziel.

Die Frage für das Check-in zu formulieren, ist eine Kunst. Widme dieser Überlegung genügend Aufmerksamkeit und binde Kolleg:innen ein. Eine gute Check-in-Frage stärkt das Gefühl der Gemeinschaft, rüttelt an Glaubenssätzen, macht neugierig, erzeugt Energie, bleibt in Erinnerung oder regt zum Nachdenken an.

Der Redegegenstand

Bereits beim Check-in kann der Redegegenstand (auch Redeobjekt, Sprechstück, Redestab) eingeführt werden. Auch wenn es Dich Überwindung kostet, ein Redeobjekt anzubieten, der Nutzen ist sofort erlebbar. Der Gegenstand wird weitergereicht und zeigt an, wer gerade sprechen kann. Die anderen hören zu, ohne Kommentare, seien sie auch noch so witzig. Für den Redenden kann es eine beeindruckende Erfahrung sein, die volle Aufmerksamkeit des Kreises zu haben. Wer lieber zuhören möchte, darf den Gegenstand weiterreichen. Er oder sie bekommt am Ende der Runde die Gelegenheit, seine Redezeit nachzuholen.

Im Online-Format hat es sich bewährt, den persönlichen Redegegenstand in die Kamera zu halten und auf der Tonspur an den nächsten „im Kreis" weiterzugeben. Die Reihenfolge wird vorher festgelegt und beibehalten.

Wenn die Zeit des Circle begrenzt ist, kann die Redezeit am Anfang festgelegt werden, als ungefähre Richtlinie oder durch Unterstützung mit einem Tonsignal. Solltest Du ein Signal verwenden, achte auf einen angenehmen Ton und lass den Redenden den begonnenen Satz zu Ende führen.

Der Redegegenstand ist hilfreich, aber nicht zwingend, und er muss auch nicht in jeder Runde eingesetzt werden. Beim Check-in und beim Check-out hat er sich jedoch bewährt. Und er hilft, wenn abzusehen ist, dass der Austausch entschleunigt werden sollte.

Intention

Die Intention ist das Verständnis darüber, warum sich die Gruppe versammelt hat, und diese muss gemeinsam ausgearbeitet werden. Dabei gibt es kollektive Erfordernisse und persönliche Erwartungen, die integriert werden wollen. Mögliche Intentionen in einem Stakeholder-Circle können sein:

- Wir wollen die wesentlichen Umweltaspekte unserer Prozesse definieren.
- Risikoanalyse: Welche Risiken gibt es in Bezug auf Wirtschaftlichkeit, Ökologie und Soziales, die von außen auf unsere Organisation einwirken können, und wie können wir diesen gemeinsam begegnen?
- Überprüfung des Geschäftsmodells auf Zukunftsfähigkeit und Erarbeitung von alternativen Schwerpunkten (Produktion und Dienstleistung)

Praxistipp

Lege fest, wie lange und wie oft Ihr euch in diesem Rahmen treffen wollt. Was ist Eure Definition davon, wann der Kreis erfolgreich gearbeitet hat? Wann hat der Circle seinen Zweck erfüllt und wird aufgelöst?

Die Arbeit im Kreis

Die inhaltliche Arbeit im Kreis hängt von der Gruppe und ihrer Intention ab. Ihr könnt den Kreis verlassen und in Kleingruppen arbeiten, um die Ergebnisse wieder in den Kreis zu tragen. Ihr könnt im Kreis bleiben und Bedürfnisse und Anforderungen Eurer Stakeholder sichtbar machen, um diese anschließend für Eure Nachhaltigkeitsberichterstattung zu verwenden. Dieser Teil ist kaum planbar. Vertraut dem Prozess und der Gruppe und seid aufmerksam, was daraus entstehen will.

Im Circle haben sich folgende Fragen in drei Runden bewährt:

- Initialfrage zum gemeinsamen Thema: Was ist Dir zum Thema xy besonders wichtig und warum?
- Resonanzfrage: Was hat Dich von dem Gehörten besonders inspiriert oder angesprochen?
- Essenzfrage: Was macht diese Runde besonders und wie können wir daraus nächste Schritte ableiten?

Check-out

Ebenso wichtig, wie den Circle formell zu beginnen, ist es, ihn formell zu beenden. Die Möglichkeiten hier sind genauso vielfältig wie beim Check-in. Schließe mit einem Zitat oder einem Gedicht und auf jeden Fall mit einem Dank an die Teilnehmenden, dass sie sich auf diese Art der Kommunikation eingelassen haben und Eurer Einladung gefolgt sind.

Gehe ich vor Dir, dann weiß ich nicht, ob ich Dich auf den richtigen Weg bringe.
Gehe ich hinter Dir, dann weiß ich nicht, ob Du mich auf den richtigen Weg bringst.
Gehe ich neben Dir, werden wir gemeinsam den richtigen Weg finden.

Afrikanisches Sprichwort

Hier ist die Gelegenheit für Dich, kurz zusammenzufassen, was Ihr gemeinsam erschafft habt. Lass die Teilnehmenden benennen, was für sie bedeutsam war, und denke daran: Auch Du als Gastgeber:in bist Teil des Kreises. Was war für Dich besonders erkenntnisreich? Mit welcher Energie und welchen Gefühlen hast Du die Einladung ausgesprochen und was denkst Du jetzt darüber? Sei authentisch und ehrlich. Das ist eine Einladung an die Teilnehmenden, sich genauso zu äußern.

... und los geht's

Der wichtigste Schritt ist der erste Schritt. Übe den Circle und seine Prinzipien im vertrauten Rahmen Deines Teams oder Deiner Kolleg:innen. Du kannst auch zu Hause üben mit Deiner Familie und mit Freunden. Teile Dein Bedürfnis, den Circle für Deinen Job üben zu wollen. Als Experiment kommuniziert, erhöht sich die Bereitschaft, Dich zu unterstützen. Du kannst dabei Deine eigene Art der Kreiskommunikation entdecken und bist somit im beruflichen Kontext schon vertrauter mit den Prinzipien. Hole Dir Feedback ein. Was fühlt sich für die anderen ungewohnt an? Wo und wie können die Bedürfnisse der anderen noch besser sichtbar gemacht werden und Widerstände überwunden werden? Was brauchen die anderen, um mit gutem Gefühl mitmachen zu können?

Der Circle mit Euren Stakeholdern erfordert Mut und Experimentierfreude. Vertraue dem Prozess und den Teilnehmenden und nimm Deine Rolle als Gastgeber:in als Angebot für einen Raum an. Verantwortlich für das Ergebnis ist die gesamte Crew, die die Regatta dazu verwendet, eine resiliente und nachhaltige Organisation aufzubauen.

Wenn Ihr in dieser Art mit Euren Stakeholdern in den Dialog kommt, habt Ihr ein Beziehungsfundament geschaffen, dass Euch in eine gemeinsame, nachhaltige Zukunft tragen kann. Ihr sitzt alle im selben Boot. Eure Crew besteht aus Stakeholdern. Das sind Menschen mit ihren Rollen und mit ihren Anforderungen, aber auch mit ihren ganz persönlichen Bedürfnissen. Gemeinsam könnt Ihr Eure Organisation durch alle Stürme navigieren, wenn Ihr im Meer der Meinungen alle Stimmen zulasst.

Literatur

Hosang, Karl (2024): „Arnold Mindells originelles Facilitation-Glossar“, *https://karlhosang.de/arnold-mindell-facilitation-glossar*

Kohlen, Ralf; Müller, Rudolf A. (2021): *Quality reinvented!* 1. Auflage. München. Carl Hanser Verlag

Linea, Ann; Baldwin, Christina (2014): *Circle: Die Kraft des Kreises, Gespräch und Meetings inspirierend, schöpferisch und effektiv gestalten*. 1. Auflage. Weinheim. Baitz Verlag

Paul, Sandra; Eller, Oliver (2024): „Stakeholdermanagement: Die nachhaltige Chance in der Liste der interessierten Parteien. DGQ Blog“, *https://blog.dgq.de/stakeholdermanagement-die-nachhaltige-chance-in-der-liste-der-interessierten-parteien*, aufgerufen am 08. 04. 2023

Rosenberg, Marshal (2023): *Konflikte lösen durch gewaltfreie Kommunikation*. 1. Auflage. Freiburg im Breisgau. Herder Verlag

Schaller, Stella: „Reinventing Society“, *https://realutopien.info*, aufgerufen am 08. 04. 2023

Visual Tool Box (2016): „Actor Tree. Climate KIC der EU“, *https://www.climate-kic.org/insights/visual-toolbox-for-system-innovation*, aufgerufen am 19. 07. 2024

Global

Regional

5 Earth4All – Ein Survivalguide für unseren Planeten

Sandra Paul

Im Jahr 1972 veröffentlichte der Club of Rome seinen Bericht mit dem Titel „Die Grenzen des Wachstums“. Der Bericht beschreibt die Ergebnisse der entsprechenden Studie basierend auf einer Computersimulation zur Zukunft der Weltwirtschaft.

> *Wenn die gegenwärtige Zunahme der Weltbevölkerung, der Industrialisierung, der Umweltverschmutzung, der Nahrungsmittelproduktion und der Ausbeutung von natürlichen Rohstoffen unverändert anhält, werden die absoluten Wachstumsgrenzen auf der Erde im Laufe der nächsten hundert Jahre erreicht.*
>
> Schlussfolgerung aus „Die Grenzen des Wachstums“ [Meadows et al. 1972]

Der Bericht des Club of Rome geriet zum Gründungsdokument für die Umweltbewegung. Er ist ein Appell an die ganze Welt, besonders aber an die Industrieländer, ihre Wirtschaftsweise umzustellen.

50 Jahre später erteilt der Club of Rome erneut den Auftrag, die Lage der Menschheit mithilfe eines Computermodells systemdynamisch zu betrachten. Es entsteht die internationale Initiative Earth for All (Earth4All), welche untersucht, wie Wohlergehen für alle Menschen innerhalb der planetaren Grenzen der Erde noch in diesem Jahrhundert erreicht werden kann. Die planetaren Grenzen werden in der Donut-Ökonomie von Kate Raworth als planetare Ober- und soziale Untergrenzen beschrieben (Bild 5.1).

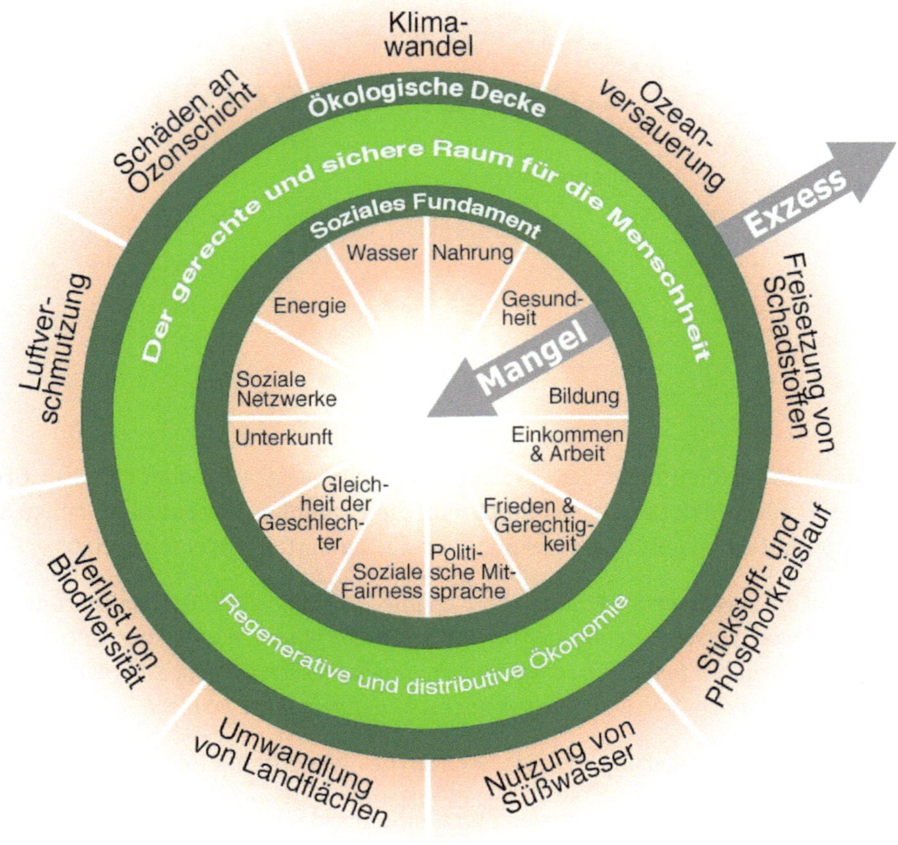

Bild 5.1 The Doughnut of social and planetary boundaries, © Kate Raworth and Christian Guthier, CC-BY-SA 4.0 [Raworth 2017][1)]

[1] Alle Bilder in diesem Kapitel, bei denen keine direkte Quelle genannt wird, stammen von Visual Plot und Sandra Paul.

Planetare Grenzen in der Donut-Ökonomie

Soziale Mindeststandards für jeden Menschen:

- Wasser
- Nahrungsmittel
- Gesundheit
- Bildung
- Einkommen und Arbeit
- Frieden und Gerechtigkeit
- Politische Vertretung
- Soziale Gerechtigkeit
- Wohnen
- Gleichstellung der Geschlechter
- Netzwerke
- Energie

Ökologische Obergrenze unseres Planeten:

- Luftverschmutzung
- Zerstörung der Ozonschicht
- Klimawandel
- Versauerung der Ozeane
- Chemische Verschmutzung
- Stickstoff- und Phosphorbelastung
- Süßwasserentnahme
- Flächenumwandlung
- Verlust an Biodiversität

Eine Ökonomie des Wohlergehens funktioniert nur mit einem Mindestmaß an sozialen Standards für alle Menschen innerhalb der Grenzen, die unser Lebensraum bietet. Überschreiten wir diese Grenzen, ist das kein Problem für den Planeten, sondern für uns Menschen. Insofern ist der Survivalguide für unseren Planeten eher ein Survivalguide für die Menschheit.

5.1 Die fünf Kehrtwenden

Folgende fünf Bereiche werden in Eart4All als Systeme mit gegenseitigen Wechselwirkungen betrachtet:

- Armut
- Ungleichheit
- Ermächtigung
- Ernährung
- Energie

Die fünf Themenfelder werden als Kehrtwenden bezeichnet und mit einem fünfzackigen Stern dargestellt (Bild 5.3). Nur gemeinsam können die Länder dieser Welt die Kehrtwenden vollbringen. Dafür brauchen wir mutige Regierungen in allen Ländern, die kooperieren, statt zu konkurrieren.

Diese Ideen zeigen eine Alternative zu unendlichem Wachstum auf einem endlichen Planeten. Eine Wirtschaft, die sozialen, ökologischen und ökonomischen Wohlstand für alle Menschen auf diesem Planeten bietet, muss möglich sein. Wir befinden uns nicht nur mitten in einer Klimakrise, sondern auch in globalen und sozialen Krisen. Dennoch ist eine Wohlstandsökonomie für alle möglich.

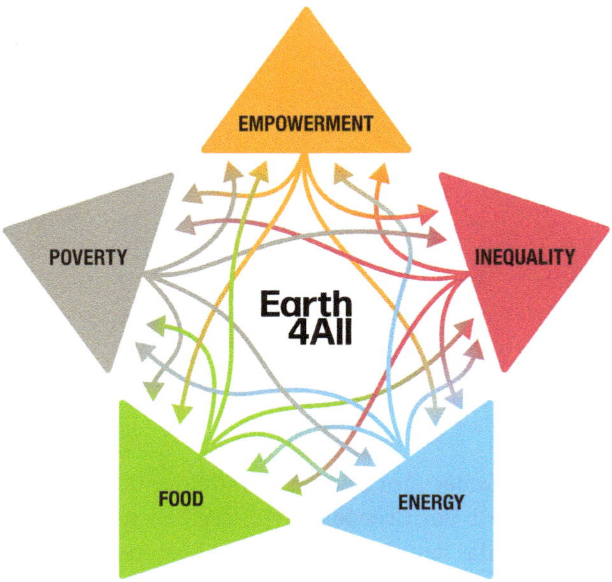

Bild 5.2 Die fünf Kehrtwenden [Dixson-Declève et al. 2022]

5.1.1 Simulationsmodelle im Qualitätsmanagement

Zur Erreichung von Produkt- und Prozessoptimierungen in komplexen Prozessen mit vielen Einflussgrößen verwenden Ingenieure gerne die Methode Design of Experiments (DoE). Beim DoE wird der Zusammenhang zwischen Einfluss- und Zielgrößen mathematisch berechnet, ein Versuchsplan erstellt und durchgeführt.

Beispiel einer DoE im Produktionskontext

Vliesherstellung

Einflussgrößen: Vernadelungsdruck, Geschwindigkeit und weitere

Output: Dicke, Gewicht, Festigkeit, Haptik

Wird das Vlies mit mehr Druck vernadelt, reduziert sich die Dicke. Wird die Geschwindigkeit erhöht, hat das ebenso Einfluss auf die Dicke und auf das Flächengewicht.

Die Einflussgrößen unterliegen wirtschaftlichen und technischen Grenzen. Mehr Vernadelungsdruck braucht mehr Energie und es soll möglichst viel Menge pro Zeiteinheit produziert werden.

Das Produkt muss auch eine gewisse Festigkeit haben, damit es bei der Weiterverarbeitung nicht reißt. Es gibt noch mehr Einflussgrößen, manche offensichtlich und andere weniger offensichtlich. Alle signifikanten Einflussgrößen müssen ermittelt und ihre realistischen Grenzen definiert werden.

Je mehr signifikante Einflussgrößen gefunden werden, umso umfangreicher wird der Versuchsplan. Nach Durchführung der Versuche und Messung der Ergebnisse erhalte ich eine Art Schaltpult mit Schiebereglern, welches das System beschreibt. Sobald ich einen Schieberegler, z. B. den Vernadelungsdruck, bewege, zeigt mir das Modell die Ergebnisse aller Outputs. Somit kann ich erkennen, wie weit ich den Vernadelungsdruck erhöhen darf, um eine gewünschte Festigkeit zu erhalten, ohne dass die Haptik zu hart wird und die Dicke zu weit nach unten geht.

Die DoE hilft, den Prozess mit seinen Wechselwirkungen besser zu verstehen im Hinblick auf ein gewünschtes Ergebnis.

So ähnlich dürfte die Computersimulation bei Earth4All sein. Nur dass wir ohne Versuchsplan arbeiten und Einflussgrößen wie Bevölkerungswachstum und Ressourcenverbräuche nicht ausprobieren und messen können.

5.1.2 Earth4All – ein Simulationsmodell

Die wichtigste Botschaft in Earth4All: **Es ist noch nicht zu spät.**

Wir können etwas bewirken, wir können gestalten. Mehr als 30 Autor:innen beschäftigen sich mit den fünf Kehrtwenden und mit konkreten Maßnahmen, die uns alle in eine bessere, gerechtere und nachhaltigere Zukunft bringen könnten.

Bei der Berechnung sind verschiedene Szenarien entstanden. Zwei davon greift Earth4All heraus:

- Too Little Too Late: Das könnte passieren, wenn wir so weitermachen wie bisher.
- Giant Leap – der große Sprung: die optimistische Variante

Da ich Idealistin bin und daran glaube, dass wir es als Menschheit gemeinsam schaffen können, eine Ökonomie des Wohlergehens für alle zu erreichen, konzentriere ich mich in diesem Kapitel auf Giant Leap, den großen Sprung.

Welche politischen Maßnahmen brauchen wir, die die Wahrscheinlichkeit für eine Zukunft erhöhen, in der alle Menschen auf der Welt ein höchstmögliches Maß an Zufriedenheit leben. Das bedeutet sozialer, ökologischer und ökonomischer Wohlstand für möglichst alle Menschen.

Der visuelle Zugang

Ein komplexes System kann durch eine Visualisierung greifbar gemacht werden. Anhand von Bildern können Zusammenhänge auf einer anderen Ebene verstanden und besser gemerkt werden. Beim Lesen des Berichts habe ich immer wieder gestoppt und gezeichnet. Dabei entstand Bild 5.3, meine Interpretation des Berichts auf Basis der vorgegebenen Struktur des fünfzackigen Sterns.

Den fünfzackigen Stern aus Earth4All habe ich als Grundform übernommen und ihn mit Elementen gefüllt, die mir bei der Lektüre begegnet sind. Nun nehme ich Dich mit, auf die Reise durch meine Visualisierung. Manche Gedanken werden Dich vielleicht sofort überzeugen, anderen wirst Du mit Skepsis begegnen. Das ist gut so.

Earth4All ist kein Kochrezept für eine bessere Welt.

Wichtig ist, dass wir uns bestehende Praktiken bewusst machen und uns fragen, ob wir diese wirklich beibehalten wollen. Wichtig ist, dass wir in den Dialog gehen, mit Kolleg:innen, Freund:innen und mit den Stakeholdern in unseren Unternehmen. Denn was für die Länder dieser Erde gilt, gilt auch für Unternehmen. Nur gemeinsam können wir es schaffen.

Bild 5.3 Infografik – meine visuelle Interpretation von Earth4All[2)]

[2] Alle Zeichnungen in diesem Kapitel wurden erstellt von Sandra Paul/Visual Plot.

Die Hebel auf unserem Schaltpult

Alle Hebel für ein neues wirtschaftliches Betriebssystem sind vorhanden und warten darauf, betätigt zu werden. Auch im Qualitätsmanagement der Unternehmen existieren solche Hebel. Integrierte Managementsysteme können erweitert werden um Umweltaspekte und um soziale Standards sowohl im Unternehmen selbst als auch in der Lieferkette.

Donella Meadows, eine der Autor:innen, beschreibt Hebelpunkte als Stellen in einem komplexen System, wo eine kleine Veränderung an der einen Stelle große Veränderungen in allen Bereichen hervorrufen kann (Bild 5.4).

Bild 5.4
Die Hebel der Transformation

Die Hebel liegen im Bereich der Wirtschaft, heißt es in Earth4All.

Der Hebel des Wachstums war ursprünglich dazu gedacht, Armut zu lindern. Die daraus gewachsene Wirtschaftspolitik hat nach dem Krieg gut funktioniert. Sie brachte vielen Teilen der Welt mehr Stabilität, Wohlstand und Gleichheit. Heute scheint der Wachstumshebel für viele Menschen auf diesem Planeten eine Armutsfalle zu sein, denn nicht alle profitieren von dem Ergebnis. Unser Wohlstand in einer der Industrienationen geht zulasten von Menschen am Anfang der Lieferkette und zulasten des Planeten, auf dem wir alle leben. Wirtschaft ist nicht mehr Mittel, sondern Selbstzweck. Wir stehen vor globalen Herausforderungen, die an Landesgrenzen nicht haltmachen. Deshalb müssen wir danach streben, das gesamte System zu verstehen und nicht nur den Ausschnitt unseres Lebens, unserer Familie oder unseres Landes.

> *Wir müssen zu Systemdenkern werden, die die Konsequenzen ihres Handelns größer und langfristiger betrachten als bisher.*
>
> Dixson-Declève et al. 2022

Die Auswirkungen unserer heutigen Entscheidungen treten räumlich verschoben an einer anderen Stelle des Planeten wieder auf oder betreffen zeitlich verschoben unsere Enkelkinder und deren Enkelkinder. Wir sind als Menschheit Teil des Ökosystems und nicht dessen Krone der Schöpfung. Der Planet existiert auch nach uns weiter. Ich möchte nicht auf Kosten anderer Menschen und auf Kosten der nächsten Generationen ein gutes Leben haben. Ich möchte meinen Beitrag leisten, indem ich Alternativen finde, daran glaube, dass sie wahr sein können, und darüber kommuniziere.

> *Ein Mensch erfährt sich selbst, seine Gedanken und Gefühle als etwas, das vom Rest der Welt getrennt ist. Diese Täuschung ist für uns eine Art Gefängnis, das uns auf unsere persönlichen Wünsche und die Zuneigung zu anderen Menschen begrenzt. Unsere Aufgabe muss es deshalb sein, uns aus diesem Gefängnis zu befreien, indem wir die Kreise des Mitgefühls erweitern, sodass wir alle Lebewesen und das Ganze der Natur in all ihrer Schönheit umfassen.*
>
> Albert Einstein

Wir haben nicht mehr so viel Zeit zu handeln und wir brauchen eine wirtschaftliche Transformation.

5.2 Kehrtwende Armut

Die Wirtschaft der Ärmsten darf wachsen (Bild 5.5)!

Eart4All-Handlungsempfehlung an die Politik

Reformierung des internationalen Finanzsystems und der Handelsvorschriften, um einkommensschwache Länder zu unterstützen.

Ziel

Wachstumsrate des Bruttoinlandprodukts (BIP) von mindestens fünf Prozent für einkommensschwache Länder, bis das BIP pro Kopf und Jahr über 15 000 US-Dollar beträgt.

Bild 5.5 Die Kehrtwende Armut

Wenn wir von den Grenzen des Wachstums reden, klingt es zunächst irritierend, dass die einkommensschwachen Länder eine Steigerung des BIP von mindestens fünf Prozent anstreben sollen. Warum ist das wichtig? Armut ist zwar in den letzten 50 Jahren drastisch zurückgegangen, aber immer noch muss fast die Hälfte der Weltbevölkerung mit weniger als vier Dollar pro Tag auskommen, das sind drei bis vier Milliarden Menschen. LautEart4All benötigt jeder Mensch 30 bis 40 Dollar pro Kopf und Tag. Das sind 28 bis 37 Euro.

Reflexion: Wie viel Geld hast Du pro Tag zur Verfügung?

Rechne gerne Deinen Nettomonatslohn auf einen Tag um.

Zum Beispiel: 3000 €/31 Tage = 97 €/Tag

Wie würdest Du Deine finanziellen Verhältnisse bezeichnen? Bist Du arm? Reich? Irgendetwas dazwischen?

Welche Umstände haben dazu geführt, dass Du diese Summe zur Verfügung hast? Welche Einflussfaktoren konntest Du wählen, welche nicht?

Definition arm/reich

In einer Studie der Hans-Böckler-Stiftung heißt es: Wer weniger als 60 Prozent des mittleren Einkommens eines Landes zur Verfügung hat, ist arm oder armutsgefährdet. Wer mindestens doppelt so viel verdient, wie die Person in der Mitte der Verteilung ist reich.

Laut Amtlicher Sozialberichterstattung lag die Armutsgrenze in Deutschland im Jahre 2022 bei 38 Euro pro Tag für einen Einpersonenhaushalt.

Schaut Euch beim nächsten Lieferantenaudit nicht nur die Qualität der Dienstleistung oder der Materialien an, sondern ergänzt es um soziale Standards wie Gehälter und Arbeitszeiten. Ein erster Schritt kann die Aufnahme dieser Aspekte in die Lieferantenselbstbeurteilung sein. Innerhalb einer Risikobewertung könnt Ihr kritische Branchen und/oder Länder identifizieren und ein Sozialaudit für kritische Lieferanten in Auftrag geben (z. B. nach SMETA (Sedex Members Ethical Trade Audit) oder SA 8000, welche beide auf der ILO (International Labour Organization) basieren).

5.2.1 Finanzen

Die reichste Milliarde der Menschen verbraucht 72 Prozent der globalen Ressourcen, während die ärmste Milliarde circa ein Prozent verbraucht. Investitionen in einkommensschwache Länder ermöglichen die Umsetzung der meisten sozialen Ziele im Bereich Ernährung, Gesundheit, Bildung und sauberes Wasser für alle Bürgerinnen und Bürger (Bild 5.7).

Bild 5.6
Zielgruppe der Kehrtwende Armut: einkommensschwache Länder

Du hast gerade in Deiner Berechnung gesehen, wie viel Geld Du pro Tag zur Verfügung hast. Du hast Dich eingeordnet im Spektrum zwischen arm und reich. Musst Du Dir Gedanken machen um Deine Ernährung oder die Deiner Familie? Und hast Du jederzeit sauberes Wasser zur Verfügung? Welche Möglichkeiten hast Du, wenn Du krank bist? Welche Bildungsmöglichkeiten stehen Dir und Deinen Kindern zur Verfügung? (Bild 5.7)

Bild 5.7
Grundbedürfnisse für alle Bürger erfüllen

In einkommensschwachen Ländern mangelt es oft an der Erfüllung dieser Bedürfnisse. Es fehlt Geld für Entwicklungsprojekte und für den Aufbau und Erhalt von Stromnetzen, Wasserversorgung, Straßen, Schienen und Krankenhäusern. Das erschwert das Wirtschaftswachstum. Die Covid 19-Pandemie hat diese verwundbaren Volkswirtschaften zusätzlich gelähmt, die Armutsbekämpfung wurde um sechs bis sieben Jahre zurückgeworfen und durch die Anpassung an den Klimawandel gehen die knappen Ressourcen dieser Länder allmählich zur Neige (Bild 5.8).

Bild 5.8 BIP-Wachstum der einkommensschwachen Länder erwünscht

In vielen dieser Länder werden ausländische Investitionen als Schlüssellösungen angesehen. Wer aber schnelle Gewinne machen will, investiert nicht in langfristige und nachhaltige Projekte dieser Länder. Die Mittel landen in Form von Aktien im Finanzsektor der Wirtschaft.

Sollen Investitionen einem gesunden Wirtschaftswachstum zugutekommen, müssen sie koordiniert und zielgerichtet eingesetzt werden. Doch das gegenwärtige globale System ermutigt nicht die Regierungen, sondern die Märkte dazu, in diese Länder zu investieren. Die betroffenen Länder müssen ihre knappen Ressourcen für die Bedienung ständig wachsender Schuldenberge verwenden. Ausländisches Kapital hat in vielen Ländern nur einen mäßigen Einfluss auf deren wirtschaftliche Entwicklung, auf Wachstum und Wohlstand. Das investierte Geld macht die Reichen in den einkommensstarken Ländern noch reicher (Bild 5.9).

Bild 5.9
Finanzielle Unterstützung in landeseigener Währung

Die Rückzahlung von Schulden und Zinszahlungen verringern den Handlungsspielraum der betroffenen Länder. Im Zuge der Pandemie ist der Schuldenberg noch gestiegen. Die Regierungen dieser Länder versuchten, die Last niedrig zu halten durch Einschränkungen der Ausgaben für Wohlfahrtsprogramme. Nach Angaben von Oxfam in der Halbzeitbilanz der Agenda 2030 ist es sogar so, dass Kredite an diese Länder nur unter der Bedingung von Einsparungen im Sozialbereich gegeben worden sind. Das hatte gravierende Auswirkungen auf die vulnerablen Gruppen der Bevölkerung. Es heißt, dass Länder mit hohem Einkommen im Durchschnitt 16,4 Prozent ihres BIP für soziale Sicherung ausgeben, während es in Ländern mit niedrigem Einkommen 1,1 Prozent sind.

Im Schuldenreport von *misereor* ist zu lesen, dass insgesamt 135 von 148 Staaten im globalen Süden kritisch verschuldet sind. Für Regierungen in diesen Ländern ist es eine Herausforderung, sowohl gegen die Armut vorzugehen als auch gegen die globale Erwärmung und gleichzeitig ihre Schulden zurückzuzahlen. Bezüglich der Schuldenrückzahlung gibt es strenge Auflagen. Reiche Länder üben über Institutionen wie den Internationalen Währungsfonds oder die Weltbank Kontrolle über die Finanzen einkommensschwacher Länder aus und verlangen von ihnen hohe Zinsen. Ratingagenturen stufen solche Länder als riskantes Investitionsziel ab. Das schreckt wiederum Investoren ab. Ein Teufelskreis.

Ein Weg, um aus dieser Spirale herauszukommen, ist die Erlassung von Schulden (Bild 5.10). Es ist unsere moralische und historische Pflicht, die einkommensschwachen Länder finanziell zu unterstützen.

In der Halbzeitbilanz der Agenda 2030 werden neben dem Schuldenschnitt für diese Länder weitere Möglichkeiten zur rigiden Sparpolitik genannt: höhere Besteuerung von Vermögenden und Großkonzernen, die Einführung von Digital- und Übergewinnsteuern, die bessere Verfolgung von Steuerhinterziehung und Umstrukturierung der öffentlichen Ausgaben.

Bild 5.10
Ein Schuldenerlass für einkommensschwache Länder führt aus der Spirale heraus

Neben dem Schuldenerlass für einkommensschwache Länder empfiehlt Earth4All, das weltweite Finanzsystem zu überarbeiten, Vorschriften und Anreize auch für private Investitionen zu schaffen und Steuererhöhungen für reiche und große Unternehmen einzuführen und global zu koordinieren (Bild 5.11).

Bild 5.11 Reform internationales Finanzsystem

Nur mit ausreichend Handlungsspielraum und finanzieller Unterstützung für quantitatives und qualitatives Wachstum können einkommensschwache Länder Entwicklungsschritte überspringen und den großen Abstand zu den Industrienationen verringern.

Reflexion: Gewinnen und Verlieren

Was meinst Du? Braucht es Gewinner und Verlierer im Spiel des Lebens?

Wie viel Gewinne oder Gewinnen macht Gewinner glücklich? Und unter welchen Umständen verzichtet ein Gewinner auf seinen Sieg?

5.2.2 Technologien

Einkommensschwache Länder brauchen nicht nur Geld, sie brauchen auch Zugang zu Technologien. Wie können wir Seite an Seite die globalen Herausforderungen bewältigen, wenn fast die Hälfte der Welt keinen leichten Zugang zu Technologien hat?

> *Leave no one behind!*
>
> Forderung der Agenda 2030

Manche Firmen führen die Anzahl ihrer Patente als Indikator für Innovationen in ihrem Nachhaltigkeitsbericht auf. Der Schutz des geistigen Eigentums ist richtig und wichtig. Wenn allerdings Innovationen zu nachhaltigen Lösungen der Geldvermehrung der reichen Lizenzeigner dienen und einkommensschwachen Ländern nicht zur Verfügung stehen, dann stellt sich die Frage nach Mittel und Zweck von nachhaltigen Innovationen. Regierungen der Herkunftsländer zukunftssichernder Technologien haben hierzu Handlungsmöglichkeiten zur Regulierung der Unternehmen und ihrer Lizenzeigner.

Das Zentrum für Ernährungssicherheit beschreibt, wie multinationale Unternehmen per Gesetz so begünstig werden, dass sie, wie Monsanto, Landwirte in Ländern mit niedrigem Einkommen wegen Verletzung ihrer Patentrechte auf Saatgut verklagen können. Gesetze, die zulassen, dass die Geldvermehrung einzelner vor dem Überleben anderer stehen, gehören überarbeitet (Bild 5.12).

Hält Dein Unternehmen Patente? Sind Prozessbeschreibungen zum Umgang mit Patenten Teil Eures Managementsystems? Im Sinne der Gewinnmaximierung war und ist es üblich, neue Technologien zu schützen. Stelle diese Vorgehensweise in der nächsten Sitzung des Topmanagements auf die Tagesordnung und überlegt gemeinsam, wie Ihr darüber denkt, wenn Ihr Euer Unternehmen als Teil einer globalen Aufgabe betrachtet.

Bild 5.12
Zugang zu Technologien ermöglichen

5.2.3 Regionaler Handel

Das derzeitige Ausmaß der CO_2-Emissionen ist eine Folge der schnellen Industrialisierung einkommensstarker Länder in den letzten 150 Jahren. Heute aber sind es die einkommensschwachen Länder, die die Folgen zu tragen haben.

Einkommensstarke Länder lagern ihre Produktion in einkommensschwache Länder aus, um zu sparen. Das sind unter anderem Textil- und Bekleidungsindustrie, Elektronikschrott-Recycling oder die Stahl-, Zement- und Chemieproduktion. Einkommensschwache Länder freuen sich über Arbeitsplätze und steigende Löhne. Allerdings siedeln sich dadurch stark umweltverschmutzende Industriebranchen an, die die klimaschädlichen Emissionen in die Höhe treiben. Nach der derzeit üblichen Methode zur Emissionsbestimmung werden für CO_2-Emissionen allein diejenigen Länder verantwortlich gemacht, in denen sie entstehen. Diese Länder haben kaum Technologien, die Emissionen zu messen oder einzudämmen.

Emissionen sollen auch durch eine CO_2-Grenzsteuer verhindert werden, indem man Waren aus emissionsintensiven Ländern beim Import mit einer Abgabe belegt. Doch auch dabei fließt das Geld zu den Konsument:innen in den einkommensstarken und nicht zu den Produzent:innen in den einkommensschwachen Ländern, die vor allem den Konsumwunsch derer bedienen, die es sich leisten können.

Die meisten natürlichen Ressourcen fließen in den Konsum der Industrieländer, die allerdings nur einen Bruchteil der Konsequenzen tragen.

Emissionen müssen dort verbucht werden, wo die Produkte konsumiert werden. Dieser Sichtwechsel fördert saisonale regionale Produktionen und kurze Lieferketten und berücksichtigt auch Energiekosten bei langer Lagerung von heimischen Produkten.

Multinationale Unternehmen haben die Verantwortung, mit ihren Investitionen grüne Industrien voranzutreiben, um den Übergang zu einer nachhaltigen Wirtschaft zu unterstützen. Auf freiwilliger Basis bewegt sich zu wenig, daher sollten Gesetze diesen Prozess unterstützen (Bild 5.13).

Bild 5.13
Nachhaltige Produktionen in einkommensschwachen Ländern ermöglichen

Wir benötigen eine schnelle und faire Transformation unserer Wirtschaft. Die Systeme von heute beruhen auf Entscheidungen von vor Jahrzehnten oder sogar Jahrhunderten und bedürfen der Überprüfung.

Earth4All will nicht das Wirtschaftswachstum stoppen. Es heißt, wir stehen mitten in der größten Energie- und Ernährungsrevolution, die die Welt in diesem Jahrzehnt erleben wird. Das ist eine Jahrhundertchance für den Wandel. Gesundes Wachstum bedeutet, quantitativ und qualitativ zu wachsen, innerhalb der planetaren Grenzen und unter Berücksichtigung der sozialen Mindeststandards (Bild 5.14).

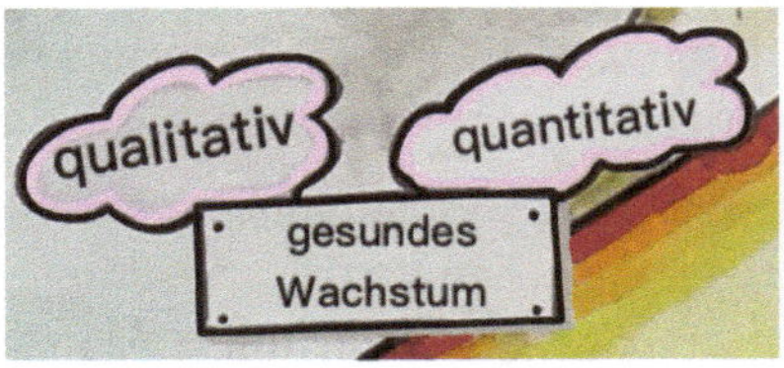

Bild 5.14
Wachstum, aber gesund für den Planeten und die Gesellschaft

5.3 Kehrtwende Ungleichheit (im Land)

Notwendig ist, dass mehr Gleichheit zwischen Menschen und Nationen geschaffen wird (Bild 5.15).

Wichtigstes politisches Ziel:

Eart4All-Handlungsempfehlung an die Politik

Regierungen sollen die Steuern für die reichsten zehn Prozent (Einkommen und Vermögen) in den Gesellschaften erhöhen und Steuerschlupflöcher schließen.

Die reichsten zehn Prozent verfügen über nicht mehr als 40 Prozent des Nationaleinkommens.

Bild 5.15
Die Schere gemeinsam schließen

Große Ungleichheit bezüglich Einkommen und Vermögen innerhalb eines Landes macht es schwer, Vertrauen in die Demokratie zu finden und kollektive Entscheidungen zu treffen, die allen zugutekommen und somit auch von allen akzeptiert werden. Es braucht Vertrauen, um Entscheidungen treffen zu können, die dabei helfen, Emissionen zu reduzieren, Wälder zu schützen, das Süßwasser zu bewahren und die globale Temperatur auf einem relativ sicheren Niveau von plus 1,5 °C zu stabilisieren. Wir müssen die sozialen Probleme auf der Welt lösen, um die Herausforderungen rund um Klima, Biodiversität und Süßwasser bewältigen zu können.

Egal ob ein Land im Durchschnitt eher einkommensstark oder einkommensschwach ist, Länder mit stärker ausgeprägter Gleichheit punkten in Sachen Vertrauen, Bildung, soziale Mobilität (Wechsel zwischen sozialen Schichten), Lebenserwartung, Gesundheit, Übergewichtigkeit, Kindersterblichkeit, psychische Gesundheit usw. Das wirkt sich auch auf die Zufriedenheit der Reichen aus. Reiche Menschen in Länder mit größerer Gleichheit sind zufriedener als reiche Menschen in Ländern mit größerer Ungleichheit.

5.3.1 Stärkere Steuerprogression auf Einkommen und Vermögen

Bild 5.16
Je mehr Einkommen, desto mehr Steuern – gerade für Millionäre und Milliardäre

Was heißt stärkere Steuerprogression? Wer mehr verdient, zahlt auch mehr Steuern. Das ist auch heute schon so. Der Spitzensteuersatz liegt im Jahr 2024 bei 42 Prozent und wird bereits ab einem zu versteuernden Jahreseinkommen von 67 761 Euro gezahlt. Ab einem Einkommen von 277 826 Euro greift der Reichensteuersatz von 45 Prozent. Sechs Prozent aller Steuerpflichtigen in Deutschland zahlen den Spitzensteuersatz (Bild 5.16).

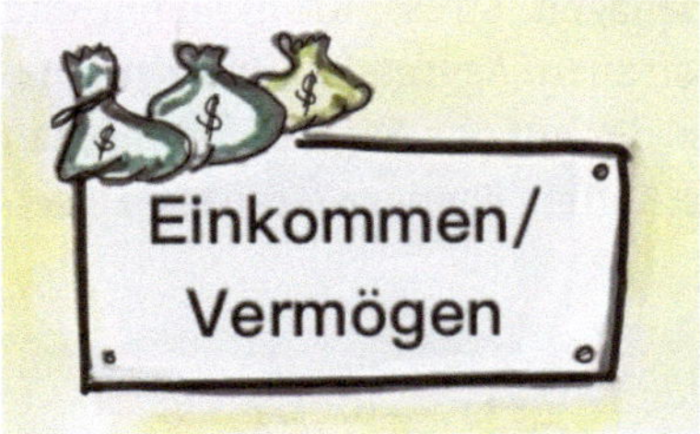

Bild 5.17
Unendliches Wachstum von Einkommen und Vermögen begrenzen

Wenn von progressiver Besteuerung von Einkommen und Vermögen gesprochen wird, treten Ängste auf, selbst noch mehr Steuern zahlen zu müssen. Manche sagen: „Die (Reichen) arbeiten ja auch viel, warum sollen sie denn nicht viel verdienen?“ Die Pflegerin und der Lokführer arbeiten auch viel (Bild 5.17).

Die Gemeinwohl-Ökonomie (GWÖ) ist ein ethisches Wirtschaftsmodell, welches das Wohl von Menschen und Umwelt zum Ziel des Wirtschaftens erklärt. Hier wird das Thema Ungleichheit wie folgt erläutert.

- Alle Menschen sollen die gleichen Freiheiten, Rechte und Chancen auf Beteiligung genießen.
- Die Freiheit des einen muss dort enden, wo sie die des anderen einzuschränken beginnt.

- Beim Eigentum, das gleichermaßen Fundament sein kann für Freiheit wie für Macht und Herrschaft, wird auf Vielfalt gesetzt: Privateigentum, öffentliches Eigentum, Gemeinschaftseigentum und Nutzungsrechte. Keiner Eigentumsform wird absoluter Vorrang eingeräumt.
- In der jetzigen Wirtschaftsordnung wird das Privateigentum bevorzugt, Eigentum ist nicht begrenzt. Somit ist eine schmale Elite von Personen und Unternehmen so reich und mächtig geworden, dass sie die Medien kontrollieren und politische Prozesse zu ihren Gunsten lenken können.

Christian Felber beschreibt eine typische Situation in einem seiner Vorträge. Er fragt das Publikum, wie viel mehr ein Mensch in einer Stunde leisten kann als ein anderer. Die Antworten lauten: das Zweifache, Fünffache, Zehnfache. Der bestverdienende Manager in den USA verdient heute das 350 000-Fache des Mitarbeitenden mit Mindestlohn, in Deutschland kommen wir auf das 6000-Fache.

> *Wird Einzelnen die Eigentumsfreiheit unbegrenzt gewährt, leidet die Freiheit der Mehrheit.*
>
> Christian Felber, 2017

Laut Felber fördern solch extreme Einkommensunterschiede weder Leistung noch Verantwortung. Sie machen die Reichen nicht glücklich, sondern gierig und lassen die Armen sich minderwertig fühlen. Sie fördern Unbehagen, Stress, Krankheiten und Sterblichkeit und führen zu einem Anstieg von Misstrauen, Aggression und Kriminalität. Das ist Rückenwind für rechtsradikale Parteien, der auf der Angst der Menschen basiert. Es geht nicht darum, Privateigentum abzuschaffen, sondern Grenzen zu setzen.

> Unbegrenztes Wachstum wird in der Medizin Krebs genannt.

Nach dem Konzept der Gemeinwohlökonomie soll Vermögen in einer demokratischen Diskussion begrenzt werden, z. B.

- Maximaleinkommen auf das Zehn- oder Zwanzigfache des gesetzlichen Mindestlohns
- Privatvermögen auf zehn oder dreißig Millionen Euro pro Person
- Schenkungs- und Erbrecht auf 500 000 oder eine Million Euro pro Person
- Schenkungs- und Erbrecht bei Familienunternehmen auf zehn oder zwanzig Millionen Euro pro Kind. Das darüber liegende Erbvermögen wird über einen Generationenfonds an alle Nachkommen der Folgegeneration verteilt: Gleiches Startkapital bedeutet höhere Chancengleichheit.

Wie transparent sind die Gehälter in Deinem Unternehmen? Redet Ihr über Euer Gehalt oder ist es sogar per Vertrag verboten?

Stelle diese Heilige Kuh doch einfach mal an geeigneter Stelle infrage. Redet gemeinsam darüber, welchen Nutzen es hat, über Gehälter Geheimhaltung zu wahren. Das war schon immer so? Gut. Soll das auch so bleiben? Welche Vorteile hätte es, diese Praxis in Deinem Unternehmen zu überdenken und zu lockern?

Wage es einfach mal, das Unsagbare zu sagen, und schaue, was passiert.

5.3.2 Allgemeine Grunddividende/Grundeinkommen

Diesen Punkt bezeichnen die Autor:innen von Earth4All als ihren kühnsten und radikalsten Vorschlag zum Gegensteuern der Ungleichheit: die weltweite Einführung eines Bürgerfonds zur Verteilung einer allgemeinen Grunddividende. Hierbei geht es um Methoden zur Umverteilung eines Teils des Vermögens, welches aus natürlichen Ressourcen gewonnen wurde (Bild 5.18).

Bild 5.18 Gewinne aus der Entnahme von Gemeingütern werden den Bürgern zurückgezahlt

Das Modell besteht aus zwei Teilen.

- Unternehmen bezahlen für die Nutzung von Ressourcen, die der Allgemeinheit gehören: Böden, stabiles Klima, fossile Brennstoffe, Land, Süßwasser, die Meere, Mineralvorkommen, Wissen, Traditionen, Gesetze, Lieder, Sprachen, Normen.
- Die Abgaben fließen in einen nationalen Bürgerfonds, dessen Einnahmen gleichmäßig an alle Bürger:innen verteilt werden (Bild 5.19).

Bild 5.19
Finanzielle Sicherheit bei allen Bürgern setzt neue Energien frei

Ein Blick zurück

Eine Triebkraft für Ungleichheit war einst die Besitzvergabe von Land. Früher wurde ein großer Teil des Bodens als Gemeingut verwaltet und gemeinsam bewirtschaftet. Doch mit der Zeit bildete sich ein neues System heraus und Obrigkeiten vergaben für das Land Besitzrechte. Das ist für uns heute so normal, dass wir es uns gar nicht mehr anders vorstellen können. Die Gewinne aus der Nutzung blieben und bleiben auch heute bei Besitzer:innen.

Was Menschen sich ausgedacht haben, können Menschen auch wieder ändern. Wer Ressourcen aus dem Gemeingut entnimmt und damit Geld verdient, soll die Gewinne wieder dem Gemeinwohl zuführen. Wirtschaft soll dem Gemeinwohl dienen. So steht es in vielen Verfassungen.

5.3.3 Rechte der Arbeitnehmer:innen

Was wäre, wenn mehr Arbeitnehmer:innen durch Miteigentümerschaft und Sitze in Vorstands- und Aufsichtsratsgremien die Möglichkeit hätten, an Entscheidungen mitzuwirken? Klingt ungewöhnlich? Das sei die Basis dafür, dass Arbeitnehmer:innen mutige und weitreichende Entscheidungen der Unternehmen unterstützen, heißt es in Earth4All.

Der Nutzen von Teilhabe geht aber noch viel weiter. Wie viele Arbeitnehmer:innen warten auf das Wochenende, auf den nächsten Urlaub, auf ihre Rente, um dann das zu tun, was sie wirklich wollen? Was für eine Verschwendung von Potenzialen. Die Haltung dazu lautet: Job ist Job und privat ist privat. Die Motivation ist das Gehalt am Ende des Monats.

> *Während der Anteil der Beschäftigten mit hoher emotionaler Bindung (Anm.: an das Unternehmen) in den Pandemiejahren 2020 und 2021 mit jeweils 17 Prozent ein Rekordhoch erreicht hatte, erleben jetzt nur noch 13 Prozent der Befragten ein durch Führung positiv geprägtes Arbeitsumfeld, das in einer hohen emotionalen Bindung resultiert.*
>
> Gallup Engagement Index 2022

Was wäre, wenn alle Arbeitsplätze Orte wären, an welchen Organisationsentwicklung durch Persönlichkeitsentwicklung entstehen kann? Wir könnten mit unseren Aufgaben wachsen und uns entfalten (Bild 5.20).

Reflexion: Entfaltungsmöglichkeiten in Deinem Unternehmen

Wie viel Entfaltungsmöglichkeit gibt es für jeden und jede Einzelne in Deinem Unternehmen?

Arbeitet Ihr noch mit statischen Stellenbeschreibungen oder schon mit dynamischen, zeitlich begrenzten Rollen?

Wie unterstützt Dein Unternehmen die Arbeitssicherheit und die mentale Gesundheit der Mitarbeitenden?

Was würdest Du in Deinem Unternehmen sofort ändern, wenn Du morgen Geschäftsführer:in wärst und die Macht zur Veränderung hättest?

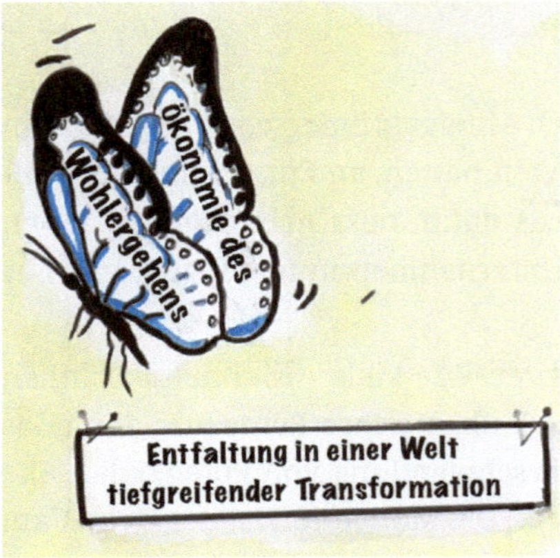

Bild 5.20
Alle Kehrtwenden wirken hin auf eine Ökonomie des Wohlergehens

Viel Inspiration zu sinnorientierten Wirtschaftsunternehmen bietet Frederic Laloux. Er sagt, dass wir andere Organisationsformen brauchen, wenn wir die Probleme unserer Zeit lösen wollen. Das gilt für Unternehmen, Schulen und gemeinnützige Organisationen. Lernende Organisationen beginnen auf Hierarchien zu verzichten und arbeiten z. B. in Kreisen.

> *Jeder, der aus alten Bahnen ausbricht und sich ins Neue begibt, wird wahrscheinlich auf Widerstände stoßen und als Idealist oder Narr bezeichnet werden.*
>
> Frédéric Laloux

Menschen können sich Dinge vorstellen, die es noch nicht gibt. Das unterscheidet uns von den Tieren. Die Vorstellung einer anderen Art von Zusammenarbeit, einer anderen Form von Organisation, einer Arbeit, die uns freudvoll auf den Montag blicken lässt, diese Vorstellung ist der erste Schritt der Umsetzung einer neuen Wirklichkeit.

Praxistipp: The Week mit Deinem Team

Frederic Laloux und seine Frau Helen Gerin wissen um die Kraft von Gemeinschaften und haben auf dieser Basis The Week gegründet. Rund um den Planeten bilden sich Gruppen, die gemeinsam The Week durchlaufen: Nachbarschaftsgruppen, Kolleg:innen, Familien und Freunde schauen sich innerhalb einer Woche drei Filme an. Sie diskutieren anschließend anhand von gezielten Fragen die Inhalte und definieren nächste Schritte, um ins Handeln zu kommen. Trau Dich und probiere es mit Deinem Team aus.

5.3.4 Überkonsum

Bild 5.21 Überkonsum und Armut: Die Schere zeigt sich auch im Konsum

Laut Oxfam werden die weltweiten Emissionen fast zur Hälfte von den reichsten zehn Prozent erzeugt und das reichste Prozent ist für 15 Prozent der CO_2-Emissionen der Erde verantwortlich (Bild 5.21). In meinem Haus befinden sich mehr Gegenstände, die ich verwahre, als Alltagsgegenstände. Ich gewöhne mir immer mehr an, Geräte bei den Nachbarn auszuleihen und zu verleihen. Und all die Dinge, die wir meinen zu brauchen: der Duftring für die extra dafür hergestellte Wasserflasche, damit es beim Trinken nach Zitrone, Apfel, Orange usw. riecht. Mit Werbung wird Begehren geweckt. Dahinter steht eine Fabrik, Transportwege und ganz viel Verpackung. Oder da gibt es die daumengroßen Schokoladenbonbons, jedes einzeln in rot-weißes Plastik verpackt. Wenn wir unseren Appetit gestillt haben, liegt dort ein Haufen von Plastikpapieren für eine Handvoll Schokolade (Bild 5.22).

Bild 5.22
Überleben der einen sichern durch bewussten Konsum der anderen

Ich höre den Ruf aus dem Off: „Was ist mit den Arbeitsplätzen? Wir brauchen doch die Arbeitsplätze! Wir wollen doch nicht, dass einer arbeitslos wird, bloß weil wir uns weigern, Duftringe zu kaufen?!"

Wir können arbeiten, um Geld zu verdienen, und wir können arbeiten, weil die Aufgabe sinnvoll ist. Am schönsten ist es, wenn beides zusammenkommt. Prima wäre, wenn sinnvolle Arbeit und der Dienst am Menschen so erträglich sind, dass jeder und jede gut davon leben kann.

Das Damoklesschwert des BIP: Der Sinn dieser Kennzahl als Maß für die wirtschaftliche Leistung einer Volkswirtschaft bröckelt längst.

BIP: Addiert den Wert aller Güter und Dienstleistungen, die in einem Land innerhalb eines Jahres hergestellt bzw. bereitgestellt werden

Wir lernen, das BIP muss wachsen. Keiner sagt jedoch, wohin und wie lange. Und wenn das BIP sinkt, klingt das in den Medien bedrohlich und es werden die Gründe erläutert, warum das so ist und was wir dagegen machen sollten.

Im Buch „Grundrecht auf Glück" von Dr. Ha Vinh Tho fand ich folgende Worte aus einer Rede von Robert F. Kennedy, die das Dilemma hinreichend erklären:

> *Mir scheint, wir Amerikaner trachten schon lange nicht mehr nach persönlicher Vollkommenheit und haben auch unsere Gemeinschaftswerte längst zugunsten der schieren Anhäufung materieller Werte aufgegeben. Unser Bruttosozialprodukt beträgt über 800 Milliarden Dollar pro Jahr. Es rechnet aber die Luftverschmutzung und die Zigarettenwerbung mit und zählt den Wert der Krankenwagen, deren Sanitäter das Blutbad auf unseren Autobahnen aufräumen. Es rechnet Spezialschlösser für unsere Türen ein und Gefängnisse für all jene Menschen, die unsere Türen zu Hause aufbrechen. Es rechnet die Zerstörung des Mammutbaums ein und den Verlust unserer Naturwunder durch eine chaotische Zersiedelung unserer Landschaft. Es rechnet das Napalm und die Atomsprengköpfe sowie die gepanzerten Wagen für unsere Polizei, die unsere Beamten schützen sollen, wenn sie gegen die Krawalle in unseren Städten vorgehen. Es rechnet Gewehre und Messer. Und die Fernsehprogramme, die Gewalt verherrlichen, damit wir mehr Spielzeug für unsere Kinder kaufen.*
>
> *Unser Bruttosozialprodukt findet in seiner Rechnung keinen Platz für die Gesundheit unserer Kinder, die Qualität ihrer Erziehung oder ihrer Freude am Spiel. Es berechnet weder die Schönheit unserer Poesie noch die Integrität und Würde unserer Amtsträger. Es misst auch nicht unsere Schlagfertigkeit noch unseren Mut, weder unsere Weisheit noch unser Lernen, weder unser Mitgefühl noch unsere Hingabe an unsere Nation.*
>
> *Das Bruttoinlandsprodukt misst alles, nur nicht das, was das Leben lebenswert macht.*
>
> Robert F. Kennedy, 1968

Für eine Ökonomie des Wohlergehens ist es nicht hilfreich, den Wert aller Güter und Dienstleistungen zu messen, die ein Land zur Verfügung stellt, wenn diese Güter und Dienstleistungen nicht lebensdienlich sind, sondern nur der Geldvermehrung dienen. Geld sollte Mittel zum Zweck sein und dem Gemeinwohl dienen und nicht als Selbstzweck dazu führen, dass die einen im Überfluss leben und die anderen unter den sozialen Mindeststandards.

Alternativen bietet der Wohlstandsindikator von Bhutan, das Bruttonationalglück (BNG). Hierbei steht die Entwicklung des Menschen im Vordergrund.

Auch das Gemeinwohlprodukt der Gemeinwohl-Ökonomie stellt dem rein monetären BIP Wohlstandswerte an die Seite, basierend auf den Hauptsäulen der GWÖ: Menschenwürde, Transparenz und Mitentscheidung, ökologische Nachhaltigkeit und Solidarität und Gerechtigkeit.

Welches Modell wir auch immer bevorzugen, alle haben ihre Berechtigung. Jeder benötigt genug finanzielle Mittel, um in dieser Welt nicht nur zu überleben, sondern sich innerhalb unserer menschlichen Werte voll entfalten zu können, selbstwirksam zu werden und sich an einer Ökonomie des Wohlergehens beteiligen zu können. Wir benötigen Geld. Die Frage ist nur, wie viel zu welchem Preis?

Reflexion: Womit verdienst Du Dein Geld?

Wie viele Stunden arbeitest Du für Dein Geld? Wie viele Stunden davon machen Dich glücklich?

Wenn Geld keine Rolle spielen würde, würdest Du dann arbeiten? Wenn ja, was tätest Du?

Welche Aspekte Deiner Arbeit machen für Dich Sinn und fördern Deine persönliche Entwicklung? Wie kannst Du mehr von diesen sinnvollen Aspekten einbauen?

Als Führungskraft: Wann und wie hast Du das letzte Mal dazu beigetragen, dass eine andere Person sich persönlich entwickeln konnte?

Persönlichkeitsentwicklung ist Organisationsentwicklung.

Ungleichheit messen

Um die Ungleichheit zu verringern, muss sie zunächst gemessen werden. Der Palma-Index, nach José Gabriel Palma, betrachtet, was in den Randbereichen der Einkommensverteilung geschieht.

Die Kehrwende im Bereich der Ungleichheit soll sicherstellen, dass die reichsten zehn Prozent einer Gesellschaft nicht mehr besitzen als es dem Gesamteinkommen der ärmsten 40 Prozent entspricht (Bild 5.23).

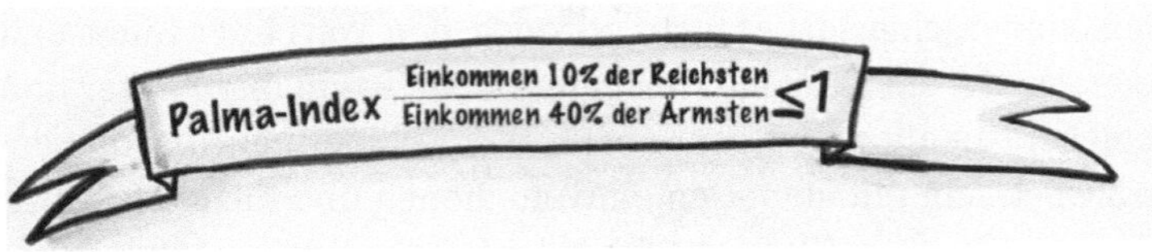

Bild 5.23 Ein Index zur Messung von Ungleichheit

Ein Palma-Index von 1,0 bedeutet, dass die reichsten zehn Prozent ungefähr über das gleiche Gesamteinkommen verfügen wie die ärmsten 40 Prozent. Ein Ungleichheitsindex von 1,0 und kleiner verweist über einen längeren Zeitraum auf einen starken sozialen Zusammenhalt und auf ein hohes Niveau des Wohlergehens der Mehrheit.

Wie viel dieser Index taugt, lässt sich nicht beurteilen. Aber extreme Ungleichheit muss durch Kennzahlen sichtbar gemacht werden. Diese Transparenz kann erschüttern, genauso wie es erschüttert, wenn Gehälter in einem Unternehmen sichtbar werden.

Reflexion: Erschüttere die Welt und sprich über Geld

Erzähle doch mal beim nächsten Essen mit Freunden, wie viel Du im Monat zur Verfügung hast, und teile Deine Meinung dazu, wie viel Du brauchst, um ein gutes Leben zu führen. Lade dadurch zu einem Gespräch über Geld ein.

Du bist gerade in einer beruflichen Neuorientierung und profitierst von Deiner Arbeitslosenversicherung? Erzähle Deinen Ex-Kolleg:innen beim nächsten Besuch in der ehemaligen Firma, was Du an Arbeitslosengeld bekommst.

Ein aktueller Rentenbescheid ist gekommen? Erzähle der Nachbarin, was drinsteht.

Wichtig: Vermeide Fragen zu Geldsummen beim Gegenüber. Lade zum Gespräch ein, indem Du selbst Deine Zahlen offenlegst, und sieh es als Einladung, die angenommen werden kann oder auch nicht.

Wir brauchen für jede Veränderung die Unterstützung jener, die Zugang zur Macht haben. Und obwohl nach wie vor reiche Geldgeber die Kassen der politischen Parteien mit Spenden füllen, zeichnet sich mittlerweile auch ab, dass viele prominente Millionäre und Milliardäre das Problem erkannt haben. Diese sprechen sich öffentlich für eine gerechtere Vermögensverteilung aus.

> *The Economist, The Financial Times und das Weltwirtschaftsforum, die Fürsprecher der Wirtschaftselite, erklären unablässig jedem, der es hören will, Ungleichheit führe zu massiver Destabilisierung und müsse verringert werden. Klima- und andere Umweltprobleme seien systemische Herausforderungen, die eng mit Ungleichheit verknüpft seien und neue ökonomische Lösungen erforderten.*

Earth4All

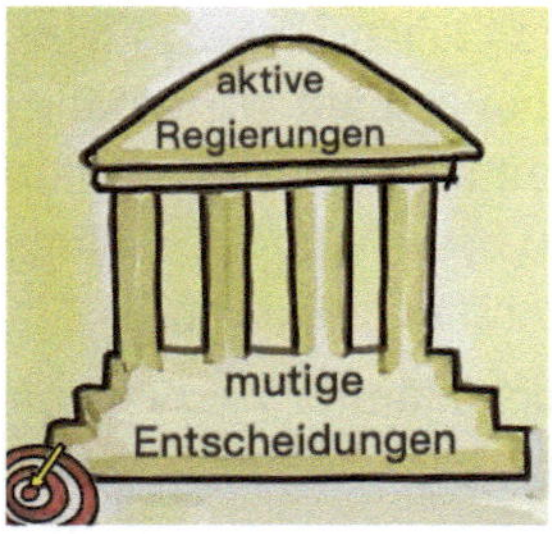

Bild 5.24
Parteiübergreifende Regierungen treffen mutige Entscheidungen

Mit finanziellen Sicherheitsnetzen für alle Menschen verhindern wir in einer Zeit voller Umbrüche, dass Menschen aus lauter Angst vor Wohlstandsverlust Populisten wählen oder aus Frust gar nicht wählen. Wir brauchen mutige Regierungen, die parteiübergreifend und gemeinsam die richtigen Hebel bedienen und für das Gemeinwohl wirken (Bild 5.24). Diese Kehrtwende zeigt, wie wir von extremer Ungleichheit und gesellschaftlicher Spannung zu größerem sozialen Vertrauen gelangen können. Vertrauen ist die Basis, die wir brauchen, um all die anderen Herausforderungen unserer Zeit bewältigen zu können.

5.4 Kehrtwende Ermächtigung

Notwendig ist eine Gerechtigkeit zwischen den Geschlechtern (Bild 5.25).

Earth4All-Handlungsempfehlung an die Politik

Frauen und andere von derzeitigen Systemen Benachteiligte erhalten bis 2030 gleichberechtigten Zugang zu Bildung, wirtschaftlichen und gesellschaftlichen Rechten, Macht und Vermögen. Dadurch stabilisiert sich die Weltbevölkerung sofort und das Potenzial aller wird freigesetzt.

Ziel

Geschlechtergerechtigkeit in Bezug auf Vertretung, Rechte, Ressourcen und Macht als Beitrag zur Stabilisierung der Weltbevölkerung unter 9 Milliarden bis 2050.

Bild 5.25
Empowerment der Frauen und anderer Benachteiligter zur Überwindung des Machtgefälles

Wenn Frauen auf der ganzen Welt uneingeschränkten Zugang zu lebenslanger Bildung und Gesundheitsversorgung erhalten, steigern sich deren Chancen auf wirtschaftliche Möglichkeiten, menschenwürdige Arbeitsplätze und somit auf finanzielle Unabhängigkeit. Weibliche Handlungsmacht in der Gesellschaft wird beschleunigt. Das führt zu gesünderen, resilienteren und stärkeren Gesellschaften, heißt es in Earth4All.

Dies ist nicht ausschließlich ein Kapitel über Frauen, denn auch Männer werden aufgrund ihrer Sexualität, ihres Einkommens, ihrer Religion usw. benachteiligt. Es geht bei dieser Kehrtwende um die Wertschätzung von Diversität, Gerechtigkeit und Inklusion (Bild 5.26).

Hinweisgeberschutzgesetz (HinSchG)

Alle Unternehmen ab 50 Beschäftigten müssen Hinweisgebersysteme einführen und betreiben. Die Mitarbeitenden sollen die Möglichkeit haben, Verstöße im Hinblick auf Verletzung der Arbeitszeitgesetze, Diskriminierung, Korruption, Rassismus usw. melden zu können. Nach § 16 Absatz 1 müssen die Meldekanäle sowohl den eigenen Beschäftigten als auch den Leiharbeitnehmern zur Verfügung stehen. Berücksichtigt Euer Managementsystem diese Anforderung?

Bild 5.26
Alle Menschen sind Teil des Ökosystems unabhängig von weiblichen und männlichen Anteilen

5.4.1 Bildung

Wir verbinden gute Bildung oft mit dem Schulbesuch, doch unser Bildungssystem stammt aus der Zeit nach der industriellen Revolution und ist geprägt von hierarchischen Strukturen aus Kirche und Militär. In unserem Schulmodell werden bis zu 30 Kinder für die Dauer eines Arbeitstags in 45-Minuten-Blöcken in Räumen versammelt. Vorne steht eine lehrende Person, die ihnen vorgefertigtes Wissen meist in Vortragsform vermittelt. Die Fähigkeit, das Gehörte zu rekapitulieren, wird bewertet und die Schüler:innen lernen für die Noten.

Da wundert es nicht, dass dieses Konzept auch im Arbeitsleben funktioniert: Ein Gehalt dient oft als Schmerzensgeld für eine Arbeit, in der viele keinen Sinn sehen. Die Schüler:innen warten auf das Wochenende und die Ferien, wie die Eltern auf die Rente, um endlich das machen zu können, was sie wirklich wollen. Die meisten Schüler:innen sind nach zehn bis dreizehn Jahren froh, es hinter sich zu haben. Das Lernen hat einen negativen Anker erhalten, schlimmstenfalls fürs Leben.

Bei aller Dankbarkeit dafür, dass unsere Kinder eine kostenlose Schule besuchen dürfen, was global nicht selbstverständlich ist, gilt es andere Dinge zu lernen als nur abfragbares Wissen. In Zeiten des Internets ist Wissen überall und jederzeit verfügbar und Schulen sollten andere Fähigkeiten lehren. Junge Menschen müssen in ihrer Kreativität und in ihrem Mut bestärkt werden, Dinge auszuprobieren und zu forschen. Es braucht einen Haltungs- und Bewusstseinswandel, was unsere Bildungskultur angeht und was unsere Vorstellung davon angeht, mit welchen Fähigkeiten wir unsere Kinder ins Leben schicken wollen. Dafür gibt es bereits Geschichten des Gelingens (Bild 5.27).

Margret Rasfeld setzt sich als ehemalige Schulleiterin und Bildungsinnovatorin für ganzheitliche Bildung im Sinne einer nachhaltigen Entwicklung und wertschätzenden Beziehungskultur ein. Mit ihrer Initiative Schule im Aufbruch zeigt sie, wie ein Lernfeld zur Verfügung gestellt werden kann, in welchem Kinder Zukunft lernen und gestalten können.

> *Jungen und Mädchen müssen die kognitiven Fähigkeiten erwerben, die sie in diesem Jahrhundert brauchen, um sich in einer Welt tiefgreifender Transformation entfalten zu können. Kritisches Denken, komplexes Systemdenken und adaptive Führung.*
>
> Margret Rasfeld

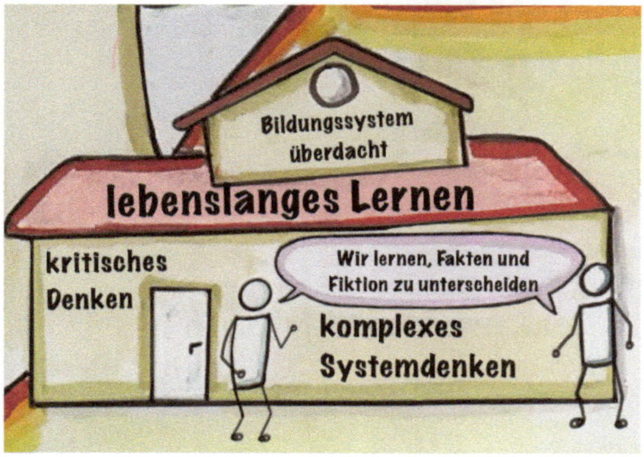

Bild 5.27 Unser Bildungssystem braucht eine Auffrischung

Wir haben unbeschränkten Zugang zum Internet und somit zum Wissen der Welt. Dabei ist es die größte Herausforderung, zwischen Fakten und Fiktion zu unterscheiden. Wir neigen dazu, dem geschriebenen Wort Glauben zu schenken. In unserer gesamten Schulzeit war das Wissen aus Büchern wahr. Das haben wir nicht infrage gestellt. Unsere große Herausforderung ist es, kritisches Denken zu lernen.

Wir müssen zu Systemdenkern werden, heißt es in Earth4All. Die Systeme unserer Welt sind die Weltmeere, das Klima, die Aktienmärkte und vieles mehr. Sie sind komplex und dynamisch. Wir brauchen also ein Bildungssystem, das kritisches Denken und Systemdynamik fördert.

Bild 5.28 So kann Schule sein

Die nächsten Generationen sollten eine Schule für alle Menschen haben, die kostenlos ist und einen Raum für Forschen und Entdecken bietet. Eine Schule, in der die individuellen Stärken von Menschen aller Altersklassen gestärkt werden. Eine Schule voller Wahlmöglichkeiten, vielseitig und bunt und immer am Puls der Zeit. Ein Ort, an dem sich Menschen wohlwollend begegnen und miteinander und voneinander lernen (Bild 5.28).

Qualifizierung und Kompetenz in Deinem Unternehmen

Welche Qualifizierungen bietet Dein Unternehmen an, die über die fachlichen Themen hinausgehen?

Wie habt Ihr die Themen Umwelt und Soziales in Eure Qualifizierungspläne integriert?

Inwieweit können sie die Mitarbeitenden in Deinem Unternehmen persönlich weiterbilden?

Karriere geht nicht nur „nach oben" – haben Mitarbeitende in Deinem Unternehmen die Chance, andere Bereiche kennenzulernen und sich vertikal fortzubilden?

5.4.2 Gesundheitsversorgung

Eart4All verdeutlicht: Menschen brauchen kostenlosen Zugang zu Gesundheitsversorgung und zwar alle Menschen.

Öffentliche Investitionen in diesen Bereich sichern nicht nur die Gesundheit der meisten Menschen, sondern stärken auch das Vertrauen in die Fähigkeit einer Regierung, die Gesellschaft zu schützen. Zur Gesundheitsversorgung gehört auch Prävention. Wir brauchen Gelder und Personal für z. B. Aufklärung über Ernährung und körperliche Betätigung. Strukturelle Veränderungen in diesem System könnten Kosten im Gesundheitswesen senken und das Verhalten der Menschen langfristig in einer der Gesundheit zuträglichen Weise verändern.

5.4.3 Einkommen

Laut Earth4All verdienen Frauen nicht nur weniger als Männer, sie sind auch unverhältnismäßig oft im Niedriglohnsektor tätig. Obwohl Frauen die Hälfte der Weltbevölkerung ausmachen, verdienen sie nur 35 Prozent des globalen Arbeitseinkommens.

Ein höheres Pro-Kopf-Einkommen ist neben Bildung, besseren Jobs und Zugang zu Verhütung ein wichtiger Aspekt zur Stabilisierung der Weltbevölkerung. Frauen brauchen eine größere Freiheit, über die Zahl ihrer Kinder selbst zu entscheiden. Im globalen Süden schätzt man die Zahl der Frauen, die keinen Zugang zu Familienplanung haben, auf 222 Millionen (Bild 5.29 und Bild 5.30).

Reflexion: Gender Pay Gap

Was denkst Du über den Gender Pay Gap, also den Unterschied der Gehälter zwischen den Geschlechtern? Nutze doch das Thema gerne beim nächsten Austausch mit Kolleg:innen. Es geht nicht darum, dem anderen die eigene Perspektive aufzudrängen. Lade zum Austausch ein und höre interessiert und wertungsfrei zu und teile Deinen eigenen Standpunkt. Auch solch ein Austausch ist Bildung.

Bild 5.29
Selbstbestimmte Schwangerschaft ist global keine Selbstverständlichkeit ...

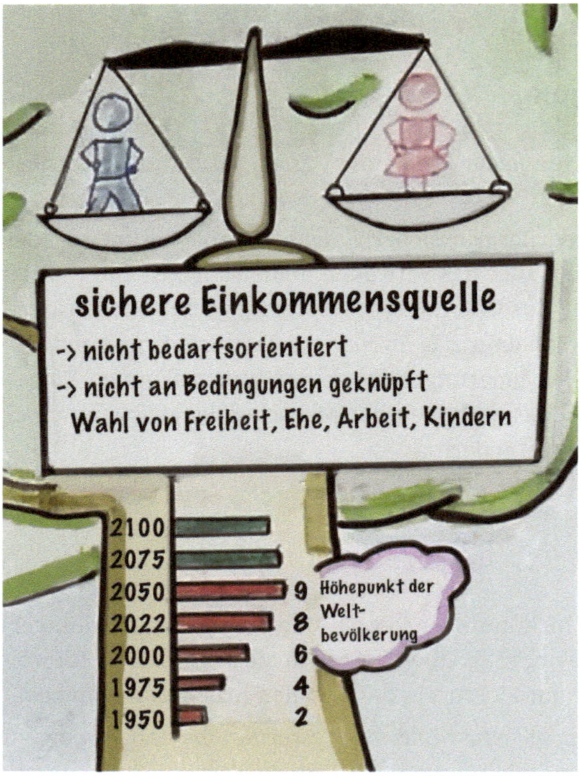

Bild 5.30 ... und hängt eng zusammen mit einer sicheren Einkommensquelle für Frauen

Geschlechtergerechtigkeit besteht aus Bildung, Gesundheitsversorgung, Einkommen und Rente. Volkswirtschaften, die sich für mehr Geschlechtergerechtigkeit einsetzen, schneiden in allen Bereichen des Wohlergehens am besten ab. Das erhöht die Widerstandsfähigkeit gegenüber allen Arten von Krisen.

Im Giant-Leap-Szenario erreicht die Bevölkerungszahl innerhalb einer Generation den Höchststand von ca. neun Milliarden, um in der zweiten Hälfte des Jahrhunderts allmählich zu sinken, fair, gerecht und von Menschen mitgetragen auf Basis von wirtschaftlicher Sicherheit und Geschlechtergerechtigkeit. Das erhöht die Chance auf ein gutes Leben für alle Menschen innerhalb der planetaren Grenzen (Bild 5.31).

Bild 5.31 Stabilisierung des Bevölkerungswachstums durch Ermächtigung der Frauen

5.5 Kehrtwende Ernährung

Erreicht werden soll ein gesundes und regeneratives Ernährungssystem für Mensch und Planet (Bild 5.32).

Earth4All-Handlungsempfehlung an die Politik

Umgestaltung des Nahrungsmittelsystems durch regenerative und nachhaltige Landwirtschaft. Den Verlust der biologischen Vielfalt stoppen und die globalen Gemeingüter schützen. Stopp der Ausweitung landwirtschaftlicher Flächen und Schutz der Böden und Ökosysteme, Verringerung der Lebensmittelverschwendung, Zieljahr: 2050

Ziel

Eine gesunde und regenerative regionale Ernährung für alle.

Bild 5.32
Eine schmackhafte, gesunde Ernährung bei Erhaltung und Pflege der Ökosysteme

Obwohl sich die Weltbevölkerung verdoppelt hat, ist in den letzten 50 Jahren die Zahl der Menschen, die an Hunger sterben, deutlich zurückgegangen. Wir erleben einen stetigen Fortschritt in der Ernährungssicherheit.

Gleichzeitig belasten unsere Landwirtschaft und der Transport von Lebensmitteln unseren Planeten. Laut Umweltbundesamt (UBA) war die deutsche Landwirtschaft im Jahr 2022 verantwortlich für 7,4 Prozent der gesamten Treibhausgasemissionen. Laut Earth4All ist unsere traditionelle Landwirtschaft verantwortlich für Entwaldung, Verlust von Biodiversität und Verbrauch von Süßwasser. Übermäßiger Verbrauch von Chemikalien belastet die Luft und erzeugt riesige Totzonen in unseren Meeren. Das Ziel muss ein anderes sein (Bild 5.33).

Bild 5.33 Bewahren und Pflege unserer natürlichen Ressourcen

Unsere industriell hergestellte Ernährung ist kein Gewinn für unsere Gesundheit. Zwei Milliarden Menschen sind übergewichtig, während über 800 Millionen unterernährt sind.

Die Umstellung auf ein neues Ernährungssystem wird eine der radikalsten Veränderungen in der Geschichte der Menschheit sein.

> Der Masse nach sind 96 Prozent der Säugetiere auf der Erde entweder Menschen (36 Prozent) oder Vieh (60 Prozent). Für die Viehzucht allein brauchen wir ein Gebiet der Größe Nord- und Südamerikas. Nur noch vier Prozent der Masse sind wildlebende Säugetiere. 70 Prozent unserer Vögel sind Zuchtvögel. 90 Prozent der Fischbestände unserer Weltmeere sind reduziert oder komplett erschöpft [Dixson-Declève et al. 2022].

Unsere Art der Nahrungsmittelproduktion ist nicht nur nicht nachhaltig, sondern auch anfällig, weil abhängig. Abhängig von unserem Welthandelssystem mit Produkten aus Monokulturen, abhängig von Düngemitteln und fossiler Energie.

5.5.1 Landwirtschaft

Ich bin überzeugt, dass wir nur dann den lebendigen Anteil unserer Umwelt retten und die für unser eigenes Überleben nötige Stabilität herstellen können, wenn wir den halben Planeten zum Naturschutzgebiet erklären.

Edward Wilson, Biologe

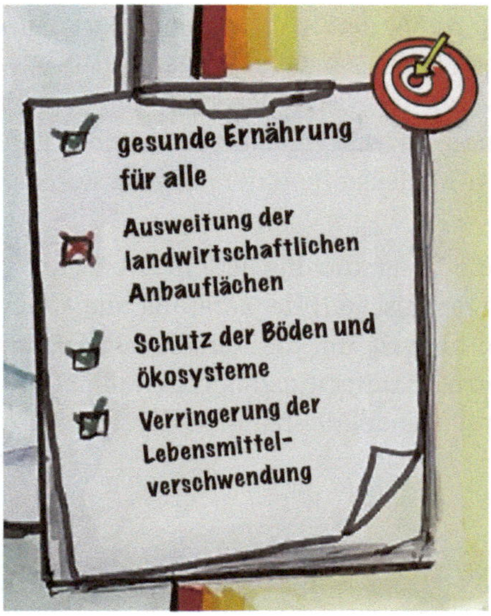

Bild 5.34
Checkliste Kehrtwende Ernährung

Wir können uns als Menschen gesund ernähren, ohne weiter in die verbliebenen Wälder und Feuchtgebiete vorzudringen und die landwirtschaftlichen Flächen auszuweiten (Bild 5.34). Die Landwirtschaft ist in der Lage, uns mit wohlschmeckenden und gesunden Lebensmitteln zu versorgen und dabei die Böden und Ökosysteme zu schützen (Bild 5.35).

Bild 5.35
Das Problem als Teil der Lösung

Mithilfe der regenerativen Landwirtschaft werden Böden und Ökosysteme nicht nur geschützt, sondern sogar verbessert. Entsprechend geschulte Landwirte beobachten, wie sich die Gemeinschaft der Lebewesen zusammensetzt und was sich wo im Gleichklang pflanzen lässt. Farmen mit ihren Tieren und Böden werden wieder als Kreislauf betrachtet.

In Green Austria, sechs Ideen für eine gesunde Erde, ist die regenerative Landwirtschaft so beschrieben: Die Landwirte kümmern sich um Pilzgemeinschaften, Mikroorganismen und Würmer und verzichten weitgehend auf Bodenbearbeitung der Felder. Sie bringen nach der Ernte auf den verrotteten Resten Zwischenfrüchte ein, die den Stickstoffgehalt im Boden erhöhen und wenig Dünger benötigen. Spezialmaschinen ziehen weniger Zentimeter tiefe Furchen in die Schicht aus organischem Material. Untersaaten verdrängen das Unkraut, halten den Acker lückenfrei und versorgen Insekten und Vögel. Der Boden bleibt ständig bedeckt und geschützt und erhält neue Nährstoffe. Die Landwirtschaft wird vom Kohlenstoffemittenten zum Kohlenstoffspeicher.

In einer Studie für den AGRI Ausschuss wird die Unterstützung der entsprechenden Landwirte gefordert. Die Landwirte benötigen technische Hilfe, Beratung und einen Wissenstransfer über alle beteiligen Sektoren hinweg, um die Kohlenstoffspeicherung in der Landwirtschaft zu steigern. Finanzielle Unterstützung durch die öffentliche Hand wird nicht reichen. Es braucht ergänzende Maßnahmen durch private Investoren.

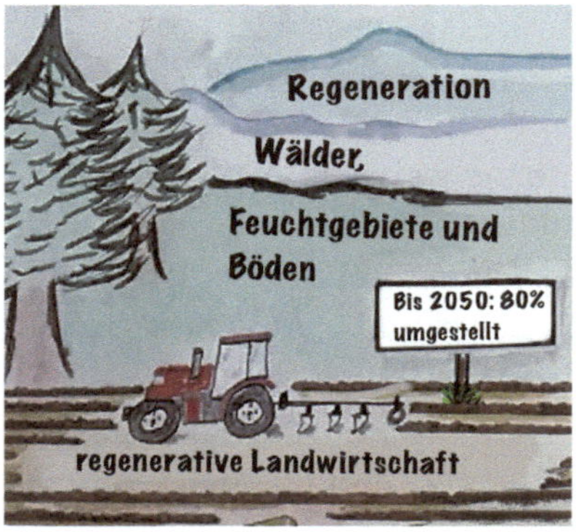

Bild 5.36
Landwirte als Hüter der Biosphäre anerkennen

Angesichts des niedrigen Ausgangsniveaus im Jahr 2020 müssen bis zum Jahr 2050 80 Prozent der Agrarflächen umgewandelt sein, um das Szenario Giant Leap zu erreichen (Bild 5.36).

Unsere Kinder sollen in eine Welt entlassen werden, in der Landwirte als Hüter der Biosphäre anerkannt sind und auch so entlohnt werden. Solche Landwirte sichern unser Menschenrecht auf gesunde Lebensmittel.

5.5.2 Umstellung der Ernährung

Bild 5.37
Unsere Ernährung ist schlecht für den Planeten und für unsere Gesundheit

Die westliche, industriell verarbeitete Ernährung aus Fleisch, gesättigten Fetten, Salz und raffiniertem Getreide sowie Milchprodukten erobert die Welt. Sie gilt als Symbol für Erfolg und Wohlstand und beschert den Marketingfirmen maximale Profite (Bild 5.37).

Wir tun uns schwer mit der Umsetzung von gesundheitsfördernden Vorgaben. Der Wunsch von Unternehmen nach Erhöhung ihrer Gewinne steht über der Gesundheit der Bevölkerung.

Earth4All betont das Ziel, die schädliche westliche Ernährung aufzugeben, zugunsten einer reichhaltigen, vielfältigeren Kost, die das Risiko für Krankheiten und der Destabilisierung unseres Planeten verringert. Nahrhafte und gesunde Lebensmittel müssen attraktiver und leicht erhältlich sein. Wir sollten mehr Obst, Gemüse, Nüsse und Hülsenfrüchte produzieren und essen. Wir haben genug Platz auf der Erde, um neun Milliarden Menschen mit gesunden Lebensmitteln zu versorgen (Bild 5.38).

Das Bedürfnis nach gesunden regionalen Produkten und nach Solidarität mit der regionalen Landwirtschaft zeigt sich in der steigenden Anzahl von solidarischen Landwirtschaften (SoLawis). Hier wird beispielsweise wöchentlich ein Ernteanteil abgeholt und Ernteausfälle durch einen gleichbleibenden Beitrag solidarisch mitgetragen.

Beim Übergang auf eine gesunde Ernährung spielen Innovationen eine wichtige Rolle. Milch auf Pflanzenbasis wird zunehmend beliebter genauso wie pflanzliche Alternativen zu Fleisch (Präzisionsfermentierung, zelluläre Landwirtschaft). Mikroorganismen erzeugen dabei die Proteine, die wir sonst aus Rindfleisch, Fisch und Geflügel beziehen. Dabei wird die bisher kaum genutzte Vielfalt von Hefen, Pilzen, Myzelien und Mikroalgen als Nährmedien genutzt.

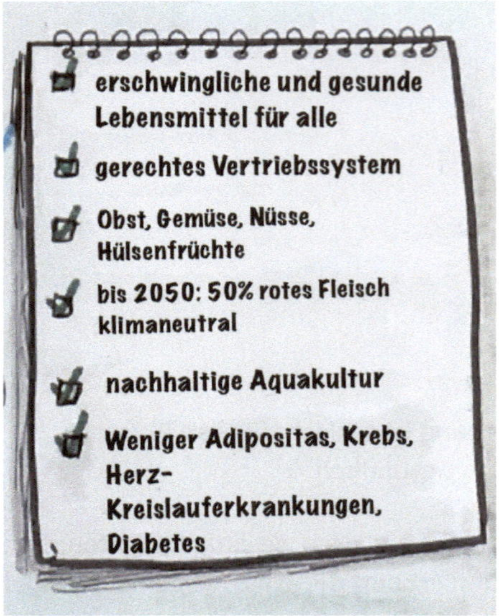

Bild 5.38
Ernährung geht auch anders

Der Umstieg auf eine gesündere Ernährungsweise führt zu einer Reduzierung des Überkonsums und des CO_2-Fußabdrucks, besonders bei den reichsten zehn Prozent. Das verringert den Druck auf unsere natürlichen Ressourcen. Für die einkommensschwachen Länder ergibt sich aus der Energie- und Ernährungsrevolution, die wir dieses Jahrzehnt erleben werden, eine Jahrhundertchance für den Wandel – ihre Volkswirtschaften können veraltete Technologien einfach überspringen und damit schwere Umweltverschmutzungen vermeiden. Bis 2040 könnten vorzeitige Todesfälle durch ungesunde Ernährung bei jährlich zwischen zehn und elf Millionen Menschen verhindert werden, heißt es in Earth4All.

5.5.3 Lebensmittelverschwendung

Ein Drittel aller Nahrungsmittel weltweit von der Produktion bis zum Teller verdirbt oder landet im Abfall. Man geht davon aus, dass sich die Nahrungsmittelverschwendung bis 2050 verdoppeln wird. Das ist eine schlechte Ausgangslage und gleichzeitig eine große Chance (Bild 5.39).

In unseren reichen Ländern kaufen wir mehr, als wir verbrauchen. Wir entsorgen, was auch nur den kleinsten Makel aufweist. Das gilt nicht nur für den Endverbraucher, sondern auch für die Produktionsbetriebe. Optische Mängel an Produkten oder Verpackungen lassen viele einwandfreie Produkte in der Entsorgung landen.

Für das Szenario Giant Leap brauchen wir 30 Prozent Reduzierung der Lebensmittelverschwendung pro Jahr.

Bild 5.39
Ein Drittel aller Lebensmittel der Welt landen im Abfall

Reflexion: Verschwendung in Deiner Organisation

Umfangreiche Spezifikationen regeln die Qualitätsmerkmale von Produkten und ihren Verpackungen.

Für produzierende Unternehmen: Welche Produkte in Deiner Produktion sind genießbar oder verwendbar und werden aufgrund von optischen Mängeln vernichtet?

Welche Grenzen müssten für eine Transformation des Systems verschoben werden? Welche Stakeholder könnten dabei unterstützen?

Das Ernährungsverhalten der Verbraucher:innen folgt lang erprobten Mustern und den Marketingstrategien der Großkonzerne. Gesund und nachhaltig geht anders. Zucker zum Beispiel gilt als Grundnahrungsmittel und wird subventioniert. Warum? Regierungen können das Verbraucherverhalten durch Subventionen und somit durch günstige Preise beeinflussen, scheuen jedoch die schnelle Umsetzung von Maßnahmen, weil sie zwischen Verbraucherinteressen und Lobbyinteressen hin- und herpendeln. Die Umstellung von konventioneller auf nachhaltige Ernährung ist zunächst teuer und es sind in großem Stil Investitionen nötig, die nicht alle stemmen können. Dafür brauchen wir eine grundlegende Veränderung unseres wirtschaftlichen Betriebssystems, neue Finanzierungsmodelle für diejenigen, die unsere Agrarflächen bewahren und schützen.

Im Sinne der Gerechtigkeit muss sich jede Person gesunde Lebensmittel leisten können. Die Lebensmittelindustrie könnte gezwungen werden, einen höheren Anteil jener Kosten zu übernehmen, die sie bisher auf die Gesellschaft abwälzt (Verschmutzung, Abfälle, Gesundheitsprobleme) und die sie sogar mit ihrem Marketing erhöht.

Bild 5.40
Agrarsubventionen und steuerliche Anreize revolutionieren

Schließlich gilt es, das verwirrende Netz von Regulierungen zu überwinden. Agrarsubventionen und steuerliche Anreize müssen revolutioniert werden, Marktschranken für neue Lebensmitteltechnologien müssen abgebaut werden, fordert Earth4All (Bild 5.40).

Für die Dauer der Umstellung müssen Beschäftigte in der Nahrungsmittelbranche und in der Landwirtschaft von der Regierung geschützt werden. Die Kontrolle über die weltweite Nahrungsmittelversorgung darf nicht in der Hand von Agrarmonopolen liegen, insbesondere wenn sie das Recht der Landwirte zum Anbau und Verkauf von Lebensmitteln beschränken.

Die Kehrtwende Ernährung ist zu groß, um sie der Dynamik des Marktes zu überlassen. Kund:innen treffen Kaufentscheidungen, Produktions- und Anbaubedingungen werden angepasst. Aber auch hier brauchen wir aktive Regierungen, die mutige Entscheidungen treffen.

Ernährung im Unternehmen

Ist Privatsache? Was kann Deine Organisation zur Ernährungswende beitragen?

Was hat Euer Managementsystem mit Ernährung zu tun? Auch der Arbeitgeber profitiert von einer gesunden Ernährung der Mitarbeitenden. Organisationen, die Mitarbeitende nicht mehr als Humane Ressource (HR) sehen, sondern als Partner auf Augenhöhe, sind sich ihrer unternehmerischen Verantwortung auch in diesem Gebiet bewusst und unterstützen durch Schulungen, Kooperationen, Gesundheits- und Ernährungsseminare.

5.6 Kehrtwende Energie

Notwendig ist eine vollständige Elektrifizierung. Einen Ansatz bietet „grüner Wasserstoff“ (Bild 5.41).

Earth4All-Handlungsempfehlung an die Politik

Transformation der Energiesysteme, fossiles Brennstoffsystem in ein sauberes und optimiertes Energiesystem umwandeln. Verlust der Artenvielfalt stoppen.

Ziel

Treibhausgasemissionen alle zehn Jahre halbieren, um saubere Energie zur Verfügung zu stellen. Netto Null bis 2050.

Bild 5.41
Ammoniak als Energieträger liefert grünen Wasserstoff

Um den Klimanotstand zu bekämpfen, wird das weltweite Energiesystem innerhalb einer Generation umgestaltet werden müssen. Entsprechende Lösungen müssen für die Mittelschicht akzeptabel, fair und erschwinglich sein und dürfen die Kluft zwischen Arm und Reich nicht vergrößern.

Hier nochmal der Verweis auf den notwendigen Technologietransfer in den einkommensschwachen Ländern. Das bisherige System hat zu Wissensmonopolen auf Kosten des Gemeinwohls geführt. Es hat verhindert, dass alle Länder den gleichen Zugang zu wichtigen Technologien haben – von Solaranlagen bis zu Impfstoffen.

Wir brauchen aktivere Regierungen und Unterstützung der Bürger:innen. Die Energierevolution und Energiesicherheit für alle versetzt auch die einkommensschwachen Länder in die Lage, ihre materiellen Bedürfnisse zu erfüllen, ohne die historischen Fehler der Industrienationen zu wiederholen.

Die Umgestaltung des Energiesektors betrifft private Haushalte und alle industriell betriebenen Wirtschaftszweige. Die Schwierigkeit der Transformation wird begleitet durch die herausragende Stellung der Brennstoffindustrie als mächtigste Industrie der Erde.

Das Ziel des Pariser Klimaabkommens, die Erderwärmung deutlich unter 2 Grad zu halten, erfordert eine Halbierung der globalen Treibhausgasemissionen alle zehn Jahre ab 2020, um in den 2050er-Jahren bei nahezu null anzukommen.

Die Welt steht bereits an der Schwelle zu einer Umstellung des globalen Energiesystems, die so umfassend und schnell ist wie nie zuvor in der Geschichte. Technologien für sauberen Strom wachsen überall stark. Die Frage ist, ob die Kehrtwende schnell genug und gerecht sein wird.

5.6.1 Individuen und Gesellschaft

Die CO_2-Emissionen aus fossilen Brennstoffen liegen bei 35 Milliarden Tonnen pro Jahr. In den reichen Ländern, die nur einen Bruchteil der Weltbevölkerung ausmachen, werden rund 85 Prozent ausgestoßen.

Die reichen Länder verpflichten sich, bis 2050 Netto Null zu erreichen. Bis zu diesem Zeitpunkt sollen nicht mehr Treibhausgase in die Atmosphäre ausgestoßen werden, als durch natürliche und technische Speicher aufgenommen werden können. Wie erwähnt, exportieren die reichen Länder ihre klimaschädlichen Emissionen in Länder wie China und Vietnam, in denen jetzt ein Großteil der Konsumgüter produziert werden, die in die reichen Länder zurückfließen.

Der CO_2-Fußabdruck ist eng mit dem Einkommen verknüpft. Die ärmsten Menschen in den reichen Ländern liegen eher im niedrigen Bereich, während die Milliardäre in den einkommensschwachen Ländern im sehr hohen Bereich liegen. Der verschwenderische Verbrauch der ultrareichen ein Prozent der Weltbevölkerung (63 Millionen Menschen) macht 15 Prozent der weltweiten Emissionen aus.

Die Umgestaltung der Energiesysteme birgt die Gefahr einer gesellschaftlichen Destabilisierung. Der Grund für die Unzufriedenheit der Bevölkerung in Zusammenhang mit Klimaschutzmaßnahmen liegt nicht am Zweifel der Notwendigkeit. Es herrscht eine Abneigung gegen Lösungen, die einkommensschwachen Gruppen eine zu schwere Last aufbürden. Mit der in der Kehrtwende Armut beschriebenen Einführung der Bürgerdividenden fließen Einnahmen nicht in den allgemeinen Steuertopf, sondern dienen der Umverteilung. Das schafft Vertrauen und Klarheit und die Menschen sehen persönlich, wohin das Geld fließt.

Eine weitere Ungerechtigkeit ist, dass die fossile Brennstoffindustrie finanziell begünstigt wird. Nach Angaben des Internationalen Währungsfonds wird das Verbrennen von Kohle, Öl und Gas jährlich mit 5,9 Billionen Dollar subventioniert. Subventionen statt Haftung für die verursachten Schäden? Welche Logik steht dahinter?

Eine Energiewende hin zu einem gesunden Planeten gelingt nur unter Berücksichtigung der Anliegen aller Länder. Das globale Finanzsystem ist auf einkommensstarke Länder, reiche Eliten und die Brennstoffindustrie ausgerichtet. Gerechtigkeit erfordert auch in diesem Kapitel den Umbau des globalen Finanzsystems.

5.6.2 Effizienzsteigerung

Bei steigendem Energiebedarf verschwenden wir auch einen Großteil unserer Energie. So könnte im Jahr 2050 der weltweite Energiebedarf um bis zu 40 Prozent niedriger sein als heute. Zeitgleich wäre sichergestellt, dass alle Gesellschaften ausreichend Zugang zu Energie erhalten.

Menschen benötigen keinen Stahl, Zement oder Benzin, sie brauchen komfortable Wohn- und Arbeitsstätten und die Möglichkeit, sich zwischen Orten zu bewegen und soziale Kontakte zu pflegen. Menschen brauchen also die Funktionen, die ihnen Energie und Materialien bieten, betont Earth4All.

Große Autos mit nur einem Fahrer, 90 Prozent der Zeit geparkt in Städten mit knappen Flächen, sind nicht die effizienteste Methode, um Menschen zu befördern (Bild 5.42).

Bild 5.42 Menschen brauchen Mobilität

Durch eine Neugestaltung der Verkehrssysteme mit der Bereitstellung von Rad- und Gehwegen und attraktiven Beförderungsangeboten kann die Gesundheit verbessert und können die Emissionen gesenkt werden, ohne dass die Pendelzeit erhöht wird.

Energiemanagementsystem-Norm DIN EN ISO 50001

Aufgrund der Harmonized Structure (HS) lässt sich die Energiemanagementsystem-Norm gut in Euer Qualitätsmanagementsystem nach DIN EN ISO 9001 integrieren. Energie sparen hilft der Umwelt und schont den Geldbeutel.

5.6.3 Elektrifizierung

Baue nichts Neues, bei dem eine Flamme entsteht.

Bill McKibben

Laut Earth4All brauchen wir für die Erreichung der Klimaziele und gleichzeitiger Energiesicherheit eine Elektrifizierung aller Sektoren bei gleichzeitig beschleunigtem Ausbau der erneuerbaren Energien und deren Speicherung.

Kraftwerke mit hohem CO_2-Ausstoß, geräuschintensive, die Umwelt belastende Verbrennungsmotoren und ineffiziente Warmwasserspeicher und Heizkörper gehören dann der Vergangenheit an. Stattdessen sehen wir Dächer und Felder mit Solaranlagen, rotierende und saubere Windräder, Elektroautos und Systeme des öffentlichen Verkehrs für den Massentransport. Wir sehen Lösungen zur Energiespeicherung von Batterien bis zu Pumpspeicherkraftwerken, Wärme- und Druckluftspeichern oder Kombinationen aus all dem (Bild 5.43).

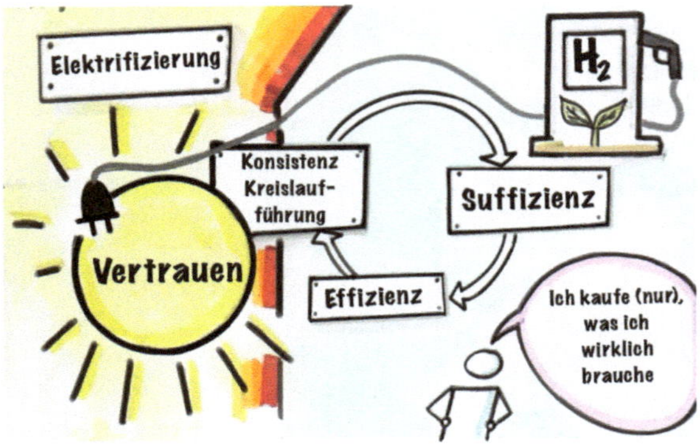

Bild 5.43 Revolution des globalen Energiesystems

Wichtig dabei ist ein neues Bewusstsein von der nötigen Menge unseres Energiekonsums. Wir brauchen nicht nur Elektroautos, wir brauchen auch kleinere und weniger Autos. Ansonsten behalten wir unsere Staus, Autos werden weiterhin die Stadtbilder prägen. Autos sind nur eine von vielen Optionen der Fortbewegung.

Dagegen setzt sich die Brennstoff- und Automobilindustrie zur Wehr. Auch deshalb gelingt der Wandel nur mit aktiven Regierungen, die die richtigen wirtschaftlichen Rahmenbedingungen schaffen.

Kabel statt Batterie

Wusstest Du, dass eine Batterie 40 bis 500 Mal mehr Energie für die eigene Herstellung benötigt, als sie im Laufe ihres Lebens abgeben kann?

Geräte, die immer am selben Platz stehen, werden also am besten mit Ladekabel gekauft.

Das spart auch Geld:

- 1 kWh Strom AA Batterie: 75 €
- 1 kWh Strom Steckdose: 0,35 €

[Umweltbundesamt 2022]

Kontinuierliche Verbesserung ist das Ziel eines jeden Managementsystems. Stelle dieses Thema doch mal beim nächsten Meeting vor.

5.6.4 Erneuerbare Energien

Wir suchen seit 200 Jahren nach Energie unter der Erde, anstatt nach oben zu schauen zu Sonne und Wind. Die Umstellung von Biomasse auf Kohle und von Kohle auf Öl hat etwa 60 Jahre gedauert. Das heißt, wir sind zu schnellen Richtungswechseln in der Lage (Bild 5.44). Der Übergang zu erneuerbaren Energien hat bereits vor 30 Jahren begonnen. Inzwischen sind die Preise für erneuerbare Energien mit denen für fossile

Brennstoffe vergleichbar oder sogar niedriger. Die Technologie ist da und senkt die Umweltverschmutzungen drastisch.

Bild 5.44
Mehr Tempo bei der Reduzierung der CO_2-Emissionen

Das Ende des Zeitalters der fossilen Brennstoffe ist zwar gesetzt, das Überleben der menschlichen Zivilisation angesichts der gefährlichen Klimaerhitzung damit aber noch nicht gesichert. Wichtig sind die Entscheidungen, die wir heute treffen. Was auch immer die Nationen entscheiden, es sollten Instrumente sein, die Produktivität mit sozialer und ökologischer Gerechtigkeit verbinden.

Die Energiewende wird das Wirtschaftswachstum vorantreiben. Dies trägt zu politischer und gesellschaftlicher Stabilität bei.

5.7 Fazit

Im kommenden Jahrzehnt muss sich die schnellste wirtschaftliche Transformation der Geschichte vollziehen.

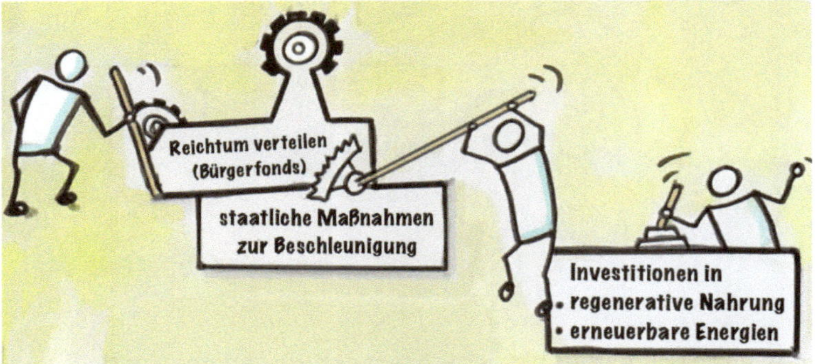

Bild 5.45 Die Hebel in die richtige Richtung bewegen

Alle Hebel im komplexen System der Weltwirtschaft sind vorhanden (Bild 5.45). Wir brauchen die Bürgerfonds, die die Erträge aus der Nutzung von Gemeingütern wieder an die Gemeinschaft aller zurückfließen lassen und wir brauchen eine Beschleunigung durch staatliche Maßnahmen. Wir brauchen Investitionen in regenerative Landwirtschaft und gesunde Nahrung und in erneuerbare Energien. Die Hebel sind den globalen Entscheidungsträgern bekannt. In einer Wohlergehensökonomie hängt eine gesunde Wirtschaft davon ab, wie gut die entsprechenden Aktivitäten die Gemeingüter aufbauen und erhalten. Der Schwerpunkt liegt auf dem ausgewogenen Wachstum der Reichtümer, die allen Menschen dienen und nicht nur der Vermehrung des Vermögens von Eigentümern.

Entscheidungen basieren nicht mehr auf kurzfristigen Gewinnflüssen, sondern berücksichtigen den zeitlichen und örtlichen Versatz von Konsequenzen und handeln im Interesse künftiger Generationen.

Das Managementsystem in den Unternehmen ist gestartet mit der DIN EN ISO 9001 und mit der Qualität von Waren und Dienstleistungen. Im Zuge der integrierten Managementsysteme wurden weitere Normen mit den Themen Umwelt, Arbeitssicherheit und Energie betrachtet. Diese Normen bieten einen Rahmen für zukunftsfähiges Wirtschaften, wenn es als unternehmerische Aufgabe verstanden wird, neben der Gewinnerzielung auch Verantwortung für Soziales und Ökonomie im internen und globalen Kontext zu übernehmen und dabei auch die Lieferkette zu betrachten.

Es ist ein heikler Balanceakt zwischen Realismus und Idealismus. Und es ist möglich, die Wirtschaft wieder in den Dienst der Menschen zu stellen. Es ist alle Mühe wert.

Bild 5.46 Der Chor der Empörung: zwei bis vier Prozent der Bürger:innen und Regierungen

Die Welt taumelt nicht schlafwandlerisch in eine Katastrophe. Viele Menschen sind sich der enormen Risiken bewusst, die wir eingehen, wenn wir so weitermachen wie bisher, und sie wollen Lösungen.

Für alle beschriebenen Lösungen brauchen wir die Entscheidungsträger aus den internationalen Regierungen, Institutionen und der Wirtschaft. Wir brauchen einen Chor von Stimmen und eine Bewegung der Bewegungen, die auf Empörung und Optimismus aufbaut (Bild 5.46). Wir brauchen neue Geschichten in Schulen, Familien, Städten, Gemeinden und Regierungen.

Wir können es schaffen, gemeinsam. Meine Visualisierung von Earth4All soll dazu beitragen, dass Menschen sich über alternative Lösungsmöglichkeiten unterhalten. Ein Bild an der Wand ist präsenter als ein Buch im Regal. Ein Bild lädt Menschen zum Austausch ein und im Austausch können mehrere Perspektiven nebeneinander betrachtet werden, ohne den Anspruch, dass einer Recht hat und der andere Unrecht. Ein Austausch ist eine Bereicherung für alle Beteiligten und bietet die Möglichkeit, Gemeinsamkeiten zu identifizieren. Wenn es Gemeinsamkeiten gibt, gibt es auch gemeinsame Lösungen.

Der Club of Rome kennt meine Visualisierung der fünf Kehrtwenden und hat sie als Anregung genutzt, um eine visuelle Interpretation im eigenen Corporate Identity zu erstellen. Das Poster dazu ist in englischer Sprache verfasst worden und steht hier zur Verfügung: *https://trello.com/b/8TFEe5E8/earth4all-communications-toolkit*

Reflexion

Unsere Reise durch die visuelle Landschaft von Earth4All ist vorüber. Was nimmst Du mit?

Literatur

Agenda 2030: „Halbzeitbilanz", *https://www.2030agenda.de/de/halbzeitbilanz*, aufgerufen am 19. 07. 2024

Amtliche Sozialberichterstattung des Bundes und der Länder (2022): Mikrozensus:

Andrés, Pilar; Doblas-Miranda, Enrique; Rovira, Pere; Bonmati, August; Ribas, Angela; Mattana, Stefania; Romanya, Joan (2023): „Studie für den AGRI Ausschuss – Potenzial der Landwirtschaft zur Kohlenstoffspeicherung". Europäisches Parlament

Becker, Irene; Schmidt, Tanja; Tobsch, Verena (2022): *Wohlstand, Armut und Reichtum neu ermittelt*. Studie der Hans-Böckler-Stiftung. Düsseldorf

Bundespressekonferenz (2022): „Johan Röckström, ab Minute 30", *https://www.jungundnaiv.de/2022/08/30/earth4all-club-of-rome-bpk-30-august-2022*, aufgerufen am 18. 03. 2024

Dixson-Declève, Sandrine et al. (2022): „Earth for All Zusammenfassung", *https://earth4all.life/wp-content/uploads/2023/03/Earth4All_Exec_Summary_DE.pdf*, aufgerufen am 01. 04. 2024

Dixson-Declève, Sandrine et al. (2022): „Earth for All – ein Survivalguide für unseren Planeten. Der neue Bericht an den Club of Rome, 50 Jahre nach ‚Die Grenzen des Wachstums'". Hrsg.: Club of Rome. München. oekom

Earth4All – Communications Toolkit, https://trello.com/b/8TFEe5E8/earth4all-communications-toolkit

Ellmers, Bodo; Kaiser, Jürgen; Rehbein, Kristina; Schilder; Klaus Dr.; Stutz, Malina (2022): „Schuldenreport 2022 misereor“

Felber, Christian (2017): *Gemeinwohl-Ökonomie*. 3. Auflage. Wien. Deuticke

Gallup Engagement Index 2022 Deutschland. Urheberrecht 2023 Gallup. Inc.

Green Austria (2023): „Sechs Ideen für Gesunde Erde“, *https://www.n-tv.de/wissen/So-sieht-die-Landwirt schaft-der-Zukunft-aus-article24473552.html*, aufgerufen am 18. 03. 2024

Ha Vinh Tho Dr. (2017): *Grundrecht auf Glück*. 3. Auflage. Stuttgart. nymphenburger

Laloux, Frederic (2014): *Reinventing Organizations*. München. Franz Vahlen

Laloux, Frédéric (2023): „The Week“, *https://www.theweek.ooo*, aufgerufen am 19. 07. 2024

Lohmann, Björn; Graf, Philipp (2022): „Präzisionsfermentation: Maßgeschneiderte Bioproduktion“, *https://biooekonomie.de/themen/dossiers/praezisionsfermentation-massgeschneiderte-bioproduktion*, aufgerufen am 19. 07. 2024

Meadows et al. (1972): *Die Grenzen des Wachstums*. Übersetzung von Hans-Dieter Heck. 14. Auflage, 1987. Stuttgart. Deutsche Verlags-Anstalt

Oxfam Media Briefing (2015): „Extreme Carbon Inequality“, *https://www.oxfam.de/system/files/oxfam-extreme-carbon-inequality-20151202-engl.pdf*, aufgerufen am 17. 04. 2024

Rasfeld, Margret (2021): *FREI DAY*. München. oekom

Raworth, Kate (2017): *Die Donut Ökonomie*. München. Carl Hanser Verlag

Umweltbundesamt (2022): „Netzbetrieb spart Geld und Energie“, *https://www.umweltbundesamt.de/tipp/netzbetrieb-spart-geld-energie*, aufgerufen am 18. 06. 2024

Umweltbundesamt (2023): „Beitrag der Landwirtschaft zu den Treibhausgasemissionen“, *https://www.umweltbundesamt.de/daten/land-forstwirtschaft/beitrag-der-landwirtschaft-zu-den-treibhausgas#treibhaus gas-emissionen-aus-der-landwirtschaft*, aufgerufen am 18. 04. 2024

Zeit Online (2020): „Wohlhabende verursachen mehr Kohlendioxidemissionen“, *https://www.zeit.de/wissen/umwelt/2020-09/klimawandel-co2-ausstoss-wohlhabende-menschen-oxfam-studie#:~:text=Das%20reichste%20ein%20Prozent%20(63,seien%20schon%20heute%20vielerorts%20sp%C3%BCrbar*, aufgerufen am 17. 03. 2024

Zentrum für Nahrungsmittelsicherheit (2007): *Monsanto gegen Bauern*. Übersetzung von Johanna Felgentraeger und Ulrike Brändel. Washington D. C. ABL-Verlag

Neuproduktion

Aufwertung

6 Die Ökobilanz

Dana Aleff

6.1 Themenschwerpunkte einer Ökobilanz

Starten wir gemeinsam mit der Frage, was thematisch hinter einer Ökobilanz steckt.

Einfach gesagt: verstehen und quantitativ messen, welche negativen Auswirkungen ein Produkt oder ein Prozess auf die Umwelt und damit indirekt auf uns Menschen hat. Die Umweltauswirkungen werden dabei durch einen Satz an ausgewählten Kennzahlen aus den Themenschwerpunkten Treibhausgaspotenzial, Wasser, Ressourcenverknappung, Kreislaufwirtschaft sowie Biodiversität und Ökotoxizität beschrieben. Eine Kennzahl kann z. B. die Luftqualität oder die Menge an verschmutztem Wasser sein. Auch das inzwischen allseits bekannte CO_2-Äquivalent ist eine der Vergleichskennzahlen nach Norm, die repräsentativ für den Themenschwerpunkt „Treibhausgaspotenzial" ausdrückt, wie schwerwiegend das Produkt oder der Prozess zur Klimaerwärmung beiträgt.

Eine Ökobilanz ist eine Methode, die mit einem ausgewählten Satz an Vergleichskennzahlen versucht, Umweltauswirkungen von Produkten und Prozessen zu quantifizieren.

Nun hatten wir bereits im Vorwort versprochen, dass dieser Kompass etwas unkonventionell wird. Verschiedene Schreibformen, unterschiedliche Worte, mal kurz mal lang und am Ende mit dem Ziel, für den Alltag verständlich und handhabbar zu sein. Insbesondere weil das Thema so wichtig und ernst ist, erlaube ich mir im Folgenden an der ein oder anderen Stelle Formulierungen, die leicht zynisch wirken können. Dies ist eine bewusste Entscheidung. Negative Schwarzmalerei und Beschwerden darüber, wie dramatisch alles ist, haben noch niemanden zur Lösungsfindung weitergebracht, oder?

Machen wir uns also einmal auf die Suche nach dem Ursprung der Ökobilanz. Schon seit Jahrzehnten gibt es die Methodik beschrieben in der ISO 14040 und ISO 14044. Dieses offizielle Normen-„Paar" ist gut leserlich geschrieben (Leseempfehlung an dieser Stelle). Etwas ironisch, dass wir heute im Jahr 2024 Ökobilanzen wie einen brandneuen Trend in unserer „grünen Industrie-Bubble" thematisieren? Doch das sind gute Nachrichten, nachdem man sich fast Sorgen machen musste, dass der jüngste Hype um Carbon Accounting das Thema Nachhaltigkeit nur auf diese eine Dimension beschränken würde. Treibhausgase, gemessen in CO_2-Äquivalenten, sind wichtig und notwendig und doch nicht hinreichend, da es eben mehr als eine Umweltdimension gibt.

Da die Verfasser der Norm die Ökobilanz bereits mit wenigen Worten gut beschreiben, mag ich deren Beschreibung an dieser Stelle zitieren:

> *„Das gestiegene Bewusstsein über die Bedeutung des Umweltschutzes und möglicher Umweltwirkungen, die mit der Produktion und Anwendung von Produkten im Zusammenhang stehen, hat das Interesse an der Entwicklung von Methoden erhöht, die zum besseren Verständnis und zur Berücksichtigung dieser Wirkungen dienen. Eine der dafür entwickelten Methoden ist die Ökobilanz. Die Ökobilanz bezieht sich auf die Umweltaspekte und potenziellen Umweltauswirkungen (z. B. Nutzung von Ressourcen und die Umweltauswirkungen von Emissionen) im Verlauf des Lebensweges eines Produktes von der Rohstoffgewinnung über Produktion, Anwendung, Abfallbehandlung, Recycling bis zur endgültigen Beseitigung (d. h. ‚von der Wiege bis zur Bahre')."*
>
> ISO 14044, S. 8

Die gute Nachricht ist, dass der Aufbau der Umweltdaten für die Ökobilanz immer dem gleichen Vorgehen folgt, unabhängig davon, ob Du heute Dein Kaffeetrinken bilanzieren willst und Dir morgen im Betrieb die Baugruppe eines Autos anschaust. Wieso ist das so?

Nehmen wir mal ein Produkt, das aus verschiedenen Bestandteilen besteht, die in der Industrie auch als Baugruppen oder Komponenten bezeichnet sind. Dafür werden Materialien genutzt, die mit Aufwendung von Energie zu etwas Wertreichem verarbeitet werden. Also müssen wir erst mal verstehen, wie viel Energie so über die einzelnen Schritte verbraucht wurde. Für die Energieverbräuche müssen wir uns dann anschauen, welche Energiequellen dafür genutzt werden. Beispielsweise sind manche Energiequellen „sauberer", andere sehr kohlenstoffhaltig. So verstecken sich also oft hinter den Fußabdrücken einzelner Produkte oder Materialien „nur" die um drei Ecken verwendeten Energiequellen. Darüber hinaus sollten wir bei der Herstellung oder Verarbeitung von Materialien dazu noch herausfinden, ob toxische Substanzen oder Gase erzeugt werden. Wenn treibhausgasfördernde Gase in Prozessen entweichen, werden sie auch in die Emissionsbilanz einbezogen.

Um die Umweltwirkungen zum Themenschwerpunkt Wasser zu verstehen, muss beispielsweise einfach geschaut werden, ob für die Herstellung Wasser verbraucht oder verschmutzt wird und wenn ja wie viel.

Wenn wir darüber hinaus die Umweltauswirkungen zum Thema Kreislaufwirtschaft prüfen möchten, sollten wir die Materialien näher unter die Lupe nehmen und schauen, ob sie in eine Form gebracht werden, wo es schwierig ist, sie nach Gebrauchsende wiederzuverwerten oder in die Natur zurückzuführen.

Diese Gedankenabfolge kann auf jedes Produkt oder jede Handlung in beliebiger Tiefe angewendet werden.

Eine Ökobilanz konsequent aufzubauen, bedeutet, dass ich mir für mein betrachtetes Produkt oder meine betrachtete Dienstleistung erst mal **alle** dafür notwendigen Bausteine (Komponenten, Materialien, Verbräuche, Prozessschritte) zusammensuche. Im zweiten Schritt bewerte ich die einzelnen Bausteine hinsichtlich ihrer Umweltauswirkungen und komme so aufsummiert auf die gesuchten Umweltdaten für die Ökobilanz meines Produkts oder meiner Dienstleistung.

Gehen wir von der Theorie in ein paar praktische Beispiele. Da jedes Produkt unterschiedlich ist und verschiedene Schritte durchläuft, hilft es uns Stakeholdern (so beschreibt es auch die Norm), sich verschiedene Umweltkategorien anzuschauen. Im kommenden Abschnitt werden wir das Vorgehen für den Aufbau von Umweltdaten und die Messung von Umweltwirkungen weiter beleuchten.

Wasser und das Gleichgewicht im Umland

Starten wir mit der Kategorie Wasser: Wasser können wir sehr einfach und intuitiv in kg oder m^3 messen. Was müssen wir uns also für diese Umweltkategorie anschauen? Na, einfach wie viel Wasser für mein Produkt verbraucht wurde. Wenn Du eine Komponente verbaust, die bei Deinem Lieferanten Wasser verbraucht hat, dann gehört das konsequent auch Deinem Produkt zugerechnet. Doch was heißt jetzt „Wasser verbraucht“ eigentlich? Das kannst Du beliebig weiter aufteilen. Wenn Du z. B. Wasser zum Gegenkühlen von Anlagen nutzt, dann wird dieses im Idealfall nicht verschmutzt, sodass es keine toxischen Auswirkungen auf die Umwelt hat. Beim Einsatz zum Gegenkühlen wird es jedoch erwärmt und hat damit einen Effekt auf das Temperaturgleichgewicht in der unmittelbaren Umgebung, was Folgen hat.

Geben wir mal ein Beispiel: Ein Fisch lebt im Fluss neben dem Chemiepark. Damit er überleben kann, darf das Wasser eine bestimmte Temperatur nicht überschreiten. Für die Produktion holst Du nun Wasser aus dem Fluss und leitest es zurück. Solange Du die Temperatur des Flusses nicht durch immense Produktionsmengen merklich veränderst, ist wahrscheinlich alles gut. Angenommen, wir leben in Zeiten des Klimawandels, Wasser wird weniger, Wasser ist automatisch schon wärmer, Du brauchst also mehr Wassermenge in gleicher Zeit zum Gegenkühlen und kommst damit in eine Negativspirale. Der Fluss erwärmt sich merklich und übersteigt die für den Fisch tragbare Temperatur. Den Rest darfst Du Dir ausmalen.

Treibhausgaspotenzial und das CO_2-Äquivalent

Weiter geht es mit den Treibhausgasemissionen. Alle sprechen von CO_2, dabei handelt es sich genau genommen um CO_2-Äquivalente. Entmystifizieren wir erst mal, was das CO_2-Äquivalent eigentlich genau ist: Am Ende betrachtet man für die Emissionsbilanz alle Gase, die nach bestem wissenschaftlichen Stand (Kyoto-Protokoll) eine negative Auswirkung auf unser Klima haben. Dazu zählen: Kohlendioxid (CO_2), Methan (CH_4), Lachgas (N_2O) sowie die fluorierten F-Gase, wie wasserstoffhaltige Fluorkohlenwasserstoffe (HFKW), perfluorierte Kohlenwasserstoffe (FKW) und Schwefelhexafluorid (SF_6). Und da in der einen Herstellung mehr von dem einen und in der anderen Herstellung mehr von dem anderen Gas verwendet wird, rechnet man für die Vergleichbarkeit die Gase in ein Äquivalent um. Daraus wird das inzwischen bekannte CO_2-Äquivalent.

> Bei einem CO_2-Äquivalent handelt es sich um alle für einen festgelegten Betrachtungsrahmen treibhausgasrelevanten Emissionen (Gase, Kyoto-Protokoll). CO_2 wurde damals als Gas und sinnvolle Referenzeinheit festgelegt, weswegen alle anderen Gase mit einem Gewichtungsfaktor in CO_2-Äquivalente zur Vergleichbarkeit umgerechnet werden. Die Gewichtungsfaktoren stammen aus wissenschaftlichen Studien und folgen teilweise einem einfachen chemischen Dreisatz.

Nachfolgend eine Berechnung eines CO_2-Äquivalents als Beispiel für den „Dreisatz“:

Für die Herstellung eines Produkts werden indirekt durch einen Energieaufwand 1 kg CO_2 Gas und 0,1 kg CH_4 (Methan) Gas freigesetzt. Je nach Quelle und Forschung können unterschiedliche Umrechnungsfaktoren auftauchen. Wir nehmen jetzt beispielhaft an, dass CH_4 25-mal so schlimm ist wie CO_2.

Was ist also das CO_2-Äquivalent unseres Produkts?

$$
\begin{aligned}
&1\text{kg } CO_2 \cdot 1\text{kg } CO_2\text{-Äquivalent pro } 1\text{kg } CO_2 \\
&+ 0,1\text{kg } CH_4 \cdot 25 \text{ kg } CO_2\text{-Äquivalent pro } 1\text{kg Methan} \\
&= 1 + 0,1 \cdot 25 = 3,5\text{kg } CO_2\text{-Äquivalent pro Produkt}
\end{aligned}
$$

Du siehst, dass wir hier die einzelnen Bausteine je nach Vorkommen („Wie viel wird von was benutzt?“) gewichten und aufsummieren. Nehmen wir zur Gewichtung und Aufsummation ein Beispiel aus dem alltäglichen Leben. Angenommen, Du stellst einen Bürostuhl her. Der Bürostuhl hat fünf Rollen. Dann musst Du fünfmal den Umweltabdruck von den Rollen nehmen und ihn auf Deinen Bürostuhl draufschlagen. Zerlegen wir den Stuhl im nächsten Schritt eine Ebene tiefer. Die Rollen selbst bestehen aus

Einzelteilen. Die Einzelteile selbst haben auch ihren Umweltabdruck. Bevor wir also den Aufwand der Rollenproduktion selbst darauf rechnen, müssen wir noch den Umweltabdruck für die Einzelteile mit einbeziehen. Um eine Ökobilanz so konsequent aufzubauen, wird beim Endprodukt angefangen und die einzelnen Komponenten werden so lange zerlegt, bis für die einzelnen Bausteine gute Umweltdaten messbar sind. Diese Umweltdaten werden dann entsprechend ihrer Zerlegung wieder aufsummiert. Am Ende baut sich so ein kleiner Baum auf, ganz analog wie auch Produkthierarchien abgebildet werden. Bei Prozessen ist es ähnlich. Die Umweltdatenbausteine spiegeln die Wertschöpfungskette selbst wider, also nichts Neues.

In der Praxis wird das Gewichten von CO_2-Äquivalenten schnell komplex, weshalb es mit herkömmlichen EDV-Tools schwierig wird. Tabellenkalkulationsprogramme wie Excel stoßen hier technisch an ihre Grenzen. Für den Aufbau von Umweltdaten für Produkte und Prozesse gibt es bereits gute digitale Lösungen, die modular zur bestehenden Unternehmenssoftware funktionieren.

Bekanntlich sind ja alle guten Dinge drei. Also gehen wir noch in ein letztes Beispiel zum Thema Rohstoffe und Kreislaufwirtschaft hinein. Wir Menschen verstanden über die industriellen Revolutionen hinweg nicht so ganz, was es mit den planetaren Grenzen auf sich hat. Auch wenn unsere Erde wirklich groß ist, so ist sie doch nicht unendlich. Bisher haben wir jedoch mit unseren Rohstoffen sehr linear gewirtschaftet. Vereinfacht gesagt sah der Prozess in etwa so aus: Rohstoffe aus der Erde holen, über einzelne Fertigungsschritte weiterverarbeiten, dabei ein bisschen schlechte Gase in die Luft blasen, lauter Verschwendungen erzeugen, dabei Abfall produzieren, Produkt herstellen, nutzen und zack auf die Müllhalde.

Klingt das nachhaltig? Nein.

Nun, was hat es mit dem Kreislaufwirtschaftspotenzial von Materialien auf sich. Erst mal jagen wir Menschen Rohstoffe durch große Anlagen und Öfen. Je nach chemischer und physikalischer Beschaffenheit lassen sich diese danach dann mehr oder weniger gut wieder aufschmelzen, umfunktionieren oder in der Natur zersetzen. Wenn das Material also ohne Probleme dem Kreislauf zurückgeführt werden kann, ist es gut. Ansonsten sieht es mit dem Kreislaufpotenzial recht schlecht aus.

Wenn wir in einer erweiterten Betrachtung nicht nur Kreislaufwirtschaftskennzahlen von Materialien, sondern auch von Produkten anschauen, so macht auch das Produktdesign einen großen Unterschied und damit die Entscheidung, ob Komponenten wieder trennbar sind oder nicht. Das ist ganz einfach zu verstehen. Angenommen Du steckst zwei Komponenten ineinander und kannst diese am Lebensende wieder leicht trennen und in zwei getrennte Rohstoffkreisläufe zurückführen. Das ist super. Nicht so super ist, dass das Thema Kreislaufwirtschaft lange nicht ganz präsent war und aktuell noch oft die Alternative ist, dass Teile so kompliziert verklebt, verschraubt und umhüllt sind, dass das Trennen schwieriger wäre, als den Mount Everest zu erklimmen. Das ist dann wohl ziemlich doof und entspricht einem schlechten Kreislaufpotenzial.

Wenn wir uns also als Umweltdimension unsere Kreislaufperformance des Produkts anschauen, könnten wir in einer einfachen Kennzahl erst mal messen, wie viel Komponenten des Produkts wiederverwendet werden können und wie viele nicht. Das gibt ein gutes erstes Gefühl und ist einfacher getan als gedacht. Gleiches gilt für die Betrachtung, ob Materialien rückgeführt werden können oder nicht. Das ist auch kein Hexenwerk, sondern einfach eine Materialeigenschaft.

Zusammenfassung

Was hat die Bewertung aller Umweltdimensionen gemeinsam? Ihren Datenursprung. Für alle Umweltdimensionen sind immer die gleichen Bausteine relevant, nur, dass sie von anderen Seiten angeschaut werden. Und da aus dem theoretischen Reden, aber noch kein praktisches Handeln folgt, hier noch ein schönes Sinnbild, mit dem man sich seine Umweltdaten einfach zusammenbauen kann.

Umweltdaten und die Idee von Lego®-Bausteinen

Stell Dir vor, Du hast verschiedene Farben von Lego®-Bausteinen, aus denen Du Deine Umweltdaten pro Produkt, Prozess, Unternehmenseinheit oder gleich das ganze Unternehmen zusammenbasteln kannst. Jede Komponente, jede Baugruppe, jede Energiequelle ist ein einfacher Baustein. Die Bausteine können verschiedene Informationen enthalten, z. B. welche Energie verwendet wurde (z. B. Braunkohle, viel Kohlenstoff = viel CO_2 oder Photovoltaik = Sonne = erst mal per Definition kein CO_2e). Dadurch, dass die Bausteine entsprechend ihrer Wertschöpfungskette zusammengesetzt werden, ergeben sich die gesuchten Umweltdaten für ein Produkt oder einen Prozess.

P. S. zur Photovoltaik: Bitte im Zweifel doch schon ein bisschen genauer hinschauen, was für die Herstellung der Panels je nach Herstellungsort an Aufwänden in die Umwelt geht. Das sollte bitte in einer Gesamtbetrachtung nicht vernachlässigt werden, auch wenn buchhalterisch Photovoltaik aktuell mit dem Faktor 0 in die Emissionsberechnung eingeht.

Und wieso ergibt es Sinn, sich mit den Bausteinen selbst auseinanderzusetzen und nicht einfach auf Sekundärdaten zu vertrauen? Naja, das ist wahrscheinlich so, als würde man auf der Finanzseite sind nur die Gesamtkosten am Jahresende anschauen. Das tun wir nicht, sondern wir gehen mit jedem Lieferanten für jedes Bauteil ins Detail über den Preis. Und wenn wir jetzt noch einmal den Schritt weiterdenken in Richtung Finanzen und die sekundären Emissionsdaten:

> Schlechterer CO_2e-Wert aus einer Sekundärdatenbank mit Annahmen schlimmstenfalls aus 2010 resultiert in Fehlentscheidungen für die Umweltperformance und nicht zuletzt steigenden Kosten für Dein Unternehmen.

Sich also einmal mit seinen Primärdaten auseinanderzusetzen, ist im Fall der Fälle monetär und ökologisch die sehr sinnige und bessere Variante. Lass Dich also bitte nicht von Datensätzen in Drittdatenbanken irreführen, wo jemand mal einen Datensatz für Stahl hinterlegt hat, der 20 Jahre alt ist und deswegen z. B. noch einen 100 %-igen Braunkohleanteil hat. Prüfe lieber die Energieaufwände und Prozessgase und schau Dir die Kreislaufwirtschaftsperformance an.

> CO_2-Äquivalente liefern nur dann gültige Ergebnisse, wenn sie auf aktuellen und validen Daten aufbauen. Sekundärdatensätze aus Drittdatenbanken helfen im ersten Jahr für die Einschätzung, sind dann aber im Zweifel unzureichend und auf Kostenseite nachteilig.

Ich wünsche viel Freude, dabei herauszuklamüsern, wann es Sinn ergibt, alles in Äquivalente umzurechnen, und wo es wahrscheinlich doch bedeutend zielführender ist, sich handhabbare Kennzahlen passend zum Anwendungsfall zu definieren. Wenn Fragen oder Diskussionsbedarf aufgekommen ist, dann bitte kontaktiere uns. Ich freue mich von Herzen.

6.2 Kaffee trinken, Tee ist genauso in Ordnung

Am liebsten säße ich gerade mit Dir gemeinsam in einem Raum. So richtig mit Zettel und Papier und voller Freude, um die Umweltdatenbausteine für die Kaffeeherstellung zusammenzubasteln und daran praxisnah die Herangehensweise der Ökobilanzierung zu erläutern.

Bereits unzählige Male haben wir schon einen Workshop über Umweltdaten anhand des Kaffeebeispiels gehalten (insbesondere Richtung „Product Carbon Footprint“ (PCF) und der „Environmental Product Declaration“ (EPD)). Noch nie zuvor brachten wir diesen in schriftliche Form. Somit lade ich Dich jetzt auf etwas Neues ein, einen verschriftlichen Praxisworkshop, live und in Farbe mit Dir selbst.

Workshop über Umweltdaten mit Dir selbst

Angenommen, Du sitzt gerade mit Deinen Freunden oder Deiner Familie beim Sonntagskaffee. Alternativ könntest Du gerade in einer Arbeitspause mit Deinen Kollegen in der Kaffeeküche Eurer Firma stehen. Euch hat noch nie etwas mehr interessiert, als der Umweltperformance Eures Kaffees auf den Grund zu gehen.

„Na schön, wenn ich jetzt die Umweltperformance meines Kaffees aufstellen will, wo fangen wir an?“, entgegnet Dein imaginärer Freund bei unserer gemütlichen Kaffeerunde.

„Und was wollen wir uns überhaupt alles angucken, liebe Freunde: diese CO_2-Emissionen, über die jeder redet, oder besser auch mal noch das Thema Wasser und Abfall?“

„Das Spannende ist erst mal, dass unabhängig davon, was wir uns als Umweltdimensionen anschauen wollen, die Bausteine immer die gleichen sind“, entgegne ich unserem imaginären Freund. Dann spreche ich weiter:

„Als Erstes legen wir unseren Betrachtungsrahmen fest. Der Betrachtungsrahmen ist einfach nur unsere Entscheidung über das, was wir uns so anschauen wollen. Für unseren kleinen Praxisworkshop nehmen wir eine Tasse Kaffee, 200 ml, mal unter die Lupe. Das, was wir hier als unseren Betrachtungsrahmen benennen, wird in der Norm als funktionelle Einheit bezeichnet.“

Betrachtungsrahmen festlegen und vergleichen

Damit haben wir schon den ersten wichtigen Schritt getan, da konsequenterweise nur zwei Dinge miteinander direkt verglichen werden können, die dem gleichen Betrachtungsrahmen folgen. Deswegen ist eine klare Definition des Betrachtungsrahmens so wichtig. Und nun, wo wir uns geeinigt haben, welches Produkt wir uns anschauen möchten, stellen wir uns erst mal nur die Frage, was so alles benötigt wird, um einen Kaffee zu machen. Alle Bausteine, die uns jetzt so in den Sinn kommen, sind genau die Umweltbausteine, nach denen wir suchen.

Reflexion

Jetzt bist Du an der Reihe: Nimm Dir einen Zettel und Stift und schreibe einmal alles auf, was irgendwas mit Deinem Kaffee zu tun hat:

- Bohnen
- ...

So, und was haben Deine Freunde und Deine Familie neben Dir noch so auf die Liste getan? Eine lange Liste einer illustren Runde:

- Bohnen
- Wasser für die Kaffeemaschine
- Strom für die Kaffeemaschine
- Kaffeemühle
- Milch, Haferdrink oder andere Milchalternativen
- Eine Tasse oder vielleicht ein Einwegbecher
- Kaffeefilter
- Pulver
- Siebträger oder Vollautomat? Vielleicht eine French press?

- Entkalker
- Löffel
- Zucker oder Süßstoff
- Und noch ganz vieles mehr, z. B. der Trecker bei dem Bauern auf dem Feld

Zum letzten Punkt denkst du vielleicht, die imaginäre Runde spannt den Bogen zu weit. Tut sie nicht, denn bei einer Ökobilanz sind alle Bausteine, die irgendwo in der Wertschöpfung benötigt werden, konsequent zu betrachten. Wer dann für welchen der Bausteine in der Wertschöpfungskette haftet und wer über was entscheidet, das ist dann eine andere Debatte.

Machen wir also weiter mit der zahlenbasierten Ermittlung der Umweltperformance unseres Kaffees.

Die Messung der Umweltwirkungen sollte stets zahlenbasiert erfolgen und verschiedene Themenschwerpunkte der Umweltwirkungsmessung umfassen. Also ganz im Sinne des QM-Grundsatzes einer faktenbasierten Entscheidungsfindung.

Alle Bausteine betrachten

Was erkennst Du an der Vielzahl der Bausteine? Ja genau, es handelt sich um verschiedene Kaffeevarianten. Der eine mag den Kaffee mit Zucker, der andere ohne. Mal trinken wir ihn mit Milch, mal ohne. Ob die Milch dann von der Kuh stammt oder aus Pflanzen gewonnen wird, ist wieder eine zusätzliche Variante. Betrachten wir Varianten einfach als kleine Eimer mit verschiedenen Bausteinen.

Schauen wir uns jetzt mal den Zubereitungsprozess der schwarzen Brühe an. Auch der kann wieder auf verschiedene Weise passieren. Sagen wir, Dein imaginärer Arbeitskollege zieht sich den Kaffee schnell aus dem Vollautomaten, wohingegen Dein bester Freund sich seinen Kaffee immer meditativ durch Filter aufgießt. Beides braucht Strom.

Beim einen geht der Strom direkt in die Kaffeemaschine. Im anderen Fall erhitzen wir Wasser im Wasserkocher, wo auch Strom benötigt wird. Der Aufgießprozess durch den Filter selbst ist dann Handarbeit.

Beide Prozesse haben also einen Baustein „Stromverbrauch", nur an anderen Stellen. Und man mag es kaum glauben, es geht auch ohne Strom im letzten Schritt. Kaffeepulver auf kaltes Wasser, für ein bis zwei Tage stehen lassen und fertig ist der kalte Kaffeeaufguss. Ist das die nachhaltigste Alternative?

Dies war eine kleine Fangfrage, da wir jetzt schon sehen, dass wir uns bei den verschiedenen Varianten von Zutaten und Herstellungsarten immer alle Bausteine suchen und zusammenpuzzeln müssen, um eine Aussage über den gesamten Kaffee treffen zu können.

Reflexion

In Deinem Workshop mit Dir selbst nimm Dir doch mal die Tage ein nächstes Produkt vor, was mit dem Kaffeetrinken zusammenhängt. Zum Beispiel eine Serviette, wo Dich die Zerlegung der Umweltdaten in einzelne Bausteine wieder in eine ganz neue Industrie, aber immer mit dem gleichen Vorgehen führt.

Gute Nachrichten an dieser Stelle: Die meiste Arbeit, um die Herangehensweise einer Ökobilanz zu verstehen, haben wir bereits hinter uns. Man sammelt sich alle Bausteine zusammen und schaut dann, wie gut oder wie schlecht die einzelnen Bausteine sind, die man im Betrachtungsrahmen benötigt. Die einzige Schwierigkeit besteht darin, sich hinzusetzen, das Produkt und den Prozess ordentlich in seine Bausteine zu zerlegen und dann möglichst gute Materialinformationen und Verbrauchsdaten zu finden. Daten ist immer so ein Thema. Aber wenn wir die Herangehensweise einmal verstehen, dann bekommen wir auch das Datenthema gelöst.

Auf passende Daten setzen

Bei unserem Kaffeebeispiel ist das dasselbe, wie bei Produkten in der Industrie. Je mehr und je granularer wir unsere Bausteine für den Kaffee zerlegen, desto präziser können wir die Umweltdaten aufbauen, um bessere Entscheidungen zu treffen.

„So und wie komme ich von da aus jetzt auf die Umweltperformance?" fragt sich unser imaginärer Freund.

Hinter jedem dieser Bausteine versteckt sich meist ein Energieaufwand, auch hinter den Materialien und Gegenständen, die wir für unseren Kaffee brauchen, denn die brauchen ebenfalls Energie in der Herstellung. Und wenn Bausteine nicht gerade selbst einen Herstellungsschritt darstellen, wo ich direkt einen Wasser- oder Stromverbrauch habe, dann lassen sich andere Bausteine wieder zerlegen in ihre einzelnen Herstellungsschritte.

Nehmen wir beispielsweise einen Edelstahlfilter. Der kann, im Gegensatz zum Papierfilter, 10 000 Mal verwendet werden. Konsequenterweise muss ich also den Umweltabdruck dieses Edelstahlfilters anteilig mit 1/10 000 auf jeden Kaffee umrechnen. Da ich bei dem Papierfilter pro Kaffee immer einen neuen brauche, muss ich meinem Kaffee also den gesamten Umweltabdruck eines Papierfilters als einen Baustein zuordnen. Ohne Kaffee gäbe es ja auch den Papierfilter nicht.

Jedem Baustein müssen alle möglichen Auswirkungen auf die Umwelt zugeordnet werden.

Vergleiche ziehen

Vergleichen wir einfachheitshalber mal zwei Varianten für einen Filterkaffee.

In der ersten Variante schaue ich mir den Edelstahlfilter an. Nun brauche ich erst mal den Umweltabdruck des Edelstahlfilters, bevor ich ihn auf den Kaffee herunterrechne. Also nehme ich mir den Baustein „Edelstahlfilter“ und schau mir mal an, aus was der denn bestehen kann. Dieser besteht aus Edelstahl und in der Benutzung brauche ich Wasser, um ihn wieder auszuwaschen. Dafür entsteht kein Müll der Produktion.

In der zweiten Filtervariante hast du entweder einen Keramik- oder Kunststoffhalter, wo Du den angesprochenen Einmal-Papierfilter hineinlegen kannst. Hier entsteht neben dem Kaffeesatz auch noch zusätzlicher Müll.

So. Und merkst Du, was wir gerade gemacht haben? Wir haben den allgemeinen Baustein „Filterherstellung“ in weitere Bausteine zerlegt.

Um wirklich aussagekräftige Daten zu bekommen, muss jeder Baustein (Prozessschritt) bis auf die Ebene heruntergebrochen werden, die sich noch auf das Produkt oder die Dienstleistung auswirkt und sinnvolle Ergebnisse abgeleitet werden können. In der ISO 9001 steht hierfür das schöne Wort „angemessen“.

So, und wenn wir das jetzt mal wieder eine Stufe weiterdenken, schauen wir uns an, aus welchem Material die einzelnen Bausteine bestehen. Dabei zerlegst Du Deinen Baustein „Keramik- oder Kunststoffhalter“ und „Papierfilter“ einfach in einen Materialbaustein, z. B. „Keramik“, aus dem zusammen mit einem Baustein „Energie“, sich dann der Baustein „Keramikhalter“ zusammenbauen lässt.

Na, und jetzt denkst Du Dir bestimmt, wie lang das ganze Theater mit der Bausteinzerlegung noch weitergehen soll.

So weit zerlegen, wie sinnvoll

Am besten zerlegst Du alle Bausteine so weit, dass Du nur noch einzelne Rohstoffe und einzelne Energiebausteine hast, hinter denen sich dann ein halbwegs zuverlässiges CO_2-Äquivalent versteckt.

Und was bedeutet das jetzt für Deinen Workshop mit Dir selbst?

Reflexion

Schau Dir mal die einzelnen Komponenten an, die Dir unmittelbar im Zusammenhang mit dem Kaffeetrinken einfallen. Dann zerlege jeden Baustein so lange, bis Du auf Bausteine vom Typ „Energieverbrauch“ triffst. Dazu zählen auch Logistikbausteine, die je nach Kraftstoff oder Antriebsart wieder ein versteckter Energiebaustein sind.

Kleine Anekdote am Rande. Ich hatte mal einen Workshop, wo die Teilnehmer die Bausteine so weit zerlegt haben, bis sie bei dem Energieaufwand ankamen, den der Kran wohl anteilig zum Verladen des Kaffees auf das Schiff braucht. Sehr konsequent und sehr richtig gedacht.

Je nachdem, ob Du zur Energiebereitstellung einen kohlenstoffhaltigen Brennstoff verwendest oder die Energie aus der Sonne beziehst, ist das Ganze entweder sehr hoch oder nahe null.

Und genau das können wir jetzt mit jedem Baustein Deines Kaffees weiter durchführen.

Reflexion

Ich gebe Dir noch ein paar Denkanstöße in Form von Fragen mit und freue mich, wenn Du Spaß daran findest, das soeben begonnene Beispiel für Dich weiter zu zerlegen. Gerne darfst Du mich jederzeit kontaktieren, ob aus Interesse oder für Hilfe.

Fragen:

- Wie bereite ich meinen Kaffee zu?
- Filter, Kapselkaffee, Siebträger, Vollautomat, Frenchpress, Cold Brew und so weiter.
- Was werden für Materialien in dem Gerät verbaut?
- Nur ein bisschen Edelstahl für den Filter, eine einfache elektrische Maschine oder doch ein halber Elektronikladen?
- Wie trinke ich meinen Kaffee?
- Mit oder ohne Milch und/oder Zucker?
- Woher kommen meine Milch und mein Zucker her?
- Lokal vom Bauern oder doch aus einem weit entfernten Feld?
- Was für Transportwege stecken wohl hinter meinen eingekauften Zutaten?
- Nebenan oder doch dreimal um die Welt?
- Wo wird überall Energie benötigt?
- Zum Kochen von Wasser für den Filter oder doch direkt aus der Steckdose in meinem Vollautomaten? Habe ich eine Handmühle oder wurde es doch elektronisch gemahlen?
- Was kommen bei all meinen ausgedachten Bausteinen wohl für Materialien vor?
- Von den Bohnen, über Edelstahl hin zu seltenen Erden in meiner Elektronik.
- Wie energieintensiv sind wohl diese Materialien bei der Herstellung und entstehen da toxische Substanzen irgendwo?
- Wie viel Treibstoff wird so verbraucht, um auf meinen Kaffee herunter gerechnet alle Zutaten zu mir zu transportieren?

Viel Freude erst mal dabei, die Baumstruktur mit den einzelnen Bausteinen beliebig weiter auszubauen!

Gewichten, berechnen und bewerten

Die Frage, wie einzelne Bausteine zu gewichten sind, ergibt sich direkt aus Stücklisten und Verbräuchen. Wenn ein Auto vier Reifen besitzt, dann ist der Gewichtungsfaktor eine 4 und ich beziehe alle Bausteine, die unter dem Reifen aufgehängt sind, viermal in die Umweltdatenbetrachtung meines Autos mit herein.

So, und wie übertrage ich das Kaffeebeispiel auf weitere Produkte und Dienstleistungen, z. B. die in meiner Firma?

„Kaffee" des Unternehmens

Das Ganze funktioniert in einem Unternehmen genauso! Deine Produkte lassen sich aus Baugruppen, Zukaufteilen, Handelsware oder Halberzeugnissen kombinieren. Hinter denen steckt selbst wieder irgendein Material. Dazu kommen Aufwände aus der Herstellung der Bausteine, die Du als Firma einkaufst. Und Dein Lieferant beschäftigt sich dann am besten mit den Bausteinen, die in seinen vier Wänden beeinflusst werden können, und Du fügst die hinzu, die bei Dir liegen. Wenn es sich um eine Dienstleistung handelt, dann ist das Vorgehen analog und Du zerlegst diese in einzelne Servicebausteine (z. B. zwei Besuche zum Kunden mit Pkw während der Projektlaufzeit).

Hier ein kleiner Wink mit dem Zaunpfahl. Genauso wie der Geldbeutel für Energie und Material zahlt, so tut es auch die Umwelt. Am Ende zahlen wir für unseren Kaffee vielleicht bilanziell denselben Preis, jedoch kann die Verteilung zwischen monetären Kosten und Umweltkosten variieren. Ob also aus Geld oder Umweltaspekten motiviert, das tiefere Nachdenken über das Thema Nachhaltigkeit ergibt nur Sinn.

> Umwelteinflüsse haben einen Preis, sei es direkt monetär übersetzt durch Werkzeuge wie Emissionsrechte oder CO_2-Zertifikate oder auch indirekt durch die Lebensqualität auf unserem Planeten.

Gesetzliche und behördliche Anforderungen

So und wie will es das Gesetz? Es gibt eine Unmenge von gesetzlichen und behördlichen Vorgaben, die Deine Firma in Bezug auf die Umwelt einhalten muss. Es ist nur eine Frage der Zeit, bis jede Firma auch einen Nachhaltigkeitsbericht erstellen muss. Die Umweltdaten hinter der Ökobilanz sind dabei das zentrale Datenherz, was für alle Anwendungsfälle direkt oder indirekt die Datengrundlage liefert. Neben Berichtserstattung gehören dazu auch Umweltproduktdeklarationen. Am Ende haftest Du für das, was Deine eigenen vier Wände verlässt. Dabei ist es in Deinem eigenen Interesse, Deine eigenen Bausteine klar aufzubauen. Und wenn Du Dir die Arbeit schon mal machst, dann darfst Du im Sinne besserer Umwelt und Finanzverbesserung auch mal an Deinen Bausteinen herumspielen und schauen, wie sich Änderungen in Varianten auf Umwelt- und Finanzdimensionen auswirken. Die beiden Dimensionen sind doch viel enger miteinander verbunden, als wir es bereits erkennen (wollen).

Wunderbare Magie

Universum
Unendlich endlich.
Was ist endlich,
gibt es je Unendliches?
Können Menschen in Gedanken der Endlichkeit leben
ohne Wachstum?
Ist Wachstum, was uns antreibt?
Sind wir noch getrieben
ohne Wachstum?
Was, wenn Endlichkeit mächtiger ist
als Wachstum,
was treibt uns dann?
Was ist überhaupt Wachstum?
Was, wenn Endlichkeit endloses Wachstum längst
begrenzt?
Dilemma.
Was, wenn wir lediglich eine Fehldefinition von Wachstum
haben,
weil wir ein paar Nebenbedingungen vergaßen.
Was, wenn wir eine viel schönere Definition von Wachstum
finden?
Mehrdimensional.
Wenn nur das Eindimensionale uns in das Debakel führte,
wenn uns die Mehrdimensionalität
Unendlichkeit ermöglicht.
Was ist das neue Wachstum?
Was uns treibt?
Neudefinition.
Nicht im Konflikt mit dem Rückliegenden,
stets eine wunderbare Erweiterung.

Dana Aleff

7 Der Weg zum CO_2-Fußabdruck

Wilhelm Floer

Das Thema Nachhaltigkeit hat in den letzten Jahren kontinuierlich an Bedeutung zugenommen. Interne und externe Stakeholder stellen zunehmend anspruchsvollere Anforderungen an die Organisationen. Der gesellschaftliche und politische Druck wächst.

Eine der größten Herausforderungen ist, den Anstieg des Treibhauseffekts zu reduzieren. Die Folgen des hohen Kohlenstoffdioxidgehalts in der Erdatmosphäre sind dramatisch. Hierzu zählt z. B. die globale Erderwärmung, mit schwerwiegenden Folgen für die Umwelt. Die Polkappen schmelzen ab, der Meeresspiegel steigt und vermehrt treten Naturkatastrophen auf. Zusätzlich sind viele Konsequenzen noch ungewiss.

Der Klimawandel ist für uns alle offensichtlich. Die Klimaveränderungen sind auch in unseren Regionen deutlich zu spüren. Der Treibhauseffekt entsteht bei der Verbrennung fossiler Energieträger. Um erfolgreich etwas gegen den Klimawandel zu tun, müssen die Organisationen einen entscheidenden Beitrag leisten, denn sie tragen in erheblichen Maßen zu den Treibhausgasemissionen bei. Dazu ist es erforderlich, die eigenen Klimaauswirkungen zu verstehen und einordnen zu können.

> Das Carbon Accounting, das systematische Erfassen der Emissionen und die CO_2-Bilanzierung, wird für die Organisationen wettbewerbsentscheidend sein.

Ein Unternehmen muss zukünftig die eigene CO_2-Bilanz kennen. Dabei handelt es sich um einen häufig verwendeten Begriff, den Corporate Carbon Footprint (CCF), der jedoch nicht mit Product Carbon Footprint (PCF) verwechselt werden sollte.

In den letzten Jahren haben sich die gesetzlichen Anforderungen signifikant erhöht und zeigen eine kontinuierliche Zunahme. Um diesem Trend Rechnung zu tragen, müssen zahlreiche Daten erhoben und analysiert werden. Außerdem müssen Wissen und Kompetenzen aufgebaut werden, um unternehmensweite, strategische Entscheidungen zu treffen.

Corporate Carbon Footprint: Alle Emissionen, die durch die Tätigkeit eines Unternehmens innerhalb eines Jahres erzeugt werden.

Product Carbon Footprint: Alle Emissionen, die durch ein Produkt während seines Lebenszyklus erzeugt werden.

Nachfolgend wird anhand eines imaginären Unternehmens „Company Green" die Erstellung des CO_2-Fußabdrucks erläutert. Neben den fünf Schritten zum ökologischen Fußabdruck werden weiterführende wichtige Informationen bereitgestellt. Die theoretischen Grundlagen helfen Dir, die Hintergründe besser einzuordnen und die fünf Schritte einfacher nachvollziehen zu können. Du erhältst zahlreiche Tipps und Anregungen, basierend auf Erfahrungen aus der Praxis, um mit der Erstellung eines CO_2-Fußabdrucks sofort zu starten.

Reflexion

Zum Einstieg in das Thema, teste Dein Wissen:

Wie groß (circa) ist Dein persönlicher CO_2-Fußabdruck, d. h., wie viel CO_2 verursachst Du im Schnitt pro Jahr in der Bundesrepublik Deutschland?

- ☐ 1 t CO_2e
- ☐ 10 t CO_2e
- ☐ 100 t CO_2e
- ☐ 1000 t CO_2e
- ☐ 10 000 t CO_2e

(Lösung s. Ende Abschnitt 7.6*)*

Kennst Du den CO_2-Fußabdruck Deiner Organisation? ☐ Ja ☐ Nein

Wie groß ist der CO_2-Fußabdruck Deiner Organisation in   kg CO_2e?

Kennst Du den CO_2-Fußabdruck nicht, dann schätze den Wert in   kg CO_2e.

7.1 Nachhaltigkeitsbericht und ESRS-Standards

Täglich lesen oder hören wir etwas über das 1,5 °C-Ziel und die Klimaveränderungen. Die 21. Weltklimakonferenz der Vereinten Nationen (Conference of the Parties, COP 21) in Paris, 2015, ist als wichtiger Meilenstein anzusehen. Die Staatengemeinschaft (191 Staaten inkl. der Europäischen Union, Stand August 2021) hatte sich verbindlich darauf geeinigt, den Klimawandel zu bremsen. 55 % der Staaten, die für 55 % der klimaschädlichen Treibhausgase verantwortlich sind, haben den Vertrag unterzeichnet [Umweltbundesamt 2021].

Wesentlicher Inhalt des Pariser Protokolls ist, den menschengemachten Temperaturanstieg auf 1,5 °C zu begrenzen. Als Ausgangsbasis dient der Mittelwert der Temperatur von 1850 bis 1900 (vorindustrielle Zeit). Die Folgen der Erderwärmung und des Klimawandels haben wir in den letzten Jahren deutlich zu spüren bekommen. Hitzewellen und Starkregenfälle sind inzwischen in vielen Teilen von Europa nichts Ungewöhnliches.

Für die globale Erderwärmung sind die Treibhausgase verantwortlich. Als Ergebnis davon steigen weltweit die Anforderungen an die Organisationen, ökologisch nachhaltig zu handeln und den Austausch von Treibhausgasen zu verringern. Eine wichtige Kennzahl zur Messung und Bewertung solcher Aktivitäten ist der CO_2-Fußabdruck.

Dies geht einher mit den Anforderungen an die zukünftige Berichterstattung für die Organisationen. Die EU-Richtlinie zur Nachhaltigkeitsberichterstattung, die Corporate Sustainability Reporting Directive (CSRD), fordert die Unternehmen zur nichtfinanziellen Berichterstattung auf. Diese Berichtspflicht wird in den nächsten Jahren kontinuierlich ausgeweitet.

Ein Zeitplan von 2024 bis 2028 ist dafür bereits abgestimmt. In der ersten Phase müssen große Unternehmen, ab 250 Mitarbeitern, bereits ab 2025 über das Geschäftsjahr 2024 berichten. Für kapitalmarktorientierte KMUs gilt die Berichtspflicht ab 2027, d. h. für das Geschäftsjahr 2026 muss berichtet werden. Optional können sich die KMUs von der Berichterstellung für zwei Jahre befreien lassen. Dazu ist eine Klärung im Lagebericht abzugeben, warum die Erstellung nicht möglich ist. Das bedeutet, spätestens im Jahr 2029 müssen KMUs für das Geschäftsjahr 2028 einen Nachhaltigkeitsbericht nach der CSRD erstellen [DNK 2024].

Berichtspflichtig sind alle großen Unternehmen, die zwei der drei folgenden Kriterien erfüllen:

- Bilanzsumme von mindestens 25 Millionen Euro
- Nettoumsatzerlöse von mindestens 50 Millionen Euro
- mindestens 250 Beschäftigte

Wenn bei kleinen und mittleren Unternehmen (ab zehn Mitarbeitenden) eine Kapitalmarktorientierung vorliegt, dann müssen diese zukünftig auch einen Nachhaltigkeitsbericht erstellen (IHK 2024).

Der European Sustainability Reporting Standard (ESRS) wurde von der European Financial Reporting Advisory Group (EFRAG) entwickelt und gilt als Rahmenwerk für die CSRD. Der ESRS legt u. a. fest, welche Informationen die Organisationen offenlegen müssen. Neben allgemeinen Grundsätzen und Anforderungen muss über die Themen Umwelt, Soziales und Unternehmensführung berichtet werden. Inhaltlich stützt sich der ESRS auf den Standard der Global Reporting Initiative (GRI), welcher 1997 in den USA gegründet wurde und weltweit zur Nachhaltigkeitsberichterstattung herangezogen wird.

Bild 7.1 zeigt die Inhalte der aktuellen ESRS Set 1, mit den Allgemeinen Anforderungen ESRS 1, den Allgemeinen Angaben ESRS 2 sowie den fünf Umweltaspekten ESRS E1 bis E5, den vier Sozialaspekten ESRS S1 bis S4 und den Unternehmensaspekt G1. Das Set 1 gilt für Unternehmen, die ab 2024 nach der CSRD berichten müssen. Mit dem Set 2 erhalten zukünftig börsennotierte kleine und mittlere Unternehmen einen vereinfachten Berichtsstandard.

Der Standard ESRS E1 z. B. bezieht sich auf den Klimaschutz und den Klimawandel. Hier müssen Organisationen erläutern, wie ihr Geschäftsmodell die Erreichung des 1,5 °C-Ziels bis 2050 unterstützt. Dazu muss ein Plan mit konkreten Schritten und Zielen für eine Transformation zu einem klimaneutralen Unternehmen vorliegen. Ebenso macht der Standard ESRS E1 konkrete Vorgaben für eine CO_2-Bilanzierung und bezieht sich auf das Greenhouse Gas Protocol (GHG), um die CSRD-Anforderungen zu erfüllen. Für den ESRS E1, Klimaschutz und Klimawandel, müssen z. B. die berichtspflichtigen Organisationen neun Offenlegungspflichten berücksichtigen.

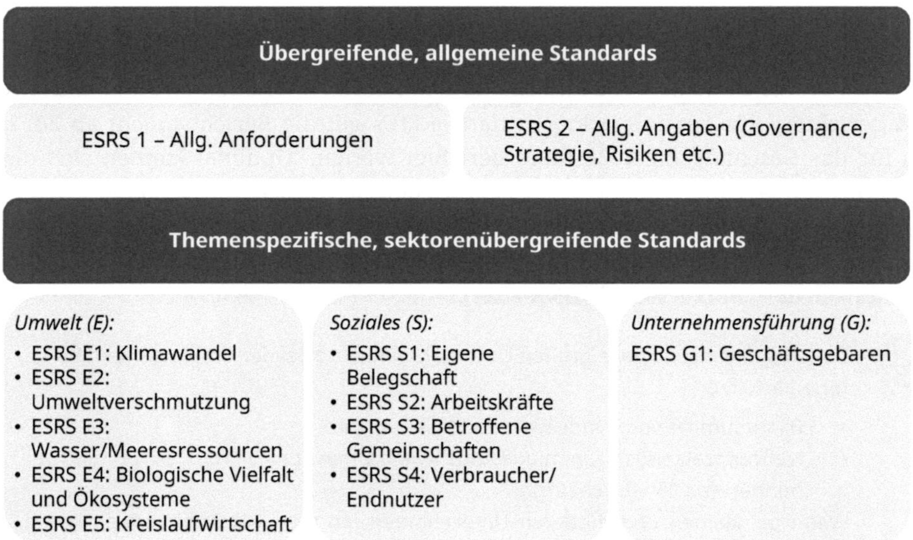

Bild 7.1 European Sustainability Reporting Standard Set 1

Das ESRS Set 1 beinhaltet in der aktuellen Fassung bereits 826 pflichtmäßige Datenpunkte und 257 Wahlangaben [Müller 2023]. Die 826 Pflichtangaben unterliegen der Wesentlichkeitsbetrachtung. Damit ist hier das Prinzip der Doppelten Wesentlichkeit gemeint. Dabei werden die Nachhaltigkeitsaspekte aus zwei Perspektiven betrachtet:

1. *Perspektive: Impact Materiality (Inside-Out)*

   Welche tatsächlichen und potenziellen Auswirkungen, sowohl positiv als auch negativ, hat die Organisation auf unterschiedliche Nachhaltigkeitsthemen in Umwelt und Gesellschaft?

2. *Perspektive: Financial Materiality (Outside-In)*

   Welche finanziellen Auswirkungen haben Nachhaltigkeitsthemen auf die Organisation und wie können Nachhaltigkeitsaktivitäten langfristig zum Erfolg beitragen?

Mit der Doppelten Wesentlichkeitsanalyse haben die Organisationen die Möglichkeit, sich auf aussagekräftige, relevante und bewertbare Informationen zu konzentrieren. Hier sollte nicht die Pflichterfüllung im Vordergrund stehen, sondern die Möglichkeit zur nachhaltigen Weiterentwicklung der Organisation.

Eine Organisation muss die Anforderungen des ESRS-Standards erfüllen. Alle ESRS-Standards, mit Ausnahme des ESRS 2 (Allgemeine Angaben), müssen einer Wesentlichkeitsanalyse unterzogen werden. Der ESRS E1-Standard zum Klimawandel ist i. d. R. für alle Organisationen wesentlich. Unabhängig, ob ein Produkt hergestellt oder eine Dienstleistung angeboten wird. Das bedeutet, dass die Organisationen detailliert die Treibhausgasemissionen nach Art und Umfang (engl. Scope) ausweisen müssen.

Organisationen, welche jetzt der Berichtspflicht noch nicht unterliegen, sind gut beraten, die verbleibende Zeit zu nutzen und sich mit dem Regelwerk intensiv zu beschäftigen. Nicht zu vergessen, dass die Kunden bereits der Berichtspflicht unterliegen könnten und sich bei ihren Lieferanten nach dem CO_2-Fußabdruck der Organisation und deren Zukaufteile in der nächsten Zeit erkundigen können.

Es müssen zahlreiche Daten über die gesamte Wertschöpfungskette erhoben und analysiert werden. Ebenso ist es wichtig, die Risiken und Chancen in Bezug auf die drei zuvor genannten themenspezifischen, sektorenübergreifenden Standards (Umwelt, Soziales und Unternehmensführung) zu berücksichtigen und sich mit der doppelten Wesentlichkeit frühzeitig auseinanderzusetzen.

Die Erstellung eines Nachhaltigkeitsberichts bedeutet für viele Organisationen erst einmal eine zusätzliche Belastung. Dennoch sollte man nicht über die Chancen hinwegsehen.

Das Umsetzen der Standards bietet auch Freiheitsgrade. Diese können die Organisationen nutzen und die Berichterstellung individuell gestalten. Darüber hinaus ergeben sich neue Erkenntnisse, welche wiederum für neue Geschäftsmöglichkeiten genutzt werden können. Veränderungen stellen eine Chance dar, bestehende Prozesse und Strukturen zu hinterfragen und zu optimieren.

Der Transformationsprozess ist komplex. Fangen wir damit an!

Viola Möller und Jens Eckhof [Möller 2023] bringen es prägnant auf den Punkt.

> *... Nachhaltigkeitsberichterstattung ist kein Selbstzweck. Es geht nicht allein darum, jedes Jahr einen neuen Bericht zu erstellen. Die eigentliche Herausforderung liegt in all den Prozessen, Systemen, Rollen & Verantwortlichkeiten sowie*

Strukturanpassungen. Diese sollten sich daran anschließen oder bestenfalls bereits im Rahmen der Vorbereitung der Berichterstattung angestoßen werden, um den sich wandelnden gesellschaftlichen, ökologischen und ökonomischen Anforderungen gerecht zu werden. Wer dies nicht berücksichtigt und sich nicht auf die veränderten Bedingungen einstellt, wird mittel- bis langfristig die Existenz des Unternehmens aufs Spiel setzen …

7.2 Theoretische Grundlagen zum CO_2-Fußabdruck?

Kohlenstoffdioxid, häufig in der gekürzten Version als Kohlendioxid bezeichnet (chemische Summenformel CO_2) ist neben Stickstoff und Sauerstoff ein bedeutender Bestandteil der Luft, wenn auch mengenmäßig eher ein kleiner Bestandteil.

Kohlendioxid entsteht bei der Verbrennung fossiler Energieträger, wie z. B. Kohle, Erdgas oder Erdöl. Die größten Emittenten sind die Industrie, der Verkehr sowie die Strom- und Wärmeerzeugung.

Kohlendioxid ist jedoch auch wichtig. Ohne CO_2 können Menschen, Tiere und Pflanzen nicht leben. Pflanzen wandeln Kohlendioxid um und es entsteht Sauerstoff, den wir einatmen. Die Menschen und Tiere atmen CO_2 aus, welches anschließend von den Pflanzen wieder aufgenommen wird. So entsteht ein natürlicher Kreis.

Darüber hinaus erfüllt Kohlendioxid eine weitere wichtige Funktion in der Atmosphäre. Die Atmosphäre dient als Schutzschild und trägt dazu bei, dass wir angenehme Temperaturen auf der Erde haben. Durchschnittlich 15 °C. Ohne dieses Schutzschild wären es –18 °C.

Vergleichbar mit dem Glas bei einem Gewächshaus. So wie das Glas die Sonnenstrahlen einerseits durchlässt, um das Gewächshausinnere aufzuwärmen, dringen die Sonnenstrahlen durch die Atmosphäre bis zur Erde. Auf der Erdoberfläche werden einige Sonnenstrahlen absorbiert, einige reflektiert. Dieses Phänomen wird als natürlicher Treibhauseffekt beschrieben.

Immer mehr Treibhausgase in der Atmosphäre führen dazu, dass einige der reflektierten Sonnenstrahlen die Atmosphäre nicht durchdringen können und stattdessen zur Erde zurückreflektiert werden. Aufgrund dessen erwärmt sich die Erde kontinuierlich. Dieser auf den Menschen rückführbare Treibhauseffekt wird als anthropogener Treibhauseffekt bezeichnet.

Der Anstieg der Treibhausgase ist für die Klimaveränderungen verantwortlich. Daraus folgt, dass die Klimaschutzstrategien der Organisationen bei der Reduktion der Treibhausgase ansetzen müssen.

7.3 CO_2 und die Treibhausgase

Kohlendioxid ist nicht das einzige Treibhausgas (THG). Methan (CH_4), Lachgas (N_2O) und die fluorierten Treibhausgase (F-Gase) gehören ebenso dazu und sind aufgrund ihrer schädlichen Wirkung nicht zu vernachlässigen. Ein weiteres Gas, das Wichtigste für den natürlichen Treibhauseffekt, in der Erdatmosphäre ist Wasserdampf.

Da Kohlendioxid der Hauptverursacher für den anthropogenen Treibhauseffekt ist, wird die Klimaschädlichkeit in CO_2-Äquivalent (übliche Abkürzungen sind CO_2e oder CO_2eq) angegeben.

Um Vergleiche hinsichtlich der Auswirkungen der verschiedenen Gase auf die globale Erderwärmung zu ermöglichen, wurde das Global Warming Potential (GWP) entwickelt. In Tabelle 7.1 sind die GWP-Werte für die vier bedeutendsten Treibhausgase aufgeführt [IPCC 2024]. Das GWP ist eine relative Maßeinheit und gibt die Wirkung eines Treibhausgases über einen bestimmten Zeitraum (in der Regel 100 Jahre) im Vergleich zu CO_2 an. Es ist deutlich zu erkennen, dass Methan, Lachgas und die F-Fase um ein Vielfaches schädlicher sind als Kohlendioxid.

Tabelle 7.1 Global Warming Potential (GWP) der vier bedeutendsten Treibhausgase [IPCC 2024]

Treibhausgas	Global Warming Potential (Zeithorizont 100 Jahre)
CO_2 (Kohlendioxid)	1
CH_4 (Methan)	25
N_2O (Lachgas)	298
F-Gase (fluorierte Gase)	10 – 23 000

Als weltweit am weitesten verbreiteter Standard gilt das Greenhouse Gas Protocol (häufig verwendete Kurzform, GHG) zur Berechnung von CO_2-Emissionen. Ein weiterer international anerkannter Standard zur Ermittlung der CO_2-Emission ist die DIN ISO 14064.

Größter und entscheidender Vorteil des GHG sind die hohen Informationstiefen, zahlreiche Beispiele, viele hilfreiche Berechnungstools, Schulungen etc., die bei der Quantifizierung helfen. Seit Ende der 90er-Jahre entwickeln das World Resources Institute (WIR) und das World Business Council for Sustainable Development (WBCSD) den GHG-Standard kontinuierlich weiter [GHG 2024].

Im GHG finden die Organisationen z. B. auch eine Einteilung der Emissionen in drei Bereiche, den sogenannten Scope 1, den Scope 2 und den Scope 3. Scope 1, 2 und 3 sind in Tabelle 7.2 näher erläutert.

Tabelle 7.2 Unterteilung der Emissionen in Scope 1 bis 3

Scope	Erläuterung
1	alle direkten Emissionen, welche aus der eigenen Organisation resultieren, hierzu gehören stationäre Anlagen, der Fuhrpark oder auch flüchtige Gase
2	indirekte Emissionen, die von der Organisation gesteuert werden können und welche bei der Erzeugung von Energie anfallen (z. B. Dampf, Wärme, Kälte, Strom)
3	alle sonstigen indirekten Emissionen, die von der Organisation nicht direkt gesteuert werden können und die aus den vor- und nachgelagerten Wertschöpfungsketten stammen

Während die Ermittlung der Scope-1- und -2-Emissionen den Organisationen weniger Probleme bereitet, sieht es bei Scope 3 schon etwas anders aus. Zur Quantifizierung der Emissionen in der vor- und nachgelagerten Wertschöpfungskette des Scope 3 müssen zahlreiche Daten generiert und analysiert werden. Dazu wird nach 15 Kategorien unterschieden. In der vorgelagerten Wertschöpfungskette sind es acht Kategorien, in der nachgelagerten Wertschöpfungskette sind es sieben Kategorien. Die Kategorien des Scope 3 und Beispiele für Scope 1 und 2 sind in Bild 7.2 dargestellt.

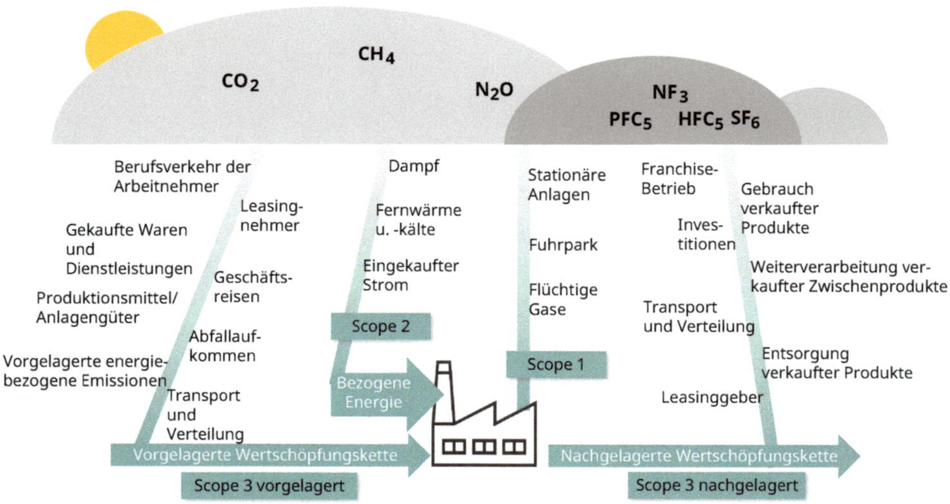

Bild 7.2 Einteilung der Emissionen nach Scope 1, 2 und 3 (in Anlehnung an GHG)

In Tabelle 7.3 und Tabelle 7.4 sind die 15 Kategorien der Scope-3-Emissionen, die aus Aktivitäten resultieren, die nicht direkt zum Unternehmen gehören, erläutert.

Tabelle 7.3 Acht Kategorien der Scope-3-Emissionen, vorgelagerte Wertschöpfung (GHG 2024)

Kategorie	Beschreibung	Erläuterung
3.1	Eingekaufte Waren und Dienstleistungen	Herstellung, Produktionsstoffe, Betriebsmittel, Dienstleistungen
3.2	Kapitalgüter	Technische Infrastruktur der Produktion, oder nicht im eigenen Besitz befindlichen Fahrzeugen etc.
3.3	Brennstoff- und energiebezogene Emissionen	In der Vorkette verbrauchte Emissionen der Primär- und Sekundärenergieträger sowie Übertragungsverluste
3.4	Transport und Verteilung (vorgelagert)	Transport und Verteilung von eingekauften Waren, die nicht dem eigenen Fuhrpark zugerechnet werden
3.5	Produzierter Abfall	Behandlung und Entsorgung von Abfall des Unternehmens
3.6	Geschäftsreisen	Geschäftsreisen der Mitarbeitenden
3.7	Pendeln der Arbeitnehmer	Pendeln der Mitarbeitenden (die noch nicht in Scope 1 und 2 erfasst sind)
3.8	Angemietete oder geleaste Sachanlagen	Betrieb von Gebäuden und Maschinen, die geleast sind

Tabelle 7.4 Sieben Kategorien der Scope-3-Emissionen, nachgelagerte Wertschöpfung (GHG 2024)

Kategorie	Beschreibung	Erläuterung
3.9	Transport und Verteilung (nachgelagert)	Transport und Verteilung von Produkten des Unternehmens zwischen Fabrik und Kunde
3.10	Verarbeitung der verkauften Güter	Weiterverarbeitung der Produkte durch andere Unternehmen
3.11	Nutzung der verkauften Güter	Nutzung der verkauften Produkte durch den Endkunden

Tabelle 7.4 Sieben Kategorien der Scope-3-Emissionen, nachgelagerte Wertschöpfung (GHG 2024) *(Fortsetzung)*

Kategorie	Beschreibung	Erläuterung
3.12	Umgang mit verkauften Gütern an deren Lebenszyklusende	Entsorgung und Behandlung der verkauften Produkte am Ende des Lebenszyklus
3.13	Angemietete oder geleaste Sachanlagen	Betrieb von Gebäuden oder Maschinen, die dem Unternehmen gehören, aber durch Fremdfirmen betrieben werden
3.14	Franchise	Betrieb von Geschäften als Franchisegeber (wenn nicht in Scope 1 oder 2 berücksichtigt)
3.15	Investitionen	Investitionen durch das eigene Unternehmen

7.4 Fünf Schritte zum ökologischen Fußabdruck

Die Organisationen benötigen im ersten Schritt Informationen über ihren CCF bzw. CO_2-Fußabdruck. Ist der CO_2-Fußabdruck bekannt, können gezielte Maßnahmen zur Reduktion von CO_2-Emissionen ergriffen werden. Diese Maßnahmen können überprüft werden, um ihre Wirksamkeit festzustellen und idealerweise die positive Entwicklung einer langfristigen Klimastrategie zu belegen.

Typischerweise erfolgt die Erstellung des ökologischen Fußabdrucks innerhalb Deiner Organisation im Rahmen eines Projekts. Das Projektumfeld wird von zahlreichen Faktoren beeinflusst. Hierzu gehören beispielsweise innerbetriebliche Faktoren wie wirtschaftliche, ökologische oder kulturelle Aspekte, aber auch äußere Faktoren wie z. B. gesellschaftliche und gesetzliche Aspekte.

> Sowohl die Aus- und Wechselwirkungen der Faktoren als auch die Interessen der internen und externen Stakeholder sind nicht zu unterschätzen und sollten vor Projektbeginn geklärt werden.

Häufig wird eine interne Projektleitung für die Durchführung ausgewählt. Ebenso holen sich Organisationen externe Unterstützung, um den Support von Expertenwissen zu nutzen. Unabhängig davon, ob mit internen Ressourcen oder externer Unterstützung: Die nachfolgenden fünf Schritte haben sich in der praktischen Umsetzung bewährt, um zielgerichtet den CO_2-Fußabdruck zu ermitteln. Zu jedem Schritt der CO_2-Bilanzierung findest Du Tipps aus der Praxis, die Dir bei der Umsetzung helfen.

7.4.1 Geschäftsführung einbinden

Für die Erstellung des CO_2-Fußabdrucks ist die Einbindung der Obersten Leitung essenziell wichtig. In der Regel ist das die Geschäftsführung bzw. Unternehmensleitung. Auch wenn dies noch so trivial klingt: Es ist einer der wichtigsten Schritte und eine hervorragende Gelegenheit, um elementare Projektfragen vorab zu klären.

> Ein eindeutiges Bekenntnis der Unternehmensführung zur Nachhaltigkeit und zur eigenen Klimastrategie schafft Akzeptanz und Bewusstsein innerhalb der Organisation.

Die Geschäftsführung fungiert in den meisten Fällen als Projektauftraggeber, stellt das notwendige Budget zur Verfügung und die benötigten personellen Ressourcen bereit. Ebenso unterstützt sie in kritischen Situationen, bietet sich im Eskalations- und Entscheidungsprozess für kurze Wege an und ist Teil des Lenkungskreises. Sie befindet sich im regelmäßigen Kontakt mit dem Projektleiter, verfasst den Projektauftrag und kommuniziert Erwartungen präzise und deutlich.

Ein weiterer Vorteil, den die frühzeitige Einbindung der Geschäftsführung hat: Bei der Priorisierung und Kontrolle von parallellaufenden Projekten sind schnelle Abstimmungen möglich. Die Geschäftsführung hilft bei der Priorisierung und stellt zudem die Projektausrichtung zur Erfüllung der strategischen Ziele sicher. Ideale Voraussetzungen sind geschafft, sofern das Projekt und das Projektziel intern kommuniziert und der Nutzen sowie die Verbindung zu den übergeordneten strategischen Zielen offen dargestellt wurden. So entwickelt sich Nachhaltigkeitsbewusstsein innerhalb der Organisation.

Die Datensammlung und -auswertung erfordern vielfach das Mitwirken zahlreicher Kolleginnen und Kollegen aus unterschiedlichen Bereichen. Du wirst schnell feststellen, es sind im Prinzip alle Unternehmensbereiche involviert. Je nach Größe der Organisation kann es teilweise sehr schwierig sein, ohne Unterstützung eines interdisziplinären Teams an die Daten heranzukommen. Je mehr Kolleginnen und Kollegen involviert sind, umso wichtiger ist eine professionelle Projektdurchführung.

Im Vorfeld sollten grundsätzliche Fragen geklärt sein, wie z. B.

- Warum wollen wir den CO_2-Fußabdruck ermitteln?
- Wie können wir das in einem angemessenen Nutzen-Aufwand-Verhältnis realisieren?
- Wer wird dafür benötigt und wer steht zur Verfügung?
- Bis wann sollen die Ergebnisse vorliegen?
- Wie, wann und wem werden die Zwischenergebnisse vorgestellt?
- Was sind die Kriterien und Messgrößen?
- Benötigen wir ggf. externe Unterstützung?

Praxistipp

Es empfiehlt sich, das Vorhaben, einen CO_2-Fußabdruck zu erstellen, rechtzeitig und umfassend intern zu kommunizieren. Idealerweise geht der Impuls von der obersten Leitung direkt aus. Alternativ, im Auftrag der obersten Leitung. Eine E-Mail, ein interner Newsletter oder ein Kick-off-Treffen von bzw. mit der obersten Leitung helfen sehr. Als Projektleiter und Verantwortlicher wirst Du feststellen, so wachsen Akzeptanz und Motivation bei den Kolleginnen und Kollegen, um Dich bei der CO_2-Bilanzierung zu unterstützen.

Ohne Unterstützung der obersten Leitung ist vieles wesentlich schwieriger und aufwendiger. Spätestens bei der Frage nach der ökonomischen Legitimation für das Projekt ist die oberste Leitung ohnehin involviert.

Beispiel: Company Green

Die Company Green GmbH ist ein imaginäres Unternehmen, das seinen CO_2-Fußabdruck ermitteln will. Anhand von fiktiven Unternehmensdaten und Personen wird veranschaulicht, wie die realen Herausforderungen im wirklichen Leben gelöst werden können.

Company Green ist ein deutsches Unternehmen mit drei Standorten. Das Headquarter befindet sich in Deutschland, in Nordrhein-Westfalen. Die anderen beiden Standorte befinden sich in Frankreich und in China. Die ca. 1600 Beschäftigten, ca. 1000 in Deutschland und jeweils ca. 300 Beschäftigte in Frankreich und in China, stellen Haushaltsgeräte her. In Deutschland und Frankreich sind viele energieintensive Maschinen und Anlagen im Einsatz, in China werden hauptsächlich Geräte montiert und der Einsatz von elektrischer Energie ist deutlich niedriger. In Deutschland bezieht die Company Green seit zwei Jahren zertifizierten regenerativen Strom vom örtlichen Stromanbieter.

Vor einigen Jahren hat die Organisation für alle Standorte das Integrierte Managementsystem nach ISO 9001, 14001 und 50001 zertifizieren lassen. Noah ist bei Company Green für das Integrierte Managementsystem verantwortlich. Mit Blick auf die aktuellen Entwicklungen und angesichts der Tatsache, dass die Bedeutung von Nachhaltigkeit für die Stakeholder immer wichtiger wird, sieht die Organisation Handlungsbedarf. Die Geschäftsführung von Company Green hat sich entschieden, Noah damit zu beauftragen, den CO_2-Fußabdruck für die Organisation zu bestimmen. Noah hat schließlich Zugriff auf die Qualitäts-, Umwelt- und Energiekennzahlen und berichtet diese in regelmäßigen Abständen.

Bevor das Projekt „CO_2-Fußabdruck Company Green" startet, werden einige grundsätzliche Fragen geklärt. Da die Ressourcen von Noah und seinen Kolleg:innen endlich sind und es sich um ein gänzlich neues Thema handelt, entschließt man sich, externe Unterstützung hinzuzuziehen. Ein Berater soll bei der ersten Ermittlung des CO_2-Fußabdrucks helfen. Hat man einmal alle notwendigen Daten ermittelt, dann ist es ein Leichtes, zukünftig darauf aufzusetzen, und man hat es gleich von Beginn an richtiggemacht, so die Erwartung. Für einen kleinen überschaubaren Betrag findet man schnell einen kompetenten Berater, den CO_2-Consultant.

Nachdem alle offenen Fragen geklärt sind und der Projektauftrag von der Geschäftsführung an Noah übermittelt wurde, werden alle Beschäftigten mittels einer kleinen Info via Intranet an allen drei Standorten über das Projekt informiert. Aus der Info gehen die Projektteamzusammensetzung, der Projektauftrag und der Hinweis auf die zukünftige Klimastrategie hervor.

Der Chief Executive Officer (CEO) ist Sponsor des Projekts. Er erscheint persönlich zum Projekt-Kick-Off und wünscht dem Projektteam viel Erfolg. Die Rahmenbedingungen sind geklärt und Noah kann mit der Projektdurchführung beginnen.

7.4.2 Systemgrenzen festlegen

Für die Ermittlung des Corporate Carbon Footprint ist es wichtig, die Systemgrenzen zu definieren. Gerade im Hinblick auf die zukünftigen Berichtsanforderungen sollten sich die Organisationen frühzeitig damit auseinandersetzen. Nicht nur, dass dies zum besseren Verständnis beiträgt. Es hilft, den Überblick zu behalten, je früher man sich damit auseinandersetzt, und es ist umso einfacher, wenn die Berichterstattung zur Pflicht wird.

Hinsichtlich der Systemgrenzen wird zwischen zeitlichen, operativen und organisatorischen Grenzen unterschieden.

Die Festlegung der zeitlichen Systemgrenze gibt an, für welches Jahr bzw. welchen Zeitraum die Daten erhoben werden. Werden die Emissionen für eine Emissionsquelle über mehrere Jahre hintereinander ermittelt, können auch Durchschnittswerte herangezogen werden. Wichtig ist dabei, das Referenzjahr festzulegen. Idealerweise ein Jahr, in dem keine signifikanten Störungen aufgetreten sind. Auf das Referenzjahr wird in den Folgejahren Bezug genommen, um Entwicklungen der CO_2-Emissionen über die Zeit darzustellen. Befindet sich ein Unternehmen in einer Wachstumsphase und strukturelle Veränderungen sind notwendig, dann ist es sinnvoll, ein neues Referenzjahr zu definieren.

Bei den operativen Systemgrenzen wird der Berichtsrahmen festgelegt. Soll heißen, welche der THG-Emissionen Scope 1, Scope 2 und Scope 3 (s. auch Tabelle 7.2, Tabelle 7.3 und Tabelle 7.4) werden ermittelt, in Abhängigkeit von den Unternehmensgrenzen.

Die organisatorischen Systemgrenzen stecken die zu berücksichtigenden Organisationseinheiten ab. Also auf welche Standorte, Unternehmensbereiche etc. bezieht sich die Bilanzierung? Für KMUs ist diese Frage häufig einfacher zu beantworten. Bei größeren Organisationen könnte es in Abhängigkeit von den Besitzanteilen und Rechtsformen etwas schwieriger sein. Zur Orientierung dienen die beiden nachfolgenden Konsolidierungsansätze nach GHG:

- *Eigenkapitalanteile-Ansatz (engl. equity share approach):*

  Die Organisation bilanziert die Treibhausgase gemäß dem Eigenkapitalanteil.

- *Kontroll-Ansatz (engl. control approach):*
  - Finanzielle Kontrolle: Die Organisation ermittelt die Treibhausgase der Organisationseinheiten, über die es die einhundertprozentige finanzielle Kontrolle hat. Beteiligungen werden nicht berücksichtigt.
  - Operative Kontrolle: Die Organisation ermittelt die Treibhausgase der Organisationseinheiten, über die es die einhundertprozentige operative Kontrolle hat. Beteiligungen werden nicht berücksichtigt.

Praxistipp

Sofern Deine Organisation der CSRD-Berichtspflicht noch nicht unterliegt und externe Stakeholder noch keine Daten abfragen, besteht die Möglichkeit zu einer iterativen Vorgehensweise. Ihr könnt Euch schrittweise dem Thema nähern.

Nutze im ersten Schritt vorhandene Zahlen, Daten, Fakten. Mit den weiteren Schritten nähert Ihr Euch den finalen operativen und organisatorischen Systemgrenzen und somit der vollständigen Berichterstellung.

Skalierbare Ansätze, wie in Tabelle 7.5 dargestellt, helfen bei der kontinuierlichen Erweiterung bis hin zur finalen Festlegung der Systemgrenzen.

Tabelle 7.5 Skalierbarer Ansatz zur Festlegung der finalen Systemgrenzen

Berichtsjahr	Standorte Organisationseinheiten	Emissionen
2024	Standort X (Produktion, R&D)	Scope 1 Scope 2 Scope 3, Kategorie 5, 6
2025	Standort X (Produktion, R&D) Geschäftsbereich A	Scope 1 Scope 2 Scope 3, Kategorie 1, 5, 6, 9, 11
2026	Alle Standorte Alle Geschäftsbereiche	Scope 1 Scope 2 Scope 3, alle relevanten Kriterien
2027	...	...

Beispiel: Company Green

Noah und das Projektteam ermitteln zu Beginn die zeitlichen, operativen und organisatorischen Systemgrenzen.

Die zeitliche Systemgrenze wird mit dem Kalenderjahr 2023 festgelegt. Hintergrund: Für 2023 liegen zahlreiche Daten vor und das Geschäftsjahr ist ohne nennenswerte organisatorische Veränderungen und externe Störungen (z. B. Pandemie) verlaufen.

Die Scope-1-, -2- und -3-Emissionen bestimmen die operativen Grenzen. Schon in den Jahren zuvor hat Noah die Scope-1- und -2-Emissionen als Umwelt- und Energiemanagementbeauftragter ermittelt. Dafür stehen Primärdaten zur Verfügung und er kann schnell darauf zugreifen. Mit den Scope-3-Emissionen ist es nicht ganz so einfach. Dafür benötigt er teilweise Sekundärdaten. Aber, Noah und das Team sind motiviert und sie wissen, für den vollständigen CO_2-Fußabdruck sind die Scope-3-THG unerlässlich.

Hinsichtlich der organisatorischen Systemgrenzen wird entschieden, alle drei Standorte für den CO_2-Fußabdruck zu berücksichtigen. Hierzu zählen in erster Linie die Kernprozesse der Entwicklungs- und Produktionsbereiche, inkl. zahlreicher Unterstützungsprozesse. In Abstimmung mit der Geschäftsführung entscheidet sich das Projektteam, die Vertriebseinheit zunächst nicht zu berücksichtigen. Diese Priorisierung war notwendig, da noch nicht alle notwendigen organisatorischen Bedingungen erfüllt waren, um die komplette Organisation inkl. des Vertriebs einzubeziehen.

7.4.3 Daten und Informationen aufbereiten

Eine strukturierte Aufbereitung der Daten und Informationen ist eine wichtige Vorarbeit, welche sich auch für die späteren Bilanzierungen auszahlt. Neben der Datenauswahl ist ebenso die Datenqualität ein entscheidender Faktor. Es ist eine erhebliche Erleichterung, wenn die Datenquellen und die Bezugsgrößen definiert und nachvollziehbar sind.

Die Daten sollten glaubwürdig sein. Wichtig: Eine erfolgreiche Klimastrategie setzt eine hohe Datenqualität und Transparenz voraus.

Für Scope-1- und Scope-2-THG stehen in aller Regel Primärdaten bereit. Liegen keine Messdaten vor, müssen die Emissionsdaten berechnet werden. Das ist durch Umrechnungen sowie Abschätzungen und Annahmen möglich und auch legitim.

Weitere relevante Informationen umfassen, wer die Verantwortung für die Daten trägt und auf welche Weise die Daten bereitgestellt werden. Tabelle 7.6 zeigt exemplarisch für Scope 1 und Scope 2, wie benötigte Daten und Informationen tabellarisch zusammengestellt werden können.

Tabelle 7.6 Tabellarische Zusammenfassung relevanter Informationen (Beispiel)

Scope	Emissionskategorie	Einheit (Beschreibung)	Datenquelle	Verantwortlich
1	Kraftstoffverbräuche (Diesel und Benzin)	l Je Fahrzeug und Kraftstoffart	Tankkartenabrechnung Dienstleister	Fuhrparkleitung
	Erdgas	kWh	Rechnung EVU	Facility Management
	Kältemittel Nachfüllmengen	l pro Jahr Leckagen, Klimaanlage, Kühlaggregate	Gebäudetechnik	Facility Management
2	Stromverbrauch	kWh	Rechnung EVU	Facility Management
	Fernwärme	kWh	Rechnung EVU	Facility Management

Für Scope 3 müssen die Emissionen häufig mithilfe von Sekundärdaten abgeschätzt werden, da keine Verbrauchsdaten vorliegen.

Der GHG-Berechnungsleitfaden [GHG 2023] empfiehlt zunächst ein Screening für die Scope-3-Kategorien. Ziel des Screenings ist, herauszufinden, welche der Scope-3-Kategorien die größten THG-Emissionen verursacht, wo bieten sich die größten Möglichkeiten zur Reduzierung der Emissionen und welche sind relevant für die Geschäftsziele des Unternehmens. Darauf aufbauend werden die Berechnungsalgorithmen festgelegt.

In Tabelle 7.7 sind Kriterien zur Identifikation relevanter Scope-3-Kategorien nach dem GHG-Leitfaden zusammengestellt und kurz erläutert.

Tabelle 7.7 Kriterien zur Identifikation relevanter Scope-3-Kategorien nach GHG-Leitfaden

Kriterium	Beschreibung
Größe	Sie tragen erheblich zu den erwarteten Gesamtemissionen des Unternehmens im Scope 3 bei.
Einfluss	Es gibt eine Möglichkeit zur Reduktion von Emissionen, durch das Unternehmen oder dessen Einflussnahme.
Risiko	Die Emissionen besitzen ein Risikopotenzial (z. B. klimawandelbedingte Risiken, finanzielle, regulatorische, Lieferketten-, Produkt- und Technologierisiken sowie Compliance-/Rechtsstreitigkeiten und Reputationsrisiken).

Kriterium	Beschreibung
Stakeholder	Sie werden von wichtigen Stakeholdern als kritisch angesehen (z. B. Kunden, Lieferanten, Investoren oder Zivilgesellschaft).
Outsourcing	Ausgelagerte Tätigkeiten, die zuvor intern durchgeführt wurden, oder Tätigkeiten, die ausgelagert wurden und normalerweise im Unternehmen oder von anderen der Branche des berichtenden Unternehmens intern durchgeführt werden.
Sektoranleitung	Sie wurden durch sektorspezifische Leitlinien als bedeutend identifiziert.
Ausgaben- oder Umsatzanalyse	Es handelt sich um Bereiche, die ein hohes Ausgabenniveau erfordern oder hohe Einnahmen generieren (und manchmal mit hohen Treibhausgasemissionen korrelieren).
Sonstige	Sie erfüllen alle zusätzlichen Kriterien, die vom Unternehmen oder der Branche entwickelt wurden.

Bild 7.3 erläutert die im GHG aufgeführten fünf Grundprinzipien, welche bei der Identifizierung und Berechnung der Emissionen helfen. Diese Prinzipien lehnen sich an die allgemein anerkannten Grundsätze der finanziellen Rechnungslegung (Generally Accepted Accounting Principles GAAP, zu Deutsch: Allgemein akzeptierte Buchhaltungsregeln) an.

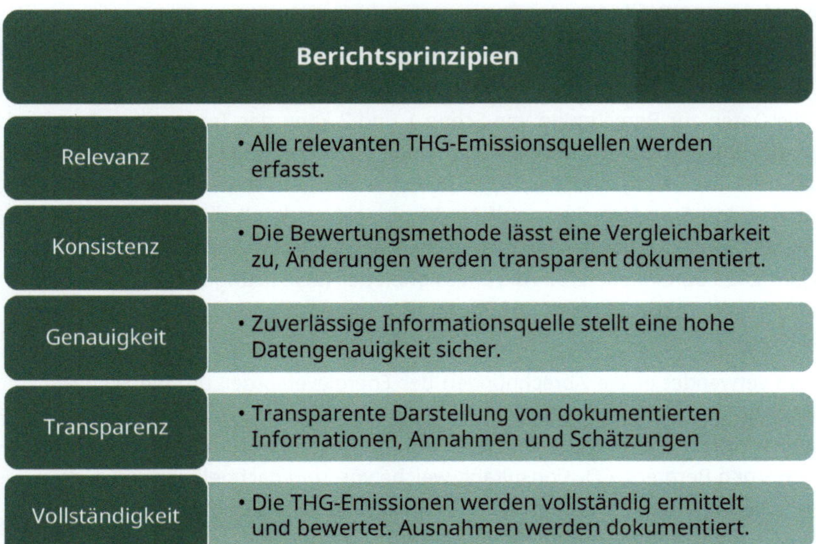

Bild 7.3 GHG-Berichtsprinzipien (in Anlehnung an GHG 2024)

Praxistipp

Folgende Hinweise helfen, um den Aufwand und die Komplexität der Daten- und Informationsaufbereitung überschaubar zu gestalten. Besonders hilfreich sind die Hinweise, wenn wir zum ersten Mal den CO_2-Fußabdruck ermitteln müssen:

- „Low Hanging Fruits" nutzen und damit anfangen. Managementsysteme nach ISO 9001, 14001, 50001 etc. liefern viele Daten in hoher Datenqualität. Ebenso können uns die Bereiche Controlling, Einkauf, Gebäudemanagement, Fuhrparkmanagement, HR, Entwicklung und Produktion, Logistik etc. mit vielen Daten unterstützen.
- Je größer der Einfluss der Emissionen, desto höher die Ansprüche an die Datenqualität oder andersrum, je kleiner der Einfluss der Emissionen, desto geringer die Ansprüche.
- Liegen keine Daten vor, können Überschlagsfaktoren eine erste Annährung liefern. Zur Rekonstruktion ist es wichtig, den Näherungsweg zu dokumentieren und zu archivieren.
- Die Verbesserung der Datenqualität für Scope-3-Emissionen ist ein jahrelanger Prozess. In der Praxis werden aus Rechnungen, Liefermengen, Transportwegen, Büroflächen, Grundstücksflächen, etc. Daten ermittelt und mit Emissionsfaktoren umgerechnet. Rechnen wir mit Durchschnittswerten, sind Verbesserungen häufig schwer darzustellen.
- Über Extrapolationen können von Stichproben ausgehend Hochrechnungen erfolgen. Ebenso kann dieser Ansatz helfen, um Erkenntnisse auf andere Standorte zu übertragen.

Beispiel: Company Green

Das Projektteam muss sich nun mit der Frage auseinandersetzen, welche Daten benötigt werden und wie diese Daten beschafft werden können.

Auf die Daten zur Berechnung von Scope 1 und 2 kann das Team sehr schnell zugreifen. Die direkten Emissionen, also Scope 1, bei Company Green entstehen durch die Gasheizung und durch die Dienstfahrzeuge. Das Fuhrparkmanagement der drei Standorte kann auf Nachfrage sehr schnell die Daten für die Dienstfahrzeuge, Kraftstoffverbrauch in Liter je Kraftstoffart (Benzin/Diesel), für das Jahr 2023 bereitstellen. Um die Emissionen der Gasheizungen für die Standorte zu ermitteln, greift Noah auf die Abrechnungen der Energieversorger zurück.

Ebenso verwendet er die Abrechnungen der Energieversorger, um die Scope-2-Emissionen durch den Stromverbrauch für die drei Standorte zu ermitteln. Spannender wird es bei den Scope-3-Kategorien. Das Team berät mit Unterstützung des externen Beraters, CO_2-Consultant, welche vor- und nachgelagerten Emissionen für Company Green relevant sind. Hierzu orientiert sich das Team an den GHG-Berichtsprinzipien (Relevanz, Konsistenz, Genauigkeit, Transparenz, Vollständigkeit). In Tabelle 7.8 (vorgelagerte Emissionen) und Tabelle 7.9 (nachgelagerte Emissionen) ist das Ergebnis zu sehen, welche der Scope-3-Kategorien Company Green identifiziert hat.

Tabelle 7.8 Vorgelagerte Emissionen

Nr.	Kategorien	Beschreibung	Beispiel	Bewertung
3.1	Eingekaufte Waren und Dienstleistungen	Herstellung, Verarbeitung und Transport von Waren und Dienstleistungen	Produktionsstoffe, Betriebsmittel, Dienstleistungen	relevant
3.2	Kapitalgüter	Herstellung, Verarbeitung und Transport von Kapitalgütern	Technische Infrastruktur der Produktion oder nicht im eigenen Besitz befindlichen Fahrzeugen etc.	nicht relevant
3.3	Brennstoff- und energiebezogene Emissionen	Herstellung bzw. Gewinnung, Verarbeitung und Transport von Energieträgern (falls nicht in Scope 1 und 2 berücksichtigt)	In der Vorkette verbrauchte Emissionen der Primär- und Sekundärenergieträger sowie Übertragungsverluste	relevant
3.4	Transport und Verteilung (vorgelagert)	Transport und Verteilung von eingekauften Waren, die nicht dem eigenen Fuhrpark zugerechnet werden	z. B. zwischen den Werken sowie von Zulieferern	relevant
3.5	Produzierter Abfall	Behandlung und Entsorgung von Abfall des Unternehmens	Produktions- und Betriebsabfälle mit entsprechender Art der Entsorgung;	relevant
3.6	Geschäftsreisen	Geschäftsreisen der Mitarbeiter	Flug, Taxi, Bahn, Mietwagen, ÖPNV, Übernachtungen	relevant
3.7	Pendeln der Arbeitnehmer	Pendeln der Mitarbeiter (die noch nicht in Scope 1 und 2 erfasst sind)	Pkw, ÖPNV etc.	relevant
3.8	Angemietete oder geleaste Sachanlagen	Betrieb von Gebäuden und Maschinen, die geleast sind	Direkte und indirekte Energieverbräuche von geleasten Gebäuden und Maschinen	nicht relevant

Tabelle 7.9 Nachgelagerte Emissionen

Nr.	Kategorien	Beschreibung	Beispiel	Bewertung
3.9	Transport und Verteilung (nachgelagert)	Transport und Verteilung von Produkten des Unternehmens zwischen Fabrik und Kunde	Transportwege zwischen Werksgelände und Kunden	nicht relevant
3.10	Verarbeitung der verkauften Güter	Weiterverarbeitung der Produkte durch andere Unternehmen	Wenn Produkte weiterverarbeitet werden	nicht relevant
3.11	Nutzung der verkauften Güter	Nutzung der verkauften Produkte durch den Endkunden	Produkt setzt CO_2-Emissionen in der Benutzung frei	relevant
3.12	Umgang mit verkaufen Gütern an deren Lebenszyklusende	Entsorgung und Behandlung der verkauften Produkte am Ende des Lebenszyklus	Entsorgung oder Wiederverwendung	nicht relevant
3.13	Angemietete oder geleaste Sachanlagen	Betrieb von Gebäuden oder Maschinen, die dem Unternehmen gehören, aber durch Fremdfirmen betrieben werden	z. B. verleaste Bürogebäude oder Produktionsanlagen	nicht relevant
3.14	Franchise	Betrieb von Geschäften als Franchisegeber (wenn nicht in Scope 1 oder 2 berücksichtigt)		nicht relevant
3.15	Investitionen	Investitionen durch das eigene Unternehmen	Emissionen aus Beteiligungen an anderen Firmen oder Projekten	nicht relevant

7.4.4 Berechnungsmethode definieren

Zur Durchführung der CO_2-Bilanzierung muss zuvor die Berechnungsmethode definiert werden. Die Standards, GHG und ISO 14064, sind anerkannte Rahmenwerke zur Ermittlung der THG und der Erstellung des CO_2-Fußabdrucks von Organisationen. Die Wahl zwischen ihnen hängt von verschiedenen Faktoren ab, einschließlich der unternehmensspezifischen Anforderungen, der Branche und der Präferenz der Stakeholder.

> Das Bundesamt für Wirtschaft und Ausfuhrkontrollen (BAFA) akzeptiert GHG und ISO 14064.

Nachfolgende Überlegungen können bei der Auswahl helfen.

Einige Unternehmen bevorzugen möglicherweise den GHG-Standard, da er spezifische Branchenrichtlinien (CSRD, ESRS) und bewährte Verfahren berücksichtigt und frei verfügbar ist. Andere Unternehmen könnten sich für ISO 14064 entscheiden, die sich stärker an technischen Normen orientiert und über die reine CO_2-Bilanzierung hinausgeht. Ein weiterer sehr verbreiteter Standard ist PAS 2060 (Publicly Available Specification). Der Standard ist öffentlich zugänglich und legt die Anforderungen und Leitlinien fest, die Organisationen erfüllen müssen, um ihre Treibhausgasemissionen zu messen, zu reduzieren und auszugleichen sowie die Bemühungen zur Verringerung ihres Klimaeinflusses zu demonstrieren und ihre Klimaneutralität transparent zu machen.

Alle drei Standards sind international anerkannt. Es lohnt sich, die Standards zu prüfen, die in Deiner Branche oder in Deinem geografischen Umfeld am weitesten verbreitet sind.

Tabelle 7.10 stellt die wesentlichen Unterscheidungsmerkmale der drei Standards dar.

Tabelle 7.10 Unterschiede zwischen GHG-Protokoll, ISO 14064 und PAS 2060

GHG-Protokoll	ISO 14064	PAS 2060
NGOs veröffentlichten 2001 die erste Version Standards.	2006 erschien die erste Fassung der ISO 14064, basierend auf dem GHG.	PAS 2060 wurde von der British Standards Institution (BSI) entwickelt und 2010 veröffentlicht.
Das GHG-Protokoll ist ein global anerkannter Rahmen für die Erfassung und Berichterstattung von Treibhausgasemissionen. Es bietet einen Leitfaden zur Erfassung und Berichterstattung von Emissionen in Unternehmen, Organisationen und Regierungen.	ISO 14064 ist eine Reihe von internationalen Normen, die sich mit der Quantifizierung, Überprüfung und Berichterstattung von Treibhausgasemissionen befassen.	Es legt die Anforderungen für die Erreichung und Überprüfung von Treibhausgasneutralität fest.

Tabelle 7.10 Unterschiede zwischen GHG-Protokoll, ISO 14064 und PAS 2060 *(Fortsetzung)*

GHG-Protokoll	ISO 14064	PAS 2060
Das GHG-Protokoll ist flexibler und kann auf verschiedene Organisationen und Sektoren angewendet werden.	Es besteht aus drei Teilen: ISO 14064-1 (Spezifikationen und Leitlinien für die Quantifizierung und Berichterstattung von Treibhausgasemissionen und -entfernungen), ISO 14064-2 (für die Überprüfung) und ISO 14064-3 (für die Validierung und Überprüfung von Verifizierungs- oder Validierungsorganisationen).	Es umfasst die Messung, Reduzierung und Kompensation von Treibhausgasemissionen, um ein klimaneutrales Ergebnis zu erreichen.
Es enthält Richtlinien zur Bestimmung von Emissionsquellen, -umfang und -intensität sowie zur Entwicklung von Emissionsinventaren.	ISO 14064 ist darauf ausgerichtet, eine standardisierte Herangehensweise an die Erfassung, Berichterstattung und Überprüfung von Treibhausgasemissionen zu fördern und die Vergleichbarkeit zwischen Organisationen zu verbessern.	PAS 2060 ist spezifisch auf die Erreichung von Klimaneutralität ausgerichtet und legt einen Schwerpunkt auf die Kompensation von verbleibenden Emissionen.

Viele Organisationen ziehen GHG und ISO 14064 hinsichtlich der Berichterstattung vor. Die CSRD-Berichtspflicht fordert die Konformität mit dem GHG ein. Aus diesem Grund wählen zahlreiche Organisationen das GHG. Die wesentlichen Dokumente der beiden Standards sind im Bild 7.4 dargestellt.

Um die CO_2-Emissionen zu berechnen, werden Emissionsfaktoren benötigt. Inzwischen stehen dafür zahlreiche Datenbanken zur Verfügung. In Tabelle 7.11 sind einige frei zugängliche und kostenlose Datenbanken aufgeführt. Darüber hinaus gibt es auch zahlreiche kostenpflichtige Lösungen.

Liegen die notwendigen Emissionsfaktoren vor, ist die Berechnung keine große Herausforderung, wie das Beispiel im Kasten „Berechnung CO_2-Emissionen“ zeigt. Die Aktivitätsdaten oder Verbrauchsdaten werden mit dem zugehörigen Emissionsfaktor multipliziert und es ergibt sich die Emissionslast in kg CO_2e.

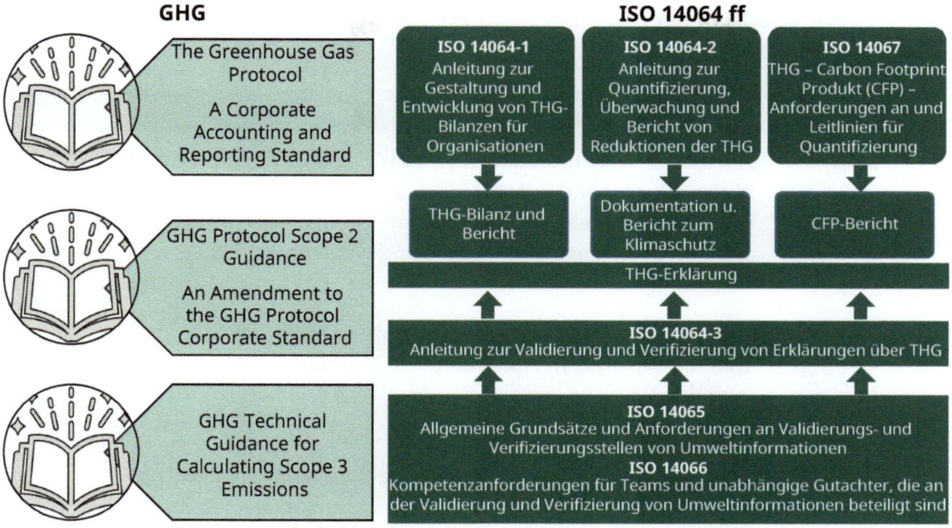

Bild 7.4 Wesentliche Dokumente zum GHG und zur ISO 14064

Beispiel: Berechnung CO_2-Emissionen

Aktivitätsdaten	×	Emissionsfaktor	= CO_2e Emissionen
Stromverbrauch	×	CO_2e Emissionsfaktor	= CO_2e Emissionen [kg pro Jahr]
1 000 000 kWh pro Jahr	×	0,498 Kg CO_2e/kWh	= 498 000 kg CO_2e pro Jahr

(Hier wurde der Emissionsfaktor gemäß UBA für das Jahr 2022 angesetzt.)

Tabelle 7.11 Übersicht über kostenlose Datenbanken für Emissionsfaktoren

Datenbank	Beschreibung	Link
Defra	Emissionsumrechnungsfaktoren, die von britischen und internationalen Organisationen verwendet werden	*Treibhausgasberichterstattung: Umrechnungsfaktoren 2021 – GOV. UK (www.gov.uk)*
Ecocockpit	Kostenfreie Lösung zur Ermittlung des CO_2-Fußabdrucks	ecocockpit – CO_2-Bilanzierung für Unternehmen *https://ecocockpit.de*
ecoinvent	Wissenschaftsdatenbank mit vielen Datensätzen	*https://ecoinvent.org/database/*

Tabelle 7.11 Übersicht über kostenlose Datenbanken für Emissionsfaktoren *(Fortsetzung)*

Datenbank	Beschreibung	Link
ELCD Database	Lebenszyklusinventardaten (LCI) von Wirtschaftsverbänden auf EU-Ebene und anderen Quellen für Schlüsselmaterialien, Energieträger, Verkehr und Abfallwirtschaft	openLCA Nexus: Die Quelle für LCA-Datensätze *https://nexus.openlca.org/database/ELCD*
GEMIS	Computermodell zur Lebensweg- und Stoffstromanalyse mit integrierter Datenbank für Energie-, Stoff- und Verkehrssysteme	GEMIS – IINAS *https://iinas.org/arbeit/gemis*
GHG	Diverse Listen von Emissionsfaktoren	*https://ghgprotocol.org/calculation-tools-and-guidance*
IEA	Internationale Energieagentur, Indikatoren in Bezug auf Emissionen aus der Strom- und Wärmeerzeugung	*https://www.iea.org/data-and-statistics/data-product/emissions-factors-2023*
IZU	EXCEL-Template zu Berechnung der Scope-1-und Scope-2-Emissionen (Emissionsfaktoren sind hinterlegt)	*https://umweltpakt.bayern.de/download/xls/co2_rechner_01_24.xlsx*
IPCC	Umfangreiche Emissionsfaktoren des Intergovernmental Panel on Climate Change (IPCC)	*https://www.ipcc-nggip.iges.or.jp/EFDB/main.php*
Porbas	Datenbank des Umweltbundesamts, Überblick über zahlreiche Emissionsfaktoren	*https://www.probas.umweltbundesamt.de/*
UBA	Sehr viele und umfangreiche Informationen und Publikationen zu Emissionsfaktoren	Publikationen | Umweltbundes amt *https://www.umweltbundesamt.de/publikationen*
BAFA	Infoblatt zu den CO_2-Faktoren der Bundesförderung für Energie- und Ressourceneffizienz in der Wirtschaft – Zuschuss	BAFA – Energie – Informationsblatt CO_2-Faktoren *https://www.bafa.de/SharedDocs/Downloads/DE/Energie/eew_infoblatt_co2_faktoren_2022.html*

Im GHG stehen je nach Verwendungszweck unterschiedliche Richtlinien zur Auswahl. Die Standards sollen die Anwender bei der Bilanzierung unterstützen und dazu beitragen, dass eine bessere Vergleichbarkeit der CO_2-Bilanzen gegeben ist. In Tabelle 7.12 sind die sieben unterschiedlichen Standards nach GHG kurz erläutert.

Tabelle 7.12 Sieben unterschiedliche GHG-Standards

Standard	Erläuterung
Unternehmensstandard	Enthält Anforderungen und Leitlinien für Unternehmen und Organisationen (z. B. NGOs, Regierungsbehörden, Universitäten)
Erweiterter Unternehmensstandard Scope 3	Standard, um die Auswirkungen über die gesamte Wertschöpfungskette (Scope 3 THG-Emissionen) zu ermitteln
Produkt Standard	Standard, um die Produktlebenszyklusemissionen zu verstehen
Städte Standard	Rechnungslegungs- und Berichtsstandard für Städte, zur Identifizierung der Emissionsquellen und Messung der Emissionen
Standard für Minderungsziele	Leitlinie für die Gestaltung nationaler und subnationaler Minderungsziele und die Bewertung und Berichterstattung über die Fortschritte bei der Zielerreichung
Richtlinien u. Handlungsstandard	Bietet einen Ansatz zur Abschätzung der THG-Auswirkungen von Politik und Maßnahmen
Projektprotokoll	Enthält spezifische Prinzipien, Konzepte und Methoden zur Quantifizierung und Berichterstattung von THG-Reduktionen

Die Datensammlung für Scope 3 ist mit einem höheren Aufwand verbunden. Ebenso ist die Berechnung der Scope-3-Emissionen teilweise sehr aufwendig. Beispiele zur Datenerhebung und Berechnung der Scope-3-Emissionen sind im (GHG 2023) zu finden. Weitere Praxisempfehlungen zur Datenerhebung und Berechnung hat das Global Compact Netzwerk Deutschland [UN Global Compact 2019] zusammengestellt.

Beispiel: Company Green

Company Green muss sich nun für eine Berechnungsmethode entscheiden.

PAS 2060 ist nicht so bekannt in der Branche. Die ISO 14064 ist bekannt und dient zur quantitativen Bestimmung und Berichterstattung von Treibhausgasemissionen. Das GHG ist am weitesten verbreitet und kostenlos im Internet verfügbar und es stehen anschauliche und praxisnahe Beispiele für verschiedene Organisationen zur Verfügung. Das Team entscheidet sich für das GHG.

Jetzt heißt es mit den Daten rechnen. Bei Rückfragen kann sich das Team an den externen Berater wenden.

Für Scope 1 und 2 liegen die Aktivitätsdaten vor. Diese können leicht mit den zugehörigen Emissionsfaktoren multipliziert werden. Für die Emissionsfaktoren greift Noah auf unterschiedliche Datenbanken zu. Den Emissionsfaktor für die elektrische Energie Strommix China entnimmt er der GHG-Datenbank. In Statista (2024) findet er die Angaben zum Strommix Frankreich (0,065 kg CO_2e/kWh Strom). Die Ecocockpit-Datenbank greift für die Scope-2-Emissionsfaktoren auf die Datenbank Gemis 5.1 zu. Nach einer kostenlosen Registrierung in Ecocockpit sind schnell Scope-2-Emissionen berechnet. Für den Standort in Deutschland sind die Scope-2-Emissionen gleich null, da zertifizierter Grünstrom, Strom aus regenerativen Energiequellen, von örtlichen Energieversorgen bezogen wird. In Tabelle 7.13 sind die spezifischen Emissionsfaktoren und in Tabelle 7.14 die Scope-1- und Scope-2-Emissionen für die drei Standorte zusammengetragen.

Tabelle 7.13 Spezifische Emissionsfaktoren (unterschiedliche Quellen)

Standort	Gas [kg CO_2e/kWh]	Benzin [kg CO_2e/l]	Diesel [kg CO_2e/l]	Elekt. Energie [kg CO_2e/kWh]
Deutschland	0,201	2,879	3,102	0
China	–	2,879	–	0,570
Frankreich	0,201	2,879	3,102	0,065

Tabelle 7.14 Übersicht Scope-1- und -2-Emission für die drei Standorte

	Scope 1						Scope 2	
Standort	Gasverbrauch		Benzin		Diesel		Elekt. Energie	
	[kWh]	[kg CO_2e]	[l]	[kg CO_2e]	[l]	[kg CO_2e]	[kWh]	[kg CO_2e]
Deutschland	7000	1407	24 000	69 096	29 000	89 958	15 000 000	0
China	–	–	23 000	66 217	–	–	1	570 000
Frankreich	1000	201	3000	8637	3500	10 857	10 000 000	650 000

In Tabelle 7.15 sind die Emissionen (Scope 1 und 2 addiert) für die drei Standorte aufgeführt. Noah erhält über alle drei Standorte addiert einen Wert von 1 466 373 kg CO_2e für Company Green.

Tabelle 7.15 Summe der Scope-1- und -2-Emission für die drei Standorte

Standorte	Emissionen [kg CO_2e]
Deutschland	160 461
China	636 217
Frankreich	669 695
Summe alle Standorte	1 466 373

Die Berechnung der Scope-3-Emissionen ist wesentlich umfangreicher. Noah und seine Kollegen wissen die externe Unterstützung durch den Berater sehr zu schätzen. Bei Fragen sind sehr schnell hilfreiche Antworten gefunden und es treten dadurch keine signifikanten Verzögerungen auf. In Tabelle 7.16 sind beispielhaft CO_2-Emissionswerte für die sieben relevanten Kategorien angegeben.

Tabelle 7.16 Vorgelagerte (3.1 bis 3.7) und nachgelagerte (3.11) Scope-3-Emissionen je Kategorie

Nr.	Kategorie	Beschreibung	Bewertung	kg CO_2e
3.1	Eingekaufte Waren und Dienstleistungen	Herstellung, Verarbeitung und Transport von Waren und Dienstleistungen	Relevant	90 000 000
3.3	Brennstoff- und energiebezogene Emissionen	Herstellung bzw. Gewinnung, Verarbeitung und Transport von Energieträgern (falls nicht in Scope 1 und 2 berücksichtigt)	relevant	300 000
3.4	Transport und Verteilung (vorgelagert)	Transport und Verteilung von eingekauften Waren, die nicht dem eigenen Fuhrpark zugerechnet werden	relevant	7 533 627
3.5	Produzierter Abfall	Behandlung und Entsorgung von Abfall des Unternehmens	relevant	100 000
3.6	Geschäftsreisen	Geschäftsreisen der Mitarbeitenden	relevant	50 000
3.7	Pendeln der Arbeitnehmer	Pendeln der Mitarbeiter (die noch nicht in Scope 1 und 2 erfasst sind)	relevant	550 000
3.11	Nutzung der verkauften Güter	Nutzung der verkauften Produkte durch den Endkunden	relevant	50 000 000

Allein für die Scope-3-Kategorie 1 Emissionen, die aus Aktivitäten resultieren, die nicht direkt zum Unternehmen gehören, muss der Einkauf von Company Green ca. 3000 Bestellvorgänge aus 2023 berücksichtigen. Dazu werden die eingekauften Waren in 40 Materialkategorien eingeteilt. Für jede Materialkategorie existiert ein spezifischer „Cradle to Gate" (zu Deutsch: Wiege bis Werkstor und bedeutet von der Rohstoffgewinnung bis zum Verlassen der Werkstore) Emissionsfaktor. Die eingekauften Mengen werden durch Multiplikation mit dem Cradle-to-Gate-Emissionsfaktor (t CO_2e/t Produkt) in Emissionen umgerechnet. Die spezifischen Emissionsfaktoren für die 40 Materialien entnimmt der Einkauf der Defra-Datenbank.

Für die Brennstoff- und energiebezogenen Emissionen, Kategorie 3.3, wird für Scope 1 und 2 der Ansatz Tank-to-Wheel (zu Deutsch: Kraftstofftank bis Rad) und für Scope 3 der Ansatz Well-to-Tank (zu Deutsch: Bohrloch bis Tank) verwendet. Außerdem werden die Leitungsverluste für Strom und die Erzeugungsfaktoren der erneuerbaren Energien berücksichtigt. Für den Wasserverbrauch fließen die spez. Emissionsfaktoren für die Erzeugung und Entsorgung ein.

Um die CO_2-Emissionen für den Transport und das Teilehandling zu ermitteln, muss der Einkauf die zurückgelegten Entfernungen pro Anlieferung und nach dem Transportmittel unterscheiden. Für alle drei Standorte erfolgt die Anlieferung entweder mittels Lkw oder Schiff. Durch Multiplikation der eingekauften Mengen in Tonnage mit den gefahrenen Kilometern und den Emissionsfaktoren Lkw oder Schiff ergeben sich die CO_2-Emissionen für die Kategorie 3.4. Um den Aufwand überschaubar zu gestalten, hat der Einkauf die einzelnen Transportbewegungen in Entfernungsradien eingeteilt und somit sinnvolle Kilometerabstufungen für die drei Standorte festgelegt. In Summe wertet der Einkauf ca. 800 000 Transportkilometer für 2023 aus.

Damit nicht genug.

Noah hat als Umweltmanagementbeauftragter jedes Jahr eine Übersicht über die verschiedenen Abfallfraktionen erstellt. Für Company Green sind das immerhin mehr als 30 verschiedene. Die einzelnen Fraktionen werden in Tonnagen aufgelistet und mit den jeweiligen Verwertungsvarianten pro Stoff multipliziert. In China und Frankreich erfolgt die Unterscheidung nach Müllverbrennungsanlage oder Recycling. Für den Standort in Deutschland liegt eine detaillierte Auflistung vor, wie die mehr als 30 Abfallfraktionen entsorgt wurden.

Die Emissionen der Geschäftsreisen lassen sich schnell und einfach ermitteln. Der Dienstleister für die Geschäftsreisen stellt alle benötigten Daten für Noah bereit. Unterschieden wird zwischen Kurz-, Mittel- und Langstreckenflügen, Zugreisen und Mietwagenkilometern. Die gereisten Kilometer werden mit den spezifischen Emissionsfaktoren multipliziert.

Um die CO_2-Emissionen durch das Pendeln der Beschäftigten zu ermitteln, kann Company Green auf eine Mobilitätsstudie zurückgreifen, welche vor zwei Jahren für den Standort in Deutschland durchgeführt wurde. Basierend auf diesen Daten ist es für Noah möglich, Zahlen für die Standorte in Frankreich und in China abzuschätzen.

Es müssen noch die Emissionen für Kategorie 3.11 in der nachgelagerten Wertschöpfungskette errechnet werden. Hierbei geht es um den durchschnittlichen Energieverbrauch aller verkauften Produkte pro Jahr. Die Verbrauchswerte werden mit der Lebensdauer und dem Emissionsfaktor für Strom multipliziert. Aufgrund der Tatsache, dass die meisten verkauften Produkte in Europa genutzt werden, wird zur Berechnung der CO_2-Emissionen der EU-Strommix für 2023 verwendet. Um die betrachteten Produkte zu vergleichen, wird eine Lebensdauer von zehn Jahren für alle Produkte angenommen. Bei Akkugeräten wird ein Verlust von 2 % hinzugerechnet.

Damit liegen die Emissionswerte für Scope 1, 2 und 3 vor.

7.4.5 CO_2-Fußabdruck ermitteln

Sind für alle Aktivitäten die CO_2-Emissionen nach Scope 1, 2 und 3 ermittelt, lässt sich durch Aufsummieren der Aktivitäten der CO_2-Fußabdruck für die Organisation berechnen.

Je nach Größe der Organisation und Anzahl der Emittenten kann eine Softwarelösung bei der Erstellung einer CO_2-Bilanz unterstützen. Es sind mittlerweile viele Softwaretools auf dem Markt verfügbar, einige davon kostenlos (Bild 7.5). [Plant Values 2022] hat neun verschiedene CO_2-Rechner nach acht Kriterien miteinander verglichen. Einige Softwarelösungen berechnen GHG-konform die Emissionen und den Fußabdruck. Ebenso ist es möglich, die Aufteilung nach den drei Scopes darzustellen.

	EcoCockpit	KlimAktiv	Plan A	Climate Partner	Climate Hero	myclimate	Wilderness International	Climate Neutral Group	Schools for Earth Greenpeace
Kosten	kostenlos	Testversion kostenlos	Testversion kostenlos	nur auf Anfrage	kostenlos	Testversion kostenlos	kostenlos	kostenlos	kostenlos
GHG-konform	✓	✓	✓	✓	x	?	?	?	✓
Aufteilung nach Scopes	✓	✓	✓	✓	x	x	x	x	✓
Umfang u. Genauigkeit der Emissionskategorien									
Für Produktionsunternehmen	✓	✓	x	✓	x	x	x	x	x
Für Dienstleistungsunternehmen	✓	✓	✓	✓	✓	✓	✓	✓	?
Datenquellen	GEMIS, UBA, ENWG u. andere	ifeu, UBA, TREMOD, IPCC etc.	unbekannt	unbekannt	unbekannt	unbekannt	unbekannt	unbekannt	GEMIS, ifeu, UBA
Verknüpfung mit Kompensationsprojekten	keine	keine	freiwillig	verpflichtend	freiwillig	freiwillig	freiwillig	keine	keine

Bild 7.5 Vergleich von Softwareanbietern zur Berechnung des CO_2-Fußabdrucks (in Anlehnung an Plant Values 2022)

Mathematisch gesehen stellt die Berechnung des CO_2-Fußabdrucks nicht die größte Herausforderung für Dich dar. Die Summe der CO_2-Emissionen der einzelnen Emittenten lässt sich mit einem Tabellenkalkulationsprogramm, wie z. B. EXCEL, einfach berechnen. Die notwendigen Formeln sind schnell erstellt.

Aber jeder weiß, wie schnell man dabei auch den Überblick verlieren kann und sich Redundanzen und ggf. kleine Fehler einschleichen können.

Überprüfe, ob eine Softwareunterstützung bei der Erstellung einer CO_2-Bilanz für Dein Unternehmen sinnvoll ist. Neben den in Bild 7.5 dargestellten Lösungen sind noch viele weitere Tools verfügbar und es kommen ständig neue hinzu. Eine Internetrecherche lohnt sich.

Hervorzuheben ist die Software des jungen Start-up-Unternehmens Circonomit. Die Software wendet skalierbare Datenbausteine auf das gesamte Produktportfolio an, um Umweltdaten zu erheben und die Daten analog den Finanzdaten aufzubereiten.

[Pawlik 2024] hat den Anteil der Scope-1-, -2- und -3-Emissionen an den Gesamtemissionen nach Branchen für das Jahr 2021 ausgewertet. Demnach verursachen laut Berechnungen von Carbon Disclosure Project (CDP) die Scope-3-Emissionen durchschnittlich 75 % der Gesamtemissionen. Man erkennt, dass bei energieintensiven Branchen (Zement und Stahlindustrie) die Scope-1-Emissionen besonders hoch sind, während bei Finanzdienstleistungen und Investitionsgütern diese sehr niedrig sind. In diesen Branchen verhält es sich mit den Scope-3-Emissionen genau umgekehrt. Bei den Finanzdienstleistungen und Investitionsgütern sind diese sehr hoch, während in der energieintensiven Branche die Scope-3-Emissionen relativ niedrig sind. Darüber hinaus gibt es Branchen, in denen die Scope-2-THG deutlich stärker als die Scope-1-THG ausgeprägt sind. Hier ist beispielsweise die Immobilienwirtschaft zu nennen. In der Elektroindustrie machen die Scope-1- und Scope-3-Emissionen oft mehr als 45 % aus, während ein kleiner Teil den Scope-2-Emissionen zuzuordnen ist. Die grafische Auswertung kann zur ersten Orientierung dienen.

Beispiel: Company Green

Das Projektteam von Company Green hat die Scope-1-, -2- und -3-Emissionen ermittelt (s. Tabelle 7.17; Bild 7.6). Die Scope-1- und -2-Emissionen wurden zusammengefasst. Die Emissionen der sieben relevanten Scope-3-Kategorien sind der vor- bzw. nachgelagerten Wertschöpfungskette zugeordnet.

Tabelle 7.17 Verteilung des CO_2-Fußabdrucks auf Scope-1-, -2- und -3-Emissionen

Scope	CO_2e-Emissionen in [kg]
1	246 373
2	1 220 000
3	148 533 627
Gesamt	150 000 000

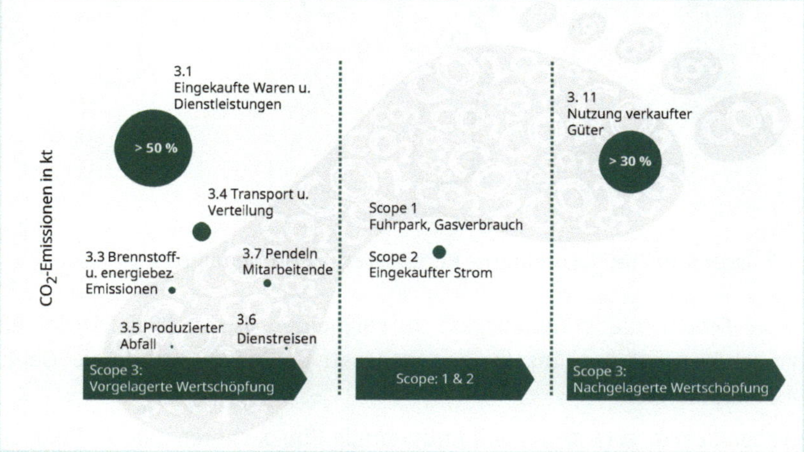

Bild 7.6 CO_2-Fußabdruck von Company Green

Es ist zu erkennen, dass die Summe der Scope-1- und -2-Emissionen im Vergleich zu den Scope-3-Emissionen deutlich geringer ist. Besonders ausgeprägt sind die Scope-3-Kategorien:

- 3.1 Eingekaufte Waren und Dienstleistungen (vorgelagerte Wertschöpfung)
- 3.11 Nutzung verkaufter Güter (nachgelagerte Wertschöpfung)

Quantitativ gesehen fallen über 50 % der Emissionen in der vorgelagerten Wertschöpfung für die eingekauften Waren und Dienstleistungen an und über 30 % bei der Nutzung verkaufter Güter. Die Emissionen aufgrund der Dienstreisen und des produzierten Abfalls als auch die brennstoff- und energiebezogenen Emissionen sowie die Emissionen des Pendelns der Mitarbeitenden sind sehr gering.

7.5 Klimabewusster Umgang mit Emissionen

Hat eine Organisation ihren CO_2-Fußabdruck erstmalig erstellt, ist die Frage nach der weiteren Vorgehensweise zu beantworten. Die in Bild 7.7 dargestellten drei Schritte geben eine Antwort auf die Frage und bereiten den Weg für einen klimabewussten und zielgerichteten Umgang mit den THG-Emissionen. Diese Reihenfolge hat sich mehrfach bewährt.

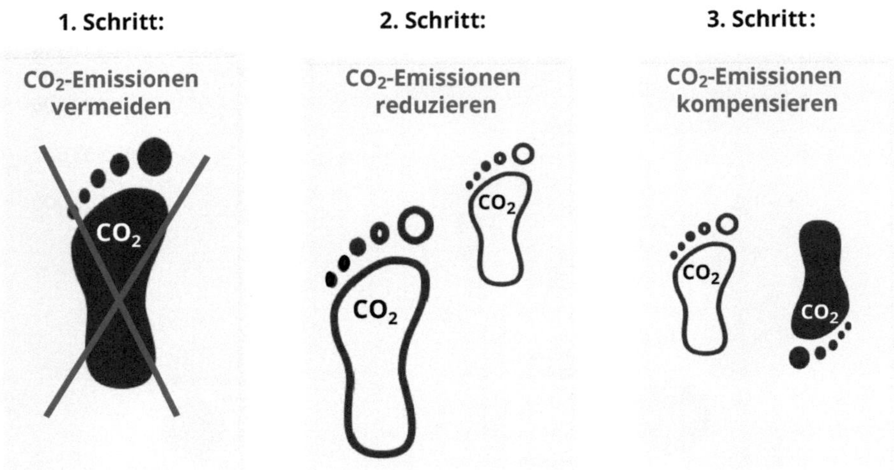

Bild 7.7 Drei Schritte: Vermeiden – Reduzieren – Kompensieren

Der *erste Schritt*, die Treibhausgase zu vermeiden, ist auch gleich der effektivste. Hierzu gehören z. B. der Einsatz von regenerativen Energien und neue Gebäude- und Prozesstechnologien.

Im *zweiten Schritt* geht es darum, individuelle Einsparpotenziale zu lokalisieren, um den CO_2-Fußabdruck zu reduzieren. Zahlreiche Ansatzpunkte sind möglich. Dies gilt gleichermaßen für die Scope-1-, -2- und -3-Emissionen. Nachfolgend sind nur einige aufgezählt, um den Energieverbrauch zu senken: Neben technischen und prozessualen Effizienzsteigerungen in der eigenen Organisation sind Optimierungen in der Lieferkette möglich. Ebenso sind die Beschäftigten einzubinden und hinsichtlich ihres Verhaltens zu schulen und zu sensibilisieren. Ein ganzheitliches Energiekennzahlen-Monitoring und regelmäßiges Berichtswesen sorgen für Transparenz und tragen zum besseren Verständnis bei. Mit der 5 M-Methode (Maschine, Material, Mensch, Methode, Mitwelt) bietet es sich an, ebenso auch gezielt in jeder relevanten Kategorie der Scope-3-Emissionen nach Reduktionsmöglichkeiten zu suchen.

Der *dritte Schritt* bezieht sich auf das Kompensieren der CO_2-Emissionen. Hierbei werden unvermeidbare Emissionen durch den Erwerb eines Emissionszertifikats kompensiert. Nach [UBA 2023] sind CO_2-Kompensationen unter folgenden Bedingungen sinnvoll:

- Wenn Treibhausgasemissionen unvermeidbar sind,
- wenn auf die Qualität von Anbieter und Angebot geachtet wird (Goldstandard),
- wenn berücksichtigt wird, dass „klimaneutral“ nicht automatisch „umweltfreundlich“ bedeutet,
- wenn der Vermeidung von Treibhausgasemissionen Vorrang vor deren Kompensation gegeben wird.

Der Goldstandard wurde 2003 durch den WWF und andere internationale NGOs als Best-Practice-Standard eingeführt. Alle Goldstandard-Projekte unterstützen das Pariser Klimaabkommen und tragen zur Reduktion der Kohlenstoffemissionen und zur nachhaltigen Entwicklung bei. Eine Zertifizierung nach dem Goldstandard gibt Sicherheit, dass die Ergebnisse gemessen und verifiziert werden.

Tabelle 7.18 zeigt eine Auswahl von Anbietern, welche Kompensationsmöglichkeiten nach Goldstandard anbieten. Die Kompensationskosten schwanken und hängen ab von dem jeweiligen Projektumfang.

Tabelle 7.18 Kompensationsmöglichkeiten – Vergleich von potenziellen Anbietern

Anbieter	Atmosfair	ClimatePartner	Greenmiles	Klima Kollekte	myclimate
Technologie	Effiziente Öfen, Solarenergie, Biogas, Biomasse, Wasserkraft, Umweltbildung, Tourismus, Grünes E-Kerosin, Negative Emissionen	Waldschutz, Waldprojekte, Landwirtschaft, Kochöfen, Trinkwasser, Windkraft, Solarenergie, Wasserkraft, Biogas, Biomasse, Geothermie	Trinkwasser, Windkraft, Kochöfen, Moore, Solarenergie, Wasserdesinfektion	Effiziente Öfen, erneuerbare Energien, Biogas, Trinkwasser	Abfallmanagement und Kompost, Biogas, Biomasse, Effiziente Kocher, Effiziente Energie, Landnutzung und Wald, Solar, Wasser und Wasserkraft
Projektstandorte	Afrika, Amerika, Asien, Europa	Afrika, Amerika, Asien, Europa	Afrika, Asien	Afrika, Asien	Afrika, Amerika, Asien, Europa, Ozeanien
Standards/ Zertifikate	Goldstandard	Goldstandard	Goldstandard	Goldstandard	Goldstandard
Kompensationskosten	30 Euro/t CO_2e	28 bis 39 Euro/t CO_2e	3 bis 100 Euro/t CO_2e	25 Euro/t CO_2e	12 bis 23 Euro/t CO_2e

Der Druck auf die Organisationen, ausgehend von Investoren, Regulierungsbehörden, Gesellschaft und Kunden zur Verbesserung der ökologischen, ökonomischen und sozialen Nachhaltigkeit, wächst. Damit einhergehend werden ökologische Kennzahlen, englisch Key Performance Indicators (KPIs), immer wichtiger. Hierfür ist die Kenntnis des CO_2-Fußabdrucks notwendig. Nach ESRS E1-6 unterliegt die Aufstellung der Treibhausgasemissionen nach Scope 1, 2 und 3 der Offenlegungspflicht. Bedeutet, hier müssen die direkten und indirekten Emissionen der vor- und nachgelagerten Wertschöpfungskette offengelegt bzw. berichtet werden.

Die bloßen Absolutwerte der THG-Emissionen sind jedoch allein nicht ausreichend für Organisationen und Investoren, um fundierte wirtschaftliche und ökologische Entscheidungen zu treffen sowie Chancen und Risiken zu managen. Stattdessen sind KPIs notwendig, mit denen die Organisationen die Nachhaltigkeitsprozesse steuern, relevante klimabezogene Chancen und Risiken bewerten und strategische Ziele langfristig erreichen können.

Mit spezifischen KPIs ist das möglich. Spezifische Kennzahlen liefern zusätzliche Informationen und ermöglichen Vergleiche zwischen Organisationen sowie Benchmark-Analysen.

Tabelle 7.19 lehnt sich an eine Kennzahlenempfehlung der Partnership for Carbon Accounting Financials (PCAF) und der Task Force on Climate-related Financial Disclosures (TCFD) an. Diese Kennzahlen dienen zur Förderung der Transparenz und Rechenschaftspflicht in Bezug auf klimabezogene Finanzinformationen. (Anmerkung: Im Oktober 2023 hat sich die TCFD offiziell aufgelöst [TCFD 2021]. Die TCFD-Empfehlungen werden auch weiterhin Anwendung finden. Im Klimastandard ESRS E1 sind die TCFD-Empfehlungen bezüglich der Offenlegung von klimabezogenen Chancen und Risiken integriert.)

Die Kennzahlen werden von zahlreichen Organisationen verwendet, um langfristige strategische Nachhaltigkeitsziele festzulegen. Nach [Carbon Trust 2024] haben im Jahr 2023 mehr als 3900 Organisationen aus 101 Ländern die TCFD- Berichterstattung unterstützt. Europa ist die führende Region für den TCFD-Standard. Im Durchschnitt haben danach 60 % der europäischen Unternehmen die Berichterstattung in 2021 durchgeführt.

Das Feld der Kohlenstoffbilanzierung sowie der Kennzahlensystematik wird sich weiterentwickeln. Dazu tragen die sich schnell ändernden gesetzlichen Rahmenbedingungen bei. Für Qualitätsmanager:innen, Managementsystemverantwortliche, Nachhaltigkeitsbeauftragte und involvierte Beschäftigte bedeutet das, die Entwicklung von Emissionsstandards und -metriken muss weiter intensiv verfolgt werden.

Tabelle 7.19 Kohlenstoffmetriken und Kennzahlenempfehlung in Anlehnung an PCAF und TCFD

Metriken	Anwendungsfälle	Nachteil
Gesamte finanzierte Emissionen [t CO_2e]	CO_2-Fußabdruck gemäß GHG ermitteln und kommunizieren Änderungen der THG verfolgen Input für Analysen	Im Allgemeinen nicht zum Vergleich geeignet, da die Daten nicht normalisiert sind Änderungen können fehlinterpretiert werden
CO_2-Fußabdruck pro investierter Mio. Euro [t CO_2e/invest. Mio. EUR]	Normierte Darstellung lässt Vergleiche von Organisation zu Normierte Daten sind für Anleger hilfreich Input für Analysen	Größenunterschiede der Unternehmen werden nicht berücksichtigt Änderungen können fehlinterpretiert werden
Gewichtete durchschnittliche CO_2-Intensität bezogen auf den Umsatz [t CO_2e/Mio. EUR Umsatz]	Portfolios können miteinander und/oder mit einem Benchmark verglichen werden Größenunterschiede der Unternehmen werden berücksichtigt Input für Analysen	Berechnung ist etwas komplex und schwierig zu kommunizieren Änderungen können fehlinterpretiert werden
Betrag oder Prozentsatz kohlenstoffbezogener Vermögenswerte [Mio. EUR] oder [%]	Auf verschiedene Anlageklassen anwendbar	Keine Informationen zu Sektoren oder Branchen, die nicht in der Definition der kohlenstoffbezogenen Vermögenswerte enthalten sind
Physikalische Intensität [t CO_2e/Produktionseinheit]	Bezug zu Produktion Branchenvergleich möglich Input für Analysen	Nicht geeignet bei breiten Produktionsmix

Beispiel: Company Green

Nach ca. vier Monaten intensiver Arbeit präsentieren Noah und seine Kolleg:innen von Company Green der Unternehmensleitung und dem Lenkungskreis den CO_2-Fußabdruck (s. Bild 7.6). Gleichzeitig nutzen sie die Gelegenheit, um Vorschläge für die weitere Vorgehensweise zu unterbreiten und Input für eine langfristige Klimastrategie zu liefern. Um den CO_2-Fußabdruck kontinuierlich zu senken, schlägt das Projektteam vor, strukturiert nach drei Schritten vorzugehen: Vermeiden, Reduzieren, Kompensieren.

1. Schritt: Vermeiden

Um zukünftig die benötigte elektrische Energie selbst zu erzeugen und damit CO_2-Emissionen zu vermeiden, soll die Installation von Photovoltaikanlagen an allen drei Standorten geprüft werden. Eine erste grobe Abschätzung ergab ein Vermeidungspotenzial von bis zu 10 %. Die genaue Höhe der Investitionskosten und der Return on Investment (ROI) müssen noch ermittelt werden. Die Verantwortung hierfür trägt die Leitung des Gebäudemanagements an den drei Standorten.

2. Schritt: Reduzieren

Die Top-5-Handlungsfelder mit dem höchsten CO_2-Reduktionspotenzial lassen sich Bild 7.8 entnehmen. Nachfolgend sind die Handlungsfelder mit möglichen Reduktionspotenzialen (basierend auf ersten Abschätzungen) aufgeführt:

- Scope 1: Gasverbrauch und Dienstwagenflotte
  Maßnahme: eine alte Heizungsanlage in Deutschland austauschen und schrittweise die Dienstwagenflotte von Verbrennungsantrieb auf Batterieantrieb umstellen
  Reduktionspotenzial ca. 30 %, Verantwortlicher: Leiter Gebäudemanagement
- Scope 2: Elektrischer Energieverbrauch
  Maßnahme: Bezug von Grünstrom aus regenerativen Energiequellen ausweiten auf den Standort in Frankreich, die Umstellung in China ist nicht möglich.
  Reduktionspotenzial ca. 53 %, Verantwortlicher: Energieeinkauf Standort Frankreich
- Umfangreicher und komplexer wird es für die Handlungsfelder der Scope-3-Kategorien. Die drei Handlungsfelder sind:
  - Scope 3.1 Eingekaufte Waren und Dienstleistungen
  - Scope 3.4 Transport und Verteilung (vorgelagerte Wertschöpfungskette)
  - Scope 3.11 Nutzung der verkauften Güter

Hier entscheidet sich das Team für eine grafische Darstellung (s. Bild 7.8), da es mehrere Möglichkeiten gibt und zahlreiche Maßnahmen möglich sind. Die Maßnahmen betreffen Company Green und seine Lieferanten und ebenso beide zusammen. Die Komplexität ergibt sich aus der Anzahl und Vielschichtigkeit der Maßnahmen. Eine erste grobe Abschätzung des Reduktionspotenzials der drei Handlungsfelder ist für das Projektteam nicht möglich und wäre unseriös. Im Augenblick fehlen noch zu viele Daten. Außerdem ist dies nicht Gegenstand des aktuellen Projektumfangs.

Zur Priorisierung und Umsetzung konkreter Maßnahmen sind weitere Abstimmungen mit der Geschäftsführung notwendig und es müssen neue Projektaufträge formuliert werden.

Bild 7.8 Reduktionspotenzial Scope-3-Kategorien

3. Schritt: Kompensieren

Um einen ersten Eindruck zu bekommen, welche Kosten für Company Green aufgrund einer vollständigen Kompensation entstehen, rechnet Noah mit dem Wert aus dem Brennstoffemissionshandelsgesetz (BEHG), auch wenn einige Anbieter von Kompensationsprojekten günstigere Konditionen anbieten (s. Tabelle 7.18). Für 2023 müssen nach BEHG 30 Euro pro Tonne CO_2 gezahlt werden. Damit entstehen Kosten in Höhe von 4,5 Mio. Euro für eine vollständige Kompensation der CO_2-Emissionen (Tabelle 7.20).

Tabelle 7.20 Kompensationskosten für die Scope-1-, -2- und -3-Emissionen

Scope	CO_2e-Emissionen in [t]	Kompensationskosten [EUR]
1	246	7391
2	1220	36 600
3	148 533	4 456 008
Gesamt	**150 000**	**4 500 000**

Das Projektteam von Company Green empfiehlt, zunächst den Fokus auf die Scope-1- und -2-Emissionen zu legen und die unvermeidbaren Emissionen zu kompensieren. Wie man mit den Scope-3-Emissionen umgeht, hängt in erster Linie von den zu ergreifenden Reduktionsmaßnahmen aus dem zweiten Schritt ab.

Nach der Präsentation der Ergebnisse bedankt sich die Unternehmensleitung bei Noah, dem Team und dem externen Berater für die Ausarbeitung des CO_2-Fußabdrucks sowie die Vorschläge zur weiteren Vorgehensweise.

Das Projektteam wird entlastet.

Es wird entschieden, über eine interne Mitteilung alle Beschäftigten über den erfolgreichen Projektabschluss, den CO_2-Fußabdruck und die weitere Vorgehensweise zu informieren. Auf den Erkenntnissen wird aufgebaut und die Transformation zu einer nachhaltigen Organisation ist langfristiges strategisches Ziel. Die Unternehmensleitung beschließt darüber hinaus, in einem kleineren Kreis über die nächsten Schritte zu diskutieren und sich zur zukünftigen Klimastrategie abzustimmen.

Ausblick

Nutzen des CO_2-Fußabdrucks

Mit dem CO_2-Fußabdruck von Unternehmen lassen sich:

- Handlungsfelder hinsichtlich der CO_2-Einsparpotenziale aufzeigen,
- Basis zur Quantifizierung der Umweltauswirkungen einer Organisation darstellen,
- Informationen zu Klimafreundlichkeit von Produkten, Dienstleistungen und Organisationen liefern,
- Auswirkungen der Organisation auf die globale Erderwärmung aufzeigen,
- Informationsbedürfnis der internen und externen Stakeholder befriedigen,
- zukünftige regulatorische Anforderungen, z. B. CSRD, ESRS, erfüllen und
- bessere Ergebnisse in Rankings und Ratings, Carbon Disclosure Projects (CDP), EcoVadis, Integrity Next, NQC SAQ etc. erreichen.

7.6 Wie groß ist Dein persönlicher Fußabdruck?

Eingangs hatte ich die Frage nach Deinem persönlichen Fußabdruck gestellt.

Lösung: 10 t

Laut [UBA 2024] verursacht eine Person in Deutschland im Schnitt 10,3 Tonnen Treibhausgase in CO_2-Äquivalenten. Der höchste Wert von 2,5 Tonnen kann auf sonstigen Konsum (zum Beispiel Bekleidung und Freizeitaktivitäten) zurückgeführt werden. Der zweithöchste Wert, 2,3 Tonnen, resultiert aus Wohnen. Ernährung, mit 1,6 Tonnen CO_2e, ist der dritthöchste Wert (Bild 7.9).

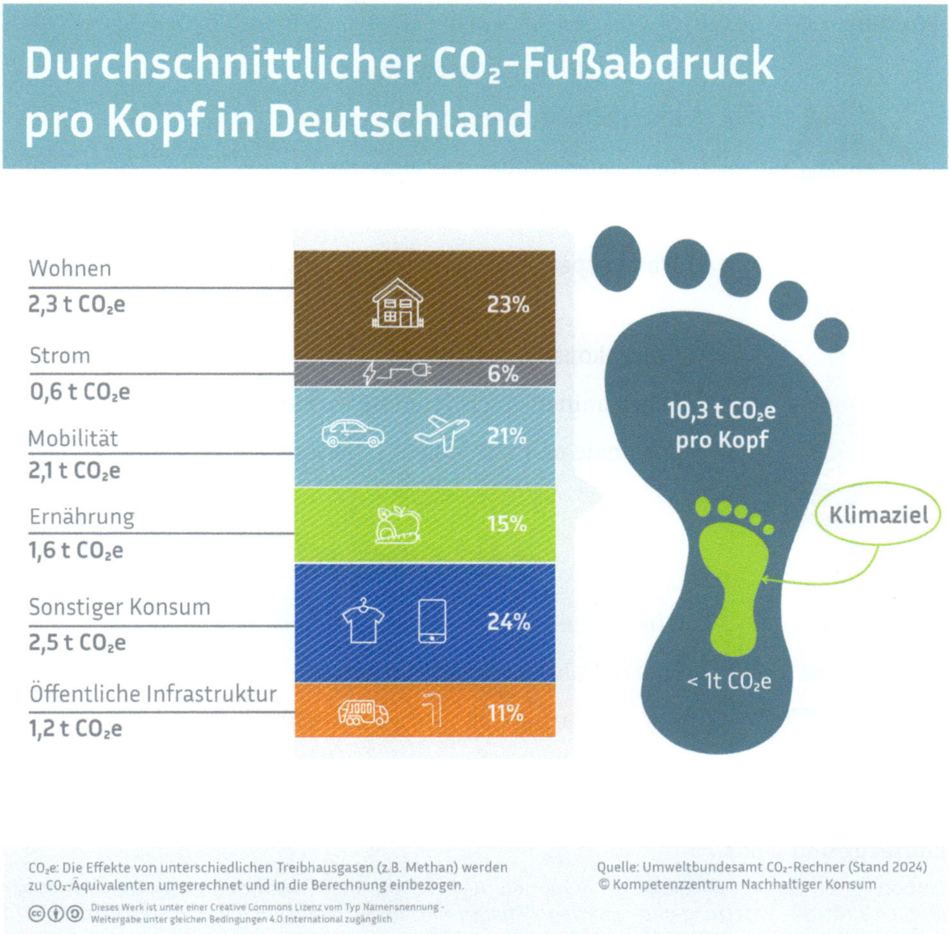

Bild 7.9 Persönlicher Fußabdruck nach [UBA 2024]

7.7 Fühl Dich motiviert

Jeder von uns kann einen Beitrag leisten. Jeder Beitrag ist von Bedeutung. Nachfolgend einige Anregungen für Dich, was Du persönlich tun kannst.

Konsum

- Qualität statt Quantität, weniger ist mehr
- Langlebige und reparierbare Produkte kaufen
- Auf unnötige Verpackungen und Plastikprodukte verzichten
- Wiederverwendbare und recycelte Produkte verwenden

Wohnen

- Energieeffiziente Geräte einsetzen
- Erneuerbare Energien verwenden
- Stromsparmaßnahmen umsetzen
- Heizung und Kühlung optimieren
- Wasser sparen, Wasserverbrauch reduzieren

Ernährung

- Fleischkonsum reduzieren
- Lebensmittelverschwendung vermeiden
- Regionale und saisonale Produkte essen

Mobilität

- Öffentliche Verkehrsmittel nutzen
- Fahrradfahren und zu Fuß gehen
- Auf Carsharing und Fahrgemeinschaften zugreifen
- Unnötige Flugreisen vermeiden

Literatur und Links

Carbon Trust (2024): „Klimarisiken, -Chancen und TCFD“, *https://www.carbontrust.com/de/was-wir-machen/strategie-umsetzung-und-reporting/klimarisiken-chancen-und-tcfd#:~:text=Die%20Anzahl %20der%20TCFD %2DUnterst%C3%BCtzer,L%C3%A4ndern%20(Stand%3A%202023)*, aufgerufen am 03. 07. 2024

DNK (2024): „Corporate Sustainability Reporting Directive (CSRD)“, *https://www.deutscher-nachhaltigkeitskodex.de/de/berichtspflichten/corporate-sustainability-reporting-directive-csrd/wichtige-informationen*, aufgerufen am 03. 07. 2024

GHG (2023): „Technical Guidance for Calculating Scope-3-Emissions“, *https://ghgprotocol.org/sites/default/files/2023-03/Scope3_Calculation_Guidance_0%5B1%5D.pdf*, aufgerufen am 24. 08. 2024

GHG (2024): „GHG Protocol Corporate Accounting and Reporting Standard“, *https://ghgprotocol.org/sites/default/files/standards/ghg-protocol-revised.pdf*, aufgerufen am 03. 07. 2024

IHK (2024): „Nachhaltigkeitsberichterstattung CSRD: Was gilt wann für wen?“, *https://www.ihk-muenchen.de/de/Service/Nachhaltigkeit-CSR/Nachhaltigkeitsberichterstattung*, aufgerufen am 04. 07. 2024

IPCC (2024): „Global Warming Potentials“ (IPCC Fourth Assessment Report), *https://unfccc.int/process-and-meetings/transparency-and-reporting/greenhouse-gas-data/frequently-asked-questions/global-warming-potentials-ipcc-fourth-assessment-report*, aufgerufen am 24. 08. 2024

Möller, Viola; Ekopf, Jens, vom 28. 08. 2023: „Von der Last zur Chance: Die transformative Kraft der Nachhaltigkeitsberichterstattung“, *https://live.handelsblatt.com/von-der-last-zur-chance-die-transformative-kraft-der-nachhaltigkeitsberichterstattung*, aufgerufen am 24. 08. 2024

Müller, Stefan, Mitteilung vom 28. 12. 2023: „Anwendung der Wesentlichkeitsanalyse im Rahmen der Nachhaltigkeitserklärung", *https://www.haufe.de/finance/jahresabschluss-bilanzierung/anwendung-der-wesentlichkeitsanalyse_188_612726.html*, aufgerufen am 03. 07. 2024

Pawlik (2024): „Anteil der Scope-3-Emissionen an den GHG-Emissionen nach Branche in 2021", zitiert nach Statista (2022), *https://de.statista.com/statistik/daten/studie/1364908/umfrage/anteil-der-scope-3-emissionen-an-den-ghg-emissionen*, aufgerufen am 03. 07. 2024

Plant Values (2022): „CO2-Rechner für Unternehmen im Vergleich (plant-values.de)", *https://plant-values.de/co2-rechner-fur-unternehmen-im-vergleich/9330*, aufgerufen am 03. 07. 2024

Statista (2024): „Entwicklung des Emissionsfaktors der Stromerzeugung in Deutschland und Frankreich im Zeitraum 2000 bis 2023", *https://de.statista.com/statistik/daten/studie/1421117/umfrage/emissionen-strom-deutschland-undfrankreich/#:~:text=In%20Deutschland%20lag%20der%20Emissionsfaktor,in%20CO2%2D%C3%84quivalenten%20pro%20Kilowattstunde*, aufgerufen am 03. 07. 2024

TCFD 2021: „Task Force on Climate-related Financial Disclosures", *https://assets.bbhub.io/company/sites/60/2021/07/2021-TCFD-Implementing_Guidance.pdf*, aufgerufen am 03. 07. 2024

UBA Umweltbundesamt, Mitteilung vom 28. 09. 2021: „Übereinkommen von Paris", *https://www.umweltbundesamt.de/themen/klima-energie/internationale-eu-klimapolitik/uebereinkommen-von-paris#ziele-des-ubereinkommens-von-paris-uvp*, aufgerufen am 24. 08. 2024

UBA Umweltbundesamt, Mitteilung vom 16. 10. 2023: „Kompensationszahlungen als Ausgleich unvermeidbarer Emissionen", *https://www.umweltbundesamt.de/umwelttipps-fuer-den-alltag/uebergreifende-tipps/kompensation-von-treibhausgasemissionen#unter-diesen-bedingungen-sind-co2-kompensationen-sinnvoll*, aufgerufen am 03. 07. 2024

UBA Umweltbundesamt, Mitteilung vom 02. 05. 2024: „Kohlenstoffdioxid-Fußabdruck pro Kopf in Deutschland", *https://www.bmuv.de/media/kohlenstoffdioxid-fussabdruck-pro-kopf-in-deutschland*, aufgerufen am 24. 08. 2024

UN Global Compact, Mitteilung vom 02. 11. 2019: „Praxisempfehlungen zur Datenerhebung und Berechnung von Treibhausgasemissionen in der Lieferkette" (globalcompact.de), *https://www.globalcompact.de/migrated_files/wAssets/docs/Umweltschutz/Publikationen/Diskussionspapier-Scope-3.1-DGCN_screen_k.pdf*, aufgerufen am 24. 08. 2024

Einweg

Mehrweg

8 Gedanken einer jungen Frau

Dana Aleff

Ich möchte Dich auf eine Reise einladen, mit Emotionen und tiefer Passion, mit Überlegungen, die konträr sein mögen, nicht wertend, einfach frei. Und schreiben über das Fühlen.

Kleines Erwartungsmanagement meinerseits am Anfang. Bitte erwarte keinen stringenten roten Faden in dieser Ausführung. Nachfolgende Gedanken der wenigen Abschnitte sind bewusst ein Sammelsurium (danke Mama damals für dieses Wort, laut Wörterbuch definiert als „meist zufällig zustande gekommene bunte Mischung von Dingen"), aus zufälligen Situationen, einzeln niedergeschrieben und bewusst in einem Text aufgebaut.

Als wir im Frühjahr 2024 die letzten Zeilen dieses Buchs verfassten, besuchte ich ein Land im Süden Europas, das ganz anders war als Deutschland. Meine Emotionen konnte ich in dem Moment wenig fassen, zwischen Demut, Frustration und Verständnis beobachtete ich das Treiben. Mein Mobiltelefon und den Computer ließ ich im Zimmer. Ein Lkw fuhr an mir vorbei, dessen Abgase dichter waren als die Regenwolken am Himmel. Vor mir fuhren selbstgebaute Fahrzeuge, Motorengeräusche. Am Strand trat ich in Kunststoff, gefolgt von Kanistern. Von Nachhaltigkeit hatte hier noch nie jemand gehört. In seiner eigenen gewählten Blase ist immer alles schön.

Erinnerungen von den Wintermonaten kamen in mir hoch, als ich Bewerbungsgespräche für unsere Softwareentwicklerstelle führte. Ich hatte die Ehre, mit wunderbaren Menschen aus der ganzen Welt zu sprechen. Ich weiß noch, wie dumm ich mir vorkam am ersten Tag, als ich die Menschen nach ihrer Motivation zu nachhaltigen Handlungen fragte.

Wieso dumm? Das realisierte ich erst mittendrin, als ich mit der Realität konfrontiert wurde. So respektvoll und vorsichtig ich fragte (und auch wenn niemand darauf negativ reagierte), fühlte ich mich am Abend so traurig geerdet und gleichzeitig voller Dankbarkeit über mein eigenes Leben. Doch was passierte in den Gesprächen? Ich zitiere sinngemäß übersetzt aus dem Englischen: „Wir müssen erst mal schauen, wie wir überleben und stabil Strom und Essen haben. Und ja, dann im Rahmen dessen versuche ich, so gut es geht, auf die Umwelt zu achten. Hier ist es besonders schlimm mit den Katastrophen, deswegen will ich so sehr daran etwas ändern." Die Aussage war kein Einzelfall. Ich weiß noch, wie ich am späten Abend zu meinem eng verbundenen Kollegen ging und mir die Tränen kamen. Wie paradox mir unsere Weltwirtschaft in diesem Moment vorkam und wie weit von der sozialen Realität entfernt. Wo kollidieren Umweltziele mit sozialen? Solchen vom Überleben bis zum gut Leben. Antwort offen.

Ist am Ende nicht alles zurückzuführen auf Bildung und Achtsamkeit, die in Summe allein den Wandel nachhaltig treiben können? Tief aus dem Inneren. Mit Bewusstsein und den so fest verankerten menschlichen Bedürfnissen. Ja, wir benötigen digitale Lösungen, die in unserer komplexen Welt wichtige Umweltdaten überhaupt messbar machen und eine Entscheidungsgrundlage für besseres Handeln liefern. Und ja, wir benötigen all die grünen Hardwaretechnologien, die eine net zero zirkuläre Wirtschaft ermöglichen. Doch was liegt noch so tief darunter als Ursache verborgen?

Sitze hier sehr demütig. Unsere Welt ist zu komplex, um absolute Aussagen zu treffen. Hast Du Dich in Deiner Kommunikation schon mal beobachtet, wie absolutistisch wir Menschen oft sprechen? Nicht zwingend negativ, einfach sehr spannend.

Achtsamkeit ist mächtig und doch praktiziert von nur ganz wenigen. Achtsamkeit wird oft mit Spiritualität verbunden und das wieder mit Esoterik oder irgendwelchen Hippies. Diese Kettenreaktion darf auch ruhig gedanklich nach der Achtsamkeit gestoppt werden. Ich kenne großartige Unternehmer, bei denen Meditation ein täglicher Begleiter ist. Achtsamkeit ist der Grundpfeiler für das Beobachten. Und Beobachten bringt Wissen. Strategisch genutzt oder aus purer Hingabe. Hast Du schon mal erfolgreiche Führungspersönlichkeiten mit einem guten Herzen beobachtet? Sie brauchen nur wenig Sätze für präzise Aussagen und stellen Fragen. Reden selbst wenig. Es besteht eine Korrelation zwischen diesen Charaktereigenschaften und dem Praktizieren von Achtsamkeit. Was soll ich sagen, die Zeilen sind bloß Gedanken einer jungen Frau, die sich aus tiefem Herzen nichts lieber wünscht als ein gutes Leben für alle Menschen mit einer neu balancierten Industrie im Zusammenspiel mit dem Planeten. Nicht dagegen. Wird sowieso nicht funktionieren.

Was fühlst Du?

9 Über Nachhaltigkeit berichten

Linda Chalupová

Die Nachhaltigkeitsberichterstattung ist durch die Einführung der Corporate Sustainability Reporting Directive (CSRD) und der European Sustainability Reporting Standards (ESRS) in ein neues Zeitalter eingetreten. Während die CSRD Unternehmen verpflichtet, über ihre Nachhaltigkeitsleistungen zu berichten, bieten die ESRS einen klaren Rahmen für die Berichterstattung. Dies führt zu einer Welt, in der Transparenz nicht nur geschätzt, sondern gefordert wird. Es ist ein bisschen so, als ob Unternehmen nun unter einem stärkeren Vergrößerungsglas stehen. In diesem Kapitel erfährst Du, was die neuen Anforderungen umfassen und wie Du Deine Nachhaltigkeitsberichterstattung und das Thema angehen kannst.

9.1 Einführung in die Nachhaltigkeitsberichterstattung

Nachhaltigkeitsberichterstattung ist der Prozess, durch den Unternehmen über ihre Auswirkungen auf die Umwelt, die Gesellschaft und die Wirtschaft berichten. Ziel ist es,

- Transparenz zu schaffen,
- Verantwortlichkeit zu fördern,
- Stakeholder-Engagement zu verbessern und
- nachhaltige Praktiken zu demonstrieren.

Nachhaltigkeitsberichtserstattung ist mehr als nur eine gesetzliche Pflicht ist. Es ist ein Instrument, um das Engagement Ihres Unternehmens zu zeigen und Vertrauen der Stakeholder zu stärken. Es ist ein Prozess, der auf Datensammlung, -analyse und -darstellung basiert.

Im Fokus steht der Dreiklang: ESG. ESG steht für Environmental, Social, and Governance, zu Deutsch Umwelt, Soziales und Unternehmensführung. Es ist ein Rahmenwerk, das Unternehmen dabei hilft, nachhaltig zu agieren. Nachhaltigkeit bedeutet, in einer Weise zu handeln, die die Bedürfnisse der Gegenwart erfüllt, ohne die Fähigkeit zukünftiger Generationen zu beeinträchtigen, ihre eigenen Bedürfnisse zu erfüllen. ESG konzentriert sich darauf, wie Unternehmen in diesen drei Bereichen verantwortungsvoll handeln können.

ESG ist wie ein Kompass für Unternehmen – es zeigt den Weg zu einer nachhaltigen und verantwortungsvollen Zukunft. Ohne eine ESG-Strategie ist ein Unternehmen wie ein Schiff ohne Ruder – es mag vorankommen, aber es fehlt die Richtung für eine nachhaltige Zukunft.

Es gibt mehrere Standards, nach denen Unternehmen ihre Nachhaltigkeitsberichte erstellen können, z. B. Global Reporting Initiative (GRI) oder Deutscher Nachhaltigkeitskodex (DNK). Große, börsennotierte Unternehmen unterlagen bis jetzt im Bereich der Nachhaltigkeitsberichterstattung der Non-Financial Reporting Directive (NFRD). Sie fordert, dass Unternehmen in ihrem Geltungsbereich zur Angabe nichtfinanzieller Informationen zu ihrer ESG-Leistung zusammen mit ihrem jährlichen Tätigkeitsbericht abgeben. In Deutschland wurde die europäische NFRD-Richtlinie durch das CSR-Richtlinie-Umsetzungsgesetz (CSR-RUG) implementiert. Alle anderen, per Gesetz nicht berichtspflichtigen Unternehmen dürfen aus einer Reihe an möglichen Standards zur Berichterstattung über Nachhaltigkeitsthemen auswählen. Solche Standards sind wie die Grammatikregeln der Nachhaltigkeitsberichterstattung – ohne sie wäre es nur ein Durcheinander.

Bis 2023 haben Unternehmen eine Entscheidung treffen müssen, welchen Standard sie heranziehen, um über Aktivitäten im Bereich Nachhaltigkeit berichten zu können. Diese Entscheidung kann insbesondere für Unternehmen herausfordernd sein, die sich zum ersten Mal mit Nachhaltigkeitsberichterstattung beschäftigen wollen. Bild 9.1 zeigt die drei wesentlichen Herausforderungen. Diese sind nur drei von einer Vielzahl an Herausforderungen, die dazu führen, dass die bisherigen Anforderungen an Nachhaltigkeitsberichterstattung einer Aktualisierung bedürfen. Dieser Umstand legte den Grundstein für die Entwicklung der CSRD.

Begrenzte Vergleichbarkeit und Zuverlässigkeit von Nachhaltigkeitsinformationen. Viele Unternehmen legen nicht alle wichtigen Nachhaltigkeitsthemen offen, was zu einem Mangel an soliden und verlässlichen Daten führt und das Risiko von „Greenwashing" erhöht.

Wachsendes Bewusstsein für finanzielle Risiken, die mit Nachhaltigkeitsthemen verbunden sind. Es gibt eine steigende Nachfrage von Stakeholdern nach Nachhaltigkeitsinformationen, die durch das öffentliche Bewusstsein verstärkt wird.

Kluft zwischen den bereitgestellten Nachhaltigkeitsinformationen der Unternehmen und den Anforderungen der Stakeholder. Nachhaltigkeitsberichterstattung muss verbessert und Systemrisiken sowie Ungleichheiten im Binnenmarkt müssen vermieden werden.

Bild 9.1 Herausforderungen der bisherigen Nachhaltigkeitsberichterstattung

Nachhaltigkeitsberichterstattung ist wie ein Fitness-Tracking für Ihr Unternehmen, aber statt Schritten zählst Du Deinen Einfluss auf den Planeten!

Das Inhaltsverzeichnis eines Nachhaltigkeitsberichts könnte **beispielsweise** folgende Kapitel und Themen umfassen:

1. **Einleitung** mit Hintergrund und Zweck des Berichts sowie Berichtsrahmen und -grenzen
2. **Unternehmensprofil** mit Unternehmensübersicht, Geschäftsmodell und Strategie sowie mit wesentlichen Nachhaltigkeitsthemen
3. **Governance** mit Nachhaltigkeitsstrategie und -zielen, Rolle des Vorstands und der Geschäftsführung sowie nachhaltigkeitsbezogene Risiken und Chancen
4. **Ökologische Nachhaltigkeit** mit Angaben zu unternehmerischen Klimaschutzmaßnahmen, mit Ressourcennutzung und Abfallmanagement sowie mit Angaben zu Wasser- und Biodiversitätsmanagement
5. **Soziale Nachhaltigkeit** mit Angaben zu Maßnahmen zu Mitarbeiterbelangen, Arbeitsbedingungen, Aus- und Weiterbildung, Diversität und Inklusion, zu Maßnahmen zum Schutz von Menschenrechten in der Wertschöpfungskette sowie zu Gemeinschaften und Stakeholdern

6. **Wirtschaftliche Nachhaltigkeit** mit Angaben zur wirtschaftlichen Leistung und Steuertransparenz, mit Innovations- und Forschungsinitiativen sowie mit Angaben zu nachhaltigen Investitionen und Finanzierungspraktiken
7. **Ethik und Compliance** mit Angaben zur Geschäftsethik und Anti-Korruptionsmaßnahmen, zu Compliance und rechtlichen Anforderungen sowie zu Datenschutz und Informationssicherheit
8. **Messung und Berichterstattung** mit Angaben zu Methoden und Kriterien, die bei der Erfassung von Kennzahlen herangezogen wurden, zu Datenquellen und Validierung sowie Fortschrittsberichte
9. **Anhänge** mit weiterführenden Tabellen und Verweisen auf weitere herangezogene Standards
10. Glossar und Abkürzungen

Es ist jedoch anzumerken, dass für zunehmend mehr Unternehmen die Berichterstattung zu nicht finanziellen Tätigkeiten im Lagerbericht des Unternehmens veröffentlicht werden müssen. Dabei sind die entsprechenden Anforderungen an Lagerberichte zu berücksichtigen, z. B. wie das sogenannte European Single Electronic Format (ESEF) – ein elektronisches Berichtsformat.

9.2 Rechtliche Anforderungen

Die CSRD ist im Januar 2023 in Kraft getreten. Sie ist eine Richtlinie der Europäischen Union zur Berichterstattung von nichtfinanziellen Themen in Unternehmen. Sie umfasst nur das gesetzliche Rahmenwerk, das die organisatorischen Vorgaben liefert, und fordert klar definierte Standards. Mit der Erstellung von diesen Standards wurde die European Financial Reporting Advisory Group (EFRAG) beauftragt. Sie hat in 2023 das erste Set der Europäischen Nachhaltigkeitsstandards ESRS veröffentlicht. CSRD und ESRS sind somit zentrale Elemente der EU-Strategie zur Förderung der Nachhaltigkeit und Transparenz in Unternehmen sowie der verantwortungsvolleren Geschäftspraktiken.

Durch die CSRD wird die Nachhaltigkeitsberichterstattung zukünftig

- ausgebaut, optimiert und standardisiert.
- ebenso wichtig wie die finanzielle Berichterstattung, integriert im Lagebericht.
- ein fester Bestandteil der Offenlegungspraktiken.

Die CSRD

- betont ESG-Aspekte, inklusive Lieferketten und Nachhaltigkeitsstrategien.
- verstärkt die Anforderungen an die Berichtsqualität und -tiefe.
- unterstützt die Bereitstellung relevanter und vergleichbarer Nachhaltigkeitsinfos.

- etabliert verbindliche Standards für konsistente Berichte.
- fügt Nachhaltigkeitsberichte in das reguläre Management-Reporting ein.

[European Commission, o. J.]

Aus der Geschichte: Die CSRD löst die bisherige Non-Financial Reporting Directive (NFRD) ab. Die NFRD war die Grundlage für die Berichtspflicht zur sozialen und ökologischen Verantwortung von Unternehmen in der Europäischen Union. Die deutsche Umsetzung der NFRD, das CSR-Richtlinie-Umsetzungsgesetz (CSR-RUG) aus dem Jahr 2017, wird durch die CSRD und die ESRS ebenfalls aktualisiert.

Ein spezifisches Merkmal betrifft die gestaffelte Einführung der CSRD-Anforderungen: Kleine und mittlere Unternehmen (KMU) einer bestimmten Größe oder mit einer entsprechenden Bilanzsumme sind erst ab 2026 verpflichtet, gemäß ESRS zu berichten – in einigen Fällen kann sich diese Verpflichtung sogar bis 2028 verzögern. Es ist jedoch wichtig zu beachten, dass KMUs, unabhängig vom Zeitpunkt ihrer Berichtspflicht, Teil von Wertschöpfungsketten sein können, in denen sie von ihren größeren, berichtspflichtigen Kunden nach ESRS-Kennzahlen gefragt werden. Um den Zugang zu möglichst vielen Märkten zu sichern, ist es daher vorteilhaft, auf solche Anfragen vorbereitet zu sein.

Praxistipp

- Ermittle, ab wann Dein Unternehmen unter die CSRD fällt, um die Berichtspflichten rechtzeitig zu erfüllen.
- Passe Deine Prozesse und Systeme frühzeitig an, selbst wenn die Berichtspflicht erst in einigen Jahren beginnt.
- Entwickle eine klare CSRD-Strategie, die festlegt, wie Dein Unternehmen Nachhaltigkeitsziele integrieren und messbare Fortschritte darstellen kann.

Das Durchlesen von Gesetzen kann trockener sein als ein Keks ohne Milch, aber es ist unerlässlich, um den Überblick zu behalten!

9.3 ESRS – Standards zur Berichterstattung

Die ESRS sind eine Reihe von Leitlinien, die speziell entwickelt wurden, um Unternehmen bei der Erfüllung der Anforderungen der CSRD zu unterstützen. Die ESRS kannst Du Dir als einen Satz von Standards, der die spezifischen Anforderungen für die Berichterstattung unter der CSRD definiert, vorstellen.

Die ESRS

- bieten einen standardisierten Rahmen für europäischen Nachhaltigkeitsberichte.
- erhöhen Vergleichbarkeit und Relevanz der Daten.

- geben Anleitung zu Datensammlung, -analyse und -präsentation.
- unterstützen bei effektiver Nachhaltigkeitskommunikation.
- umfassen Umwelt, Soziales, Menschenrechte, Anti-Korruption.
- beinhalten sektorunabhängige und sektorspezifische Standards.

Bild 9.2 listet die einzelnen, sektorenunabhängigen Standards auf. Zusätzlich ist die Anzahl der Offenlegungspflichten dargestellt.

Sektorenunabhängige ESRS
Sektoren- und organisationsspezifische Standards sind noch nicht veröffentlicht worden.

Themenübergreifend

ESRS 1: Allgemeine Anforderungen und Prinzipien (‚General Principles')
ESRS 2: Allgemeine Offenlegungsanforderungen (‚General Disclosures')

Themenspezifisch

ESRS E (Environment)

- ESRS E1 Klimaschutz und Anpassung
  Inkl. 9 Offenlegungspflichten:
  E1-1 bis E1-9
- ESRS E2 Umweltverschmutzung
  Inkl. 6 Offenlegungspflichten:
  E2-1 bis E2-6
- ESRS E3 Wasser- und Meeresressourcen
  Inkl. 5 Offenlegungspflichten:
  E3-1 bis E3-5
- ESRS E4 Biodiversität und Ökosysteme
  Inkl. 6 Offenlegungspflichten:
  E4-1 bis E4-6
- ESRS E5 Ressourcennutzung und Kreislaufwirtschaft
  Inkl. 6 Offenlegungspflichten:
  E5-1 bis E5-6

ESRS S (Social)

- ESRS S1 Eigene Arbeitskräfte
  Inkl. 17 Offenlegungspflichten:
  S1-1 bis S1-17
- ESRS S2 Arbeitskräfte der Wertschöpfungskette
  Inkl. 5 Offenlegungspflichten:
  S2-1 bis S2-5
- ESRS S3 Betroffene Gemeinschaften
  Inkl. 5 Offenlegungspflichten:
  S3-1 bis S3-5
- ESRS S4 Konsumenten und Endbenutzer
  Inkl. 5 Offenlegungspflichten:
  S4-1 bis S4-5

ESRS G (Governance)

- ESRS G1 Unternehmenspolitik
  Inkl. 6 Offenlegungspflichten:
  G1-1 bis G1-6

Zwei themenübergreifende (ESRS 1 und ESRS 2) und zehn themenspezifische Standards (E: E1-E5; S: S1-S4, G: G1) mit insgesamt 70 Offenlegungspflichten. Diese 70 Offenlegungspflichten sind jeweils in drei Bereichen verteilt: „Strategie und Governance", „Maßnahmen" und „Ziele und Kennzahlen".

Bild 9.2 Übersicht der sektorenunabhängigen ESRS gemäß EFRAG 2023

Die berichtspflichtigen Unternehmen hängen in großem Maße von der Analyse der Doppelten Wesentlichkeit ab. Deshalb sind die ESRS modular aufgebaut, um eine flexible Anwendung und Kombinierbarkeit zu ermöglichen.

> „Wesentlichkeit“ bezieht sich darauf, dass die Informationen für die Empfänger relevant sind, dass sie „wesentlich“ sind. „Doppelt“ bezieht sich darauf, dass die Nachhaltigkeitsaspekte aus zwei Perspektiven betrachtet werden.

Die ESRS werden unterteilt in sektorenunabhängige Kernstandards („SET 1“ der ESRS, der bereits veröffentlicht wurde) sowie sektoren- und organisationsspezifische Standards. Diese sind zum jetzigen Zeitpunkt (März 2024) noch nicht veröffentlicht.

Sektorenunabhängige gelten als Kernstandards und unterteilen sich in „themenübergreifende“ und „themenspezifische“ Kernstandards.

Innerhalb der themenübergreifenden ESRS gibt es zwei Kernstandards:

- ESRS 1 Allgemeine Anforderungen und Prinzipien (engl. General Principles)
- ESRS 2 Allgemeine Offenlegungsanforderungen (engl. General Disclosures)

Innerhalb der themenspezifischen Kernstandards werden die drei thematischen Hauptkategorien wie folgt zum Ausdruck gebracht und sind in Bild 9.3 dargestellt.

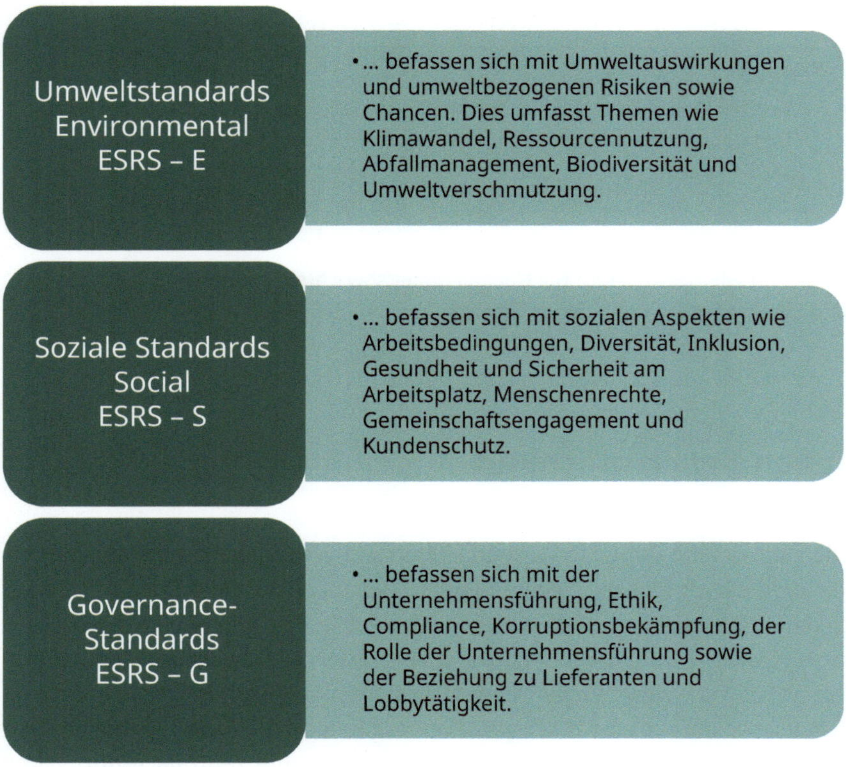

Bild 9.3 Definition von ESG gemäß ESRS 1 [2023] und ESRS 2 [2023]

Der Umfang der Nachhaltigkeitsberichtserstattung hängt entscheidend von der Analyse der Doppelten Wesentlichkeit ab. Sie bestimmt, welche themenspezifischen Standards von einem berichtspflichtigen Unternehmen erfüllt werden müssen. Eine besondere Aufmerksamkeit gilt den Standards ESRS 1, ESRS 2, ESRS E1 und ESRS S1, die von allen berichtspflichtigen Unternehmen zu erfüllen sind, unabhängig vom Ausgang der Doppelten Wesentlichkeitsanalyse. Zu diesen Standards gehören:

- ESRS 1 Allgemeine Anforderungen und Prinzipien (engl. General Principles)
- ESRS 2 Allgemeine Offenlegungsanforderungen (engl. General Disclosures)
- ESRS E1 Klimaschutz und Anpassung (engl. Climate Change)
- ESRS S1 Eigene Arbeitskräfte (engl. Own Workforce)

Alle weiteren ESRS-Einzelstandards sind nur sofern direkt relevant, wenn das Ergebnis einer doppelten Wesentlichkeit, die unternehmensspezifisch erstellt werden muss bzw. sollte. Eine Doppelte Wesentlichkeitsanalyse unterstützt dabei, wesentliche Themen zu identifizieren und zu priorisieren. Je nachdem, ob ein Thema als wesentlich für Dein Unternehmen gilt, musst Du in Einklang mit dem jeweiligen themenspezifischen Standard berichten, z. B. nach ESRS E4.

Praxistipp

- Verstehe Deine wesentlichen Nachhaltigkeitsaspekte für die Berichtspflicht.
- Orientiere Dich am ESRS 2-Standard für Nachhaltigkeitsberichte.
- Starte frühzeitig mit der ESRS-Integration, um Compliance zu sichern.
- Schaue Dir die Erklärvideos von EFRAG an: *https://www.efrag.org/lab6*

ESRS sind wie Kochrezepte für Nachhaltigkeitsberichte – sie geben die Zutaten und Schritte für ein gelungenes Ergebnis vor!

9.4 Doppelte Wesentlichkeit

Die Anforderung an eine Doppelte Wesentlichkeitsanalyse (auch als Doppelte Materialität bezeichnet) gilt als eine der bedeutenden Neuerungen der Berichterstattung zur Nachhaltigkeit. Wesentlichkeit ist die Eingrenzung der Informationen auf für den Adressatenkreis relevante Informationen. Wie sollen Unternehmen die Vielzahl an Einzelaspekten auf für sie wesentliche Themen beschränken? Durch Betrachtung von Nachhaltigkeitsaspekten aus zwei Perspektiven ergibt sich diese Notwendigkeit. Mit der Themenpriorisierung im Rahmen der Analyse wird eine zentrale Anforderung der CSRD umgesetzt. Diese Themenpriorisierung entscheidet darüber, was berichtet werden muss. Nähere Informationen und Anforderungen befinden sich in ESRS 1

(Definitionen) und in ESRS 2 (Anforderungen an die Beschreibung der Durchführung der Analyse). Bild 9.4 zeigt das Prinzip der zweiperspektivischen Betrachtung und der zu betrachtenden Wirkungsbeziehung zwischen einem Unternehmen und seinem Umfeld. Die drei Schritte fassen sehr vereinfacht das Vorgehen bei dieser Analyse zusammen.

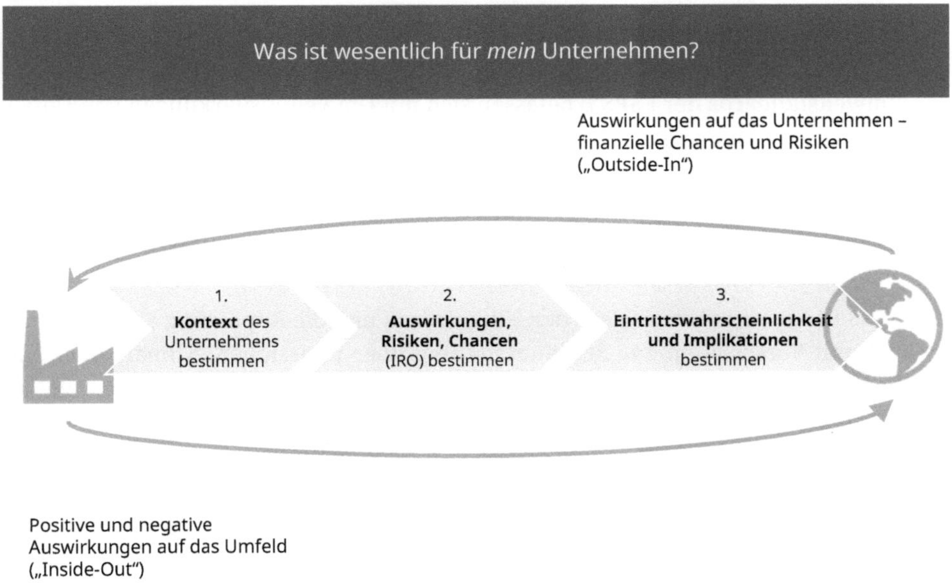

Bild 9.4 Doppelte Wesentlichkeitsanalyse gemäß ESRS 1 [2023] und ESRS 2 [2023]

Praxistipp

- Beziehe alle Verantwortlichen in die Doppelte Wesentlichkeitsanalyse ein und validiere die Ergebnisse mit Deinen Stakeholdern.
- Nutze branchenspezifische Benchmarks und Best Practices, um Deine Doppelte Wesentlichkeitsanalyse zu schärfen.
- Beginne früh mit dieser Analyse, um Deine Prioritäten klar zu definieren.

Wesentlichkeitsanalyse ist wie ein Kompass in der Nachhaltigkeitswüste – sie mag anstrengend sein, aber sie zeigt den Weg zu den Oasen der Effizienz, indem sie hilft, die wirklich wichtigen Themen zu priorisieren und Ressourcendurststrecken zu meiden!

9.5 ESRS-Anforderungen im Detail

Nachfolgend sollen die Ziele der drei thematischen Bereiche – Umwelt, Soziales und Governance – näher beschrieben werden.

9.5.1 Umweltstandards: ESRS E

Die Umweltstandards der ESRS E befassen sich mit Umweltauswirkungen von Unternehmen. Diese Standards umfassen fünf Hauptthemen – Klimaschutz, Umweltverschmutzung, Wasser- und Meeresressourcen, biologische Vielfalt und Kreislaufwirtschaft – und mehrere spezifische Offenlegungspflichten. Diese Themen sollen Unternehmen dabei unterstützen, ihre direkten und indirekten Umweltauswirkungen zu erfassen und transparent zu machen.

Der ESRS E1 konzentriert sich auf den Klimaschutz und die Anpassung an den Klimawandel, mit Vorschriften zur Berichterstattung über Emissionen, Klimarisiken und -chancen. ESRS E2 behandelt Umweltverschmutzung, von der Luft- bis zur Bodenverschmutzung, und fordert Unternehmen auf, ihre Strategien und finanziellen Auswirkungen offenzulegen. Der Standard ESRS E3 widmet sich dem Management von Wasser- und Meeresressourcen, während ESRS E4 die Wichtigkeit von biologischer Vielfalt und Ökosystemen hervorhebt. Schließlich behandelt ESRS E5 die Praktiken der Ressourcennutzung und die Förderung der Kreislaufwirtschaft, um Nachhaltigkeit im gesamten Produktlebenszyklus zu unterstützen.

Zusätzlich werden Kennzahlen vorgeschlagen, um die Umsetzung dieser Standards zu messen, wie z. B. CO_2-Emissionen, Anteil erneuerbarer Energien, Wasserverbrauch und Recyclingraten. Praktische Tipps, wie die Nutzung des Global Risks Reports [WEF 2024] und verschiedener Berichterstattungstools, sollen Unternehmen dabei unterstützen, die Anforderungen effizient zu erfüllen und ihre Umweltauswirkungen verantwortungsvoll zu managen. Bild 9.5 listet Beispiele von Kennzahlen zu Umweltstandards gemäß ESRS.

Bei der Implementierung der Umweltstandards gemäß den ESRS E sollten Unternehmen bestimmte Kernaspekte berücksichtigen, um sicherzustellen, dass ihre Bemühungen hinsichtlich den Umweltaspekten effizient und wirksam sind. Eine sorgfältige Doppelte Wesentlichkeitsanalyse entscheidet darüber, welche die relevantesten Umweltaspekte sowie die wesentlichen Stakeholder für das jeweilige Geschäftsmodell sind. Diese Priorisierung ermöglicht eine zielgerichtete Ressourcenzuweisung und eine fokussierte Berichterstattung.

Bild 9.5 Kennzahlen der Umweltstandards (Beispiele) gemäß ESRS E1 [2023], ESRS E2 [2023], ESRS E3 [2023], ESRS E4 [2023], ESRS E5 [2023]

Eine weitere wesentliche Komponente ist die Sicherstellung der Datenqualität und -verfügbarkeit. Zuverlässige und genaue Umweltdaten bilden das Fundament für eine glaubwürdige Berichterstattung und informierte Entscheidungsprozesse. Daher sollten Unternehmen robuste Systeme für die Datensammlung und -analyse etablieren und auf die Vollständigkeit, Konsistenz und Nachprüfbarkeit der Daten achten. Die Integration der Umweltstandards in bestehende Geschäfts- und Managementprozesse kann deren Effizienz erheblich steigern. Die Verankerung von Nachhaltigkeitsüberlegungen im Kerngeschäft fördert eine durchgängige Berücksichtigung von Umweltaspekten. Darüber hinaus ist die klare Zuweisung von Verantwortlichkeiten innerhalb der Organisation für die erfolgreiche Umsetzung und Überwachung der Standards unerlässlich. Zudem ist eine fortlaufende Bildung und Schulung der Mitarbeiter bezüglich Umweltstandards und -praktiken entscheidend, um ein durchgängiges Verständnis und Engagement auf allen Ebenen der Organisation zu fördern. Schließlich ist eine kontinuierliche Überwachung und Bewertung der umgesetzten Maßnahmen vonnöten, um deren Effektivität sicherzustellen und Verbesserungspotenziale zu identifizieren. Dies schließt auch ein proaktives Risikomanagement ein, um Umweltrisiken zu erkennen, zu bewerten und zu mindern. Durch die Beachtung dieser Aspekte können Unternehmen einen umfassenden und wirksamen Ansatz zur Erfüllung der ESRS-Umweltstandards verfolgen, der nicht nur regulatorischen Anforderungen entspricht, sondern auch nachhaltigen Wert für das Unternehmen und seine Stakeholder schafft.

Bei der Umsetzung von Umweltstandards gemäß ESRS können folgende Instrumente eine Hilfestellung bieten:

- Umweltmanagement-Systeme
- Risikomanagement-Software
- Leistungsindikatoren und Benchmarking-Tools
- Materialflussanalyse und Lebenszyklusanalyse
- Compliance-Management-Systeme

Durch die Nutzung dieser Instrumente können Unternehmen nicht nur die Anforderungen der ESRS effektiv erfüllen, sondern auch ihre gesamte Umweltleistung verbessern und nachhaltiger agieren.

Praxistipp

- Konsultiere regelmäßig den Global Risks Report [WEF 2024], um Dich über die aktuellen Umweltrisiken zu informieren und diese in Deine Risikobewertung und Strategieplanung einzubeziehen.
- Implementiere spezialisierte Software und Tools, die den Prozess der Datenerhebung, Analyse und Berichterstattung automatisieren und vereinfachen, um Fehler zu reduzieren und Zeit zu sparen.
- Fördere eine Kultur der Nachhaltigkeit in Deinem Unternehmen, indem Du Mitarbeiter schulst und sie ermutigst, aktiv an der Reduzierung von Umweltauswirkungen mitzuwirken und Nachhaltigkeitsinitiativen zu unterstützen.

9.5.2 Soziale Standards: ESRS S

Die Sozialstandards gemäß ESRS S – S1, S2, S3 und S4 bieten einen Rahmen für Unternehmen, um ihre sozialen Auswirkungen zu bewerten und zu berichten. Diese Standards sind entscheidend, da sie nicht nur die internen Mitarbeiterbelange adressieren, sondern auch die externen sozialen Aspekte entlang der gesamten Wertschöpfungskette, von der Beschaffung bis zum Endkunden. Die ESRS-Standards S1, S2, S3 und S4 legen den Begriff der Wertschöpfungskette weit aus und beziehen auch nachgelagerte Wertschöpfungsschritte wie Liefer-, Marketing- und Vertriebsaktivitäten in die Berichterstattung ein, sofern diese als wesentlich eingestuft werden. Bild 9.6 listet Beispiele von Kennzahlen zu sozialen Standards gemäß ESRS auf, welche Unternehmen nutzen können, um ihre sozialen Leistungen transparent und effektiv zu kommunizieren.

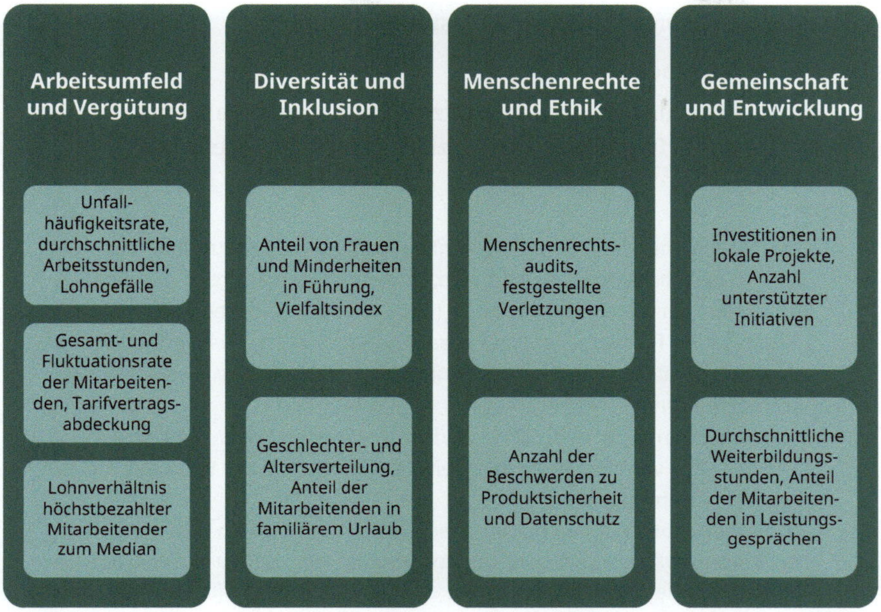

Bild 9.6 Kennzahlen der Sozialstandards (Beispiele) gemäß ESRS S1 [2023], ESRS S2 [2023], ESRS S3 [2023]und ESRS S4 [2023]

Bei der Umsetzung der sozialen Standards gemäß ESRS sollten Unternehmen mehrere Schlüsselfaktoren berücksichtigen, um eine effektive und verantwortungsbewusste Berichterstattung zu gewährleisten. Es ist entscheidend, dass Unternehmen eine ganzheitliche Perspektive einnehmen und alle sozialen Aspekte, die für ihr spezifisches Geschäftsmodell und ihre Branche relevant sind, gründlich abdecken. Dies schließt die Bewertung und Offenlegung der Auswirkungen ihrer Geschäftsaktivitäten auf Mitarbeiter, Lieferanten, Kunden und die lokale Gemeinschaft ein. Eine solche umfassende Berichterstattung hilft, die vollständigen sozialen Auswirkungen des Unternehmens zu verstehen und angemessen darauf zu reagieren. Unternehmen sollten offenlegen, wie sie Daten sammeln und analysieren und wie sie die soziale Leistung im Laufe der Zeit verbessern möchten. Die Berichterstattung sollte klar, verständlich und überprüfbar sein, um allen Interessengruppen ein klares Bild der Unternehmenspraktiken und -leistungen zu vermitteln.

Bei der Umsetzung von sozialen Standards gemäß ESRS können folgende Instrumente eine Hilfestellung bieten:

- Stakeholder-Management-Tools
- Sozial-Audits und -Assessments
- Sozialmanagement-Systeme
- Lieferantenbewertungs- und -überwachungssysteme

- Beschwerdemechanismen und Konfliktlösungsverfahren
- Risikomanagement-Tools

Durch die Implementierung dieser unterstützenden Instrumente können Unternehmen einen Beitrag zur Erfüllung der ESRS-Sozialstandards schaffen.

Praxistipp

- Mach Dich mit den Menschenrechtsanforderungen vertraut, die in den ESRS-Sozialstandards verankert sind, insbesondere basierend auf den Leitprinzipien der Vereinten Nationen (UN-Leitlinien) und den Leitsätzen der Organisation für wirtschaftliche Zusammenarbeit (Organisation for economic Co-operation and Development/OECD) sowie den sozialen Mindestschutzkriterien.
- Wenn die Standards ESRS S2, S3 und S4 laut Deiner Wesentlichkeitsanalyse relevant sind, verfolge einen ganzheitlichen Ansatz bei der Betrachtung Deiner Wertschöpfungskette.
- Halte die Anforderungen der Standards ESRS S2 und S3 im Zusammenhang mit dem deutschen Lieferkettensorgfaltspflichtengesetz und der bevorstehenden EU-Regulierung Corporate Sustainability Due Diligence Directive (CSDDD) ein.

9.5.3 Governance-Standards

Die Governance-Standards der ESRS G konzentrieren sich auf die Unternehmensführung und ethische Praktiken. Insbesondere der ESRS G1 stellt einen entscheidenden Rahmen für die Berichterstattung über Unternehmensführung und ethische Praktiken dar. Sie umfassen eine Reihe von Themen, die für eine verantwortungsvolle und transparente Unternehmensführung entscheidend sind. Unternehmen sollten bei der Umsetzung des ESRS G1 besonders auf die Einhaltung gesetzlicher und ethischer Standards, die Offenlegung von Governance-Strukturen, das Stakeholder-Engagement und die kontinuierliche Überprüfung ihrer Praktiken achten. Diese Standards zielen darauf ab, die Transparenz und Verantwortlichkeit in der Geschäftsführung zu erhöhen und sicherzustellen, dass Unternehmen ethisch handeln und ihre sozialen und ökologischen Verpflichtungen ernst nehmen. Bild 9.7 listet Beispiele an Kennzahlen der Governance-Standards auf.

Bild 9.7 Kennzahlen der Governance-Standards (Beispiele) gemäß ESRS G1 [2023]

Die Governance-Standards gemäß ESRS G1 fordern von Unternehmen, ihre Unternehmensführung und ethischen Praktiken kritisch zu überdenken und transparent zu gestalten. Im Kern steht die Einhaltung gesetzlicher Vorschriften, interner Richtlinien und ethischer Standards, die die Korruptionsbekämpfung, die Einhaltung von Menschenrechten und die Gewährleistung fairer Geschäftspraktiken umfassen. Ein entscheidender Aspekt ist die Transparenz in der Berichterstattung: Unternehmen sind aufgefordert, offen über ihre Governance-Strukturen, Entscheidungsprozesse und Risikomanagementansätze zu berichten, einschließlich umfassender Informationen über den Vorstand, das Management und relevante Stakeholder. Schließlich sind eine kontinuierliche Überwachung und Überprüfung der Governance-Strukturen und -Praktiken erforderlich. Dies hilft nicht nur, ihre Effektivität sicherzustellen, sondern auch, Bereiche für potenzielle Verbesserungen zu identifizieren und umzusetzen, was zur Stärkung der Gesamtstrategie und zum nachhaltigen Unternehmenserfolg beiträgt.

Praxistipp

- Sei Dir bewusst, dass der Standard ESRS G1 sofort gilt und berichtspflichtige Unternehmen die Offenlegungsanforderungen ab dem ersten Berichtsjahr vollständig erfüllen müssen.
- Verstehe die sogenannte Corporate Governance als den rechtlichen und faktischen Rahmen für die Unternehmensführung und -überwachung, basierend auf dem Deutschen Corporate Governance Kodex von 2022 [Regierungskommission 2022].
- Etabliere eine klare Governance-Struktur, die Transparenz und Verantwortlichkeit innerhalb des Unternehmens fördert, um den Anforderungen des ESRS G1 gerecht zu werden.

9.6 Weitere Tipps für Integration in Nachhaltigkeitsstrategie

Um von null zum CSRD-konformen Bericht zu gelangen, kannst Du wie folgt vorgehen:

1. Stelle sicher, dass die Führungskräfte die Bedeutung der CSRD- und ESRS-Initiativen verstehen, unterstütze diese aktiv und integriere die Prinzipien fest in die Kernstrategie des Unternehmens, während Du eine klare Vision und starkes Engagement für Nachhaltigkeit förderst.
2. Integriere nachhaltige Ziele in Deine langfristige Planung und Entscheidungsprozesse und verankere sie fest in den bestehenden Geschäftsabläufen und Managementstrukturen.
3. Führe regelmäßige Überprüfungen Deiner Nachhaltigkeitsstrategien und -praktiken durch, um sicherzustellen, dass sie mit den neuesten Entwicklungen und bewährten Methoden im Einklang stehen.
4. Bilde eine spezialisierte Task Force für CSRD und ESRS, die Vertreter aus allen relevanten Abteilungen umfasst, um eine umfassende und integrierte Herangehensweise zu gewährleisten und Synergien zwischen bestehenden Managementsystemen und themenübergreifenden und themenspezifischen Standards zu maximieren.
5. Implementiere iterative Feedbackmechanismen zur Verbesserung der Nachhaltigkeitsberichterstattung und bleibe stets informiert über sektorenunabhängige Standards wie ESRS 1 und ESRS 2, sowie über spezifische Übergangszeiten und Anpassungsfristen für einzelne Standards.
6. Ermittle wichtige Stakeholder, um ihre Anforderungen und Erwartungen zu verstehen, und halte sie durch regelmäßige Updates über Entwicklungen und Herausforderungen auf dem Laufenden.
7. Integriere alle Prozessbeteiligten aktiv in die Durchführung der Doppelten Wesentlichkeitsanalyse und bleibe hinsichtlich der neuesten Trends und Informationen von EFRAG und der Europäischen Union stets informiert.
8. Analysiere die Umsetzungsstrategien von CSRD und ESRS in anderen Unternehmen, ziehe Lehren aus ihren Erfolgen und Fehlern und fördere eine Zusammenarbeit innerhalb Deiner Lieferkette.
9. Starte Pilotprojekte, um praxisnahe Einblicke zu gewinnen, und bestimme den Zeitpunkt, ab wann Dein Unternehmen den CSRD-Richtlinien unterliegt.

10. Rüste Dich für die Berichtsanforderungen, indem Du Dich eingehend mit den Schlüsselaspekten der Nachhaltigkeit Deines Unternehmens beschäftigst und frühzeitig notwendige Anpassungen in Prozessen und Systemen vornimmst.
11. Mach Dich frühzeitig mit den ESRS-Richtlinien vertraut – unabhängig von der aktuellen Berichtspflicht – und starte so früh wie möglich mit der systematischen Datensammlung.
12. Implementiere leistungsfähige Systeme für die Datenerhebung und -analyse und optimiere Deine IT-Strukturen entsprechend den Anforderungen.
13. Vereinfache den Berichtsprozess durch den Einsatz vielfältiger Instrumente und beziehe Erkenntnisse aus dem Global Risks Report mit ein.
14. Berücksichtige, dass für den Standard ESRS G1 keine Übergangsfristen gelten, und entwickle ein systematisches Managementsystem zur Erfassung von Treibhausgasemissionen.
15. Fördere die Kompetenz Deiner Mitarbeiter durch gezielte Schulungen und Weiterbildungen und etabliere ein spezialisiertes Team oder einen Verantwortlichen für die Nachhaltigkeitsberichterstattung.
16. Formuliere und implementiere Richtlinien, die den CSRD- und ESRS-Vorgaben gerecht werden, und setze die Berichterstattung als Instrument zur Messung und Steigerung Deiner Nachhaltigkeitsleistung ein.
17. Vertiefe Dein Verständnis für Menschenrechtsanforderungen, orientiere Dich an internationalen Richtlinien und Abkommen, und analysiere Deine gesamte Wertschöpfungskette im Hinblick auf relevante Normen und gesetzliche Vorgaben.

Global Risks Report ist eine jährliche Publikation des Weltwirtschaftsforums, die die größten Risiken für die weltweite Stabilität und Wirtschaft identifiziert und analysiert. Er wird geschrieben, um Entscheidungsträger in Politik, Wirtschaft und anderen Bereichen auf potenzielle zukünftige Bedrohungen aufmerksam zu machen und um eine Grundlage für Diskussionen und Maßnahmen zur Risikovorsorge und -minderung zu bieten. Der Bericht basiert auf einer Umfrage unter Experten und bietet Einblicke in die Wahrnehmung globaler Risiken hinsichtlich ihrer Wahrscheinlichkeit und potenziellen Auswirkungen. Die wichtigsten Risiken, die im Global Risks Report 2024 hervorgehoben wurden, umfassen in der kurzfristigen Perspektive (über zwei Jahre) insbesondere Fehlinformationen und Desinformationen, extreme Wetterereignisse und gesellschaftliche Polarisierung. Langfristig (über zehn Jahre) stehen extreme Wetterereignisse, kritische Veränderungen der Erdsysteme, der Verlust an Biodiversität und Ökosystem-Kollaps sowie natürliche Ressourcenknappheit im Vordergrund. Diese Risiken spiegeln die zunehmenden Bedenken bezüglich der Auswirkungen des Klimawandels, der technologischen Entwicklungen, insbesondere im Bereich der KI, und der sozialen Kohäsion wider [WEF 2024].

9.7 CSRD-ESRS-Quiz

Reflexion

Was hast Du aus diesem Kapitel mitgenommen? Ergänze folgenden Lückentext:

Die CSRD (Corporate Sustainability Reporting Directive) ist eine EU-Richtlinie, die darauf abzielt, die Qualität und den Umfang der (1) ________________-Berichterstattung von Unternehmen zu verbessern.

CSRD erweitert die Anforderungen der vorherigen Richtlinie, bekannt als (2) ________________, und verpflichtet Unternehmen, über ihre Auswirkungen auf Umwelt und Gesellschaft sowie über ihre (3) ________________-Praktiken zu berichten.

Die ESRS (European Sustainability Reporting Standards) sind entwickelt worden, um Unternehmen bei der Einhaltung der CSRD zu unterstützen, indem sie (4) ________________ und (5) ________________ für die Nachhaltigkeitsberichterstattung bereitstellen.

Eines der Hauptziele der CSRD und ESRS ist es, die (6) ________________ und (7) ________________ von Unternehmen zu erhöhen, indem detaillierte Informationen über ihre Nachhaltigkeitspraktiken bereitgestellt werden.

Die CSRD und ESRS sind besonders wichtig für (8) ________________, da sie detaillierte Informationen über die Nachhaltigkeitsleistung von Unternehmen benötigen, um fundierte Investitionsentscheidungen zu treffen.

Ein wesentlicher Aspekt der CSRD ist die Berücksichtigung der gesamten (9) ________________ eines Unternehmens, einschließlich der vorgelagerten und nachgelagerten Aktivitäten.

Die ESRS decken verschiedene Nachhaltigkeitsbereiche ab, darunter (10) ________________, (11) ________________ und (12) ________________ (drei Säulen der Nachhaltigkeit).

Der Standard (13) ________________ (ESRS 1 oder ESRS E1) setzt sich mit allgemeinen Anforderungen und Prinzipien der Nachhaltigkeitsberichterstattung auseinander und ist für alle Unternehmen verpflichtend. ESRS (14) ________________ (2 oder E1) ist ein wesentlicher Baustein des Berichterstattungsprozesses nach CSRD und umfasst allgemeine Offenlegungsanforderungen. Unabhängig vom Ergebnis der Doppelten Wesentlichkeitsanalyse müssen alle Unternehmen die Standards ESRS 1, ESRS 2, (15) ________________ (ESRS E1 oder ESRS G1) und ESRS S1 erfüllen. ESRS (16) ________________ (E1 oder S1) befasst sich mit Klimaschutz und Anpassung und ist ein verpflichtender Standard für alle berichtspflichtigen Unternehmen.

Richtige Antworten:

(1) Nachhaltigkeits; (2) Non-Financial Reporting Directive (NFRD); (3) Governance; (4) Leitlinien; (5) Standards; (6) Transparenz; (7) Rechenschaftspflicht; (8) Investoren; (9) Wertschöpfungskette; (10) Umwelt; (11) Soziales; (12) Geschäftspraktiken; (13) ESRS 1; (14) ESRS 2; (15) ESRS E1; (16) ESRS E1

Praxistipp

In diesem Kapitel hast Du gelernt, wie die neuen Anforderungen an die Nachhaltigkeitsberichterstattung Transparenz und Verantwortlichkeit fördern – Kernprinzipien des Qualitätsmanagements. Die Einführung der CSRD und ESRS bietet Dir einen klaren Rahmen, um sowohl nachhaltige als auch qualitativ hochwertige Geschäftspraktiken in Deinem Unternehmen zu etablieren.

Literatur

EFRAG (2024): „The first set of ESRS – the journey from PTF to delegated act (adopted on 31 July 2023)", *https://www.efrag.org/lab6*, aufgerufen am 31. 03. 2024

ESRS 1 (2023): „ESRS 1 General requirements", *https://www.efrag.org/Assets/Download?assetUrl=%2Fsites%2Fwebpublishing%2FSiteAssets%2FESRS%25201%2520Delegated-act-2023-5303-annex-1_en.pdf*, aufgerufen am 31. 03. 2024

ESRS 2 (2023): „ESRS 2 General Disclosures", *https://www.efrag.org/Assets/Download?assetUrl=%2Fsites%2Fwebpublishing%2FSiteAssets%2FESRS%25202%2520Delegated-act-2023-5303-annex-1_en.pdf*, aufgerufen am 31. 03. 2024

ESRS E1 (2023): „ESRS E1 Climate Change", *https://www.efrag.org/Assets/Download?assetUrl=%2Fsites%2Fwebpublishing%2FSiteAssets%2FESRS%2520E1%2520Delegated-act-2023-5303-annex-1_en.pdf*, aufgerufen am 31. 03. 2024

ESRS E2 (2023): „ESRS E2 Pollution", *https://www.efrag.org/Assets/Download?assetUrl=%2Fsites%2Fwebpublishing%2FSiteAssets%2FESRS%2520E2%2520Delegated-act-2023-5303-annex-1_en.pdf*, aufgerufen am 31. 03. 2024

ESRS E3 (2023): „ESRS E3 Water and marine resources", *https://www.efrag.org/Assets/Download?assetUrl=%2Fsites%2Fwebpublishing%2FSiteAssets%2FESRS%2520E3%2520Delegated-act-2023-5303-annex-1_en.pdf*, aufgerufen am 31. 03. 2024

ESRS E4 (2023): „ESRS E4 Biodiversity and ecosystems", *https://www.efrag.org/Assets/Download?assetUrl=%2Fsites%2Fwebpublishing%2FSiteAssets%2FESRS%2520E4%2520Delegated-act-2023-5303-annex-1_en.pdf*, aufgerufen am 31. 03. 2024

ESRS E5 (2023): „ESRS E5 Resource use and circular economy", *https://www.efrag.org/Assets/Download?assetUrl=%2Fsites%2Fwebpublishing%2FSiteAssets%2FESRS%2520E5%2520Delegated-act-2023-5303-annex-1_en.pdf*, aufgerufen am 31. 03. 2024

ESRS G1 (2023): „ESRS G1 Business conduct", *https://www.efrag.org/Assets/Download?assetUrl=%2Fsites%2Fwebpublishing%2FSiteAssets%2FESRS%2520G1%2520Delegated-act-2023-5303-annex-1_en.pdf*, aufgerufen am 31. 03. 2024

ESRS S1 (2023): „ESRS S1 Own workforce", *https://www.efrag.org/Assets/Download?assetUrl=%2Fsites%2Fwebpublishing%2FSiteAssets%2FESRS%2520S1%2520Delegated-act-2023-5303-annex-1_en.pdf*, aufgerufen am 31. 03. 2024

ESRS S2 (2023): „ESRS S2 Workers in the value chain", *https://www.efrag.org/Assets/Download?assetUrl=%2Fsites%2Fwebpublishing%2FSiteAssets%2FESRS%2520S2%2520to%2520S4%2520Delegated-act-2023-5303-annex-1_en.pdf*, aufgerufen am 31. 03. 2024

ESRS S3 (2023): „ESRS S3 Affected communities", *https://www.efrag.org/Assets/Download?assetUrl=%2Fsites%2Fwebpublishing%2FSiteAssets%2FESRS%2520S2%2520to%2520S4%2520Delegated-act-2023-5303-annex-1_en.pdf*, aufgerufen am 31. 03. 2024

ESRS S4 (2023): „ESRS S4 Consumers and end-users", *https://www.efrag.org/Assets/Download?assetUrl=%2Fsites%2Fwebpublishing%2FSiteAssets%2FESRS%2520S2%2520to%2520S4%2520Delegated-act-2023-5303-annex-1_en.pdf*, aufgerufen am 31. 03. 2024

European Commission (o. J.): „Corporate Sustainability Reporting", *https://finance.ec.europa.eu/capital-markets-union-and-financial-markets/company-reporting-and-auditing/company-reporting/corporate-sustainability-reporting_en*, aufgerufen am 31. 03. 2024

Regierungskommission (2002): „Deutscher Corporate Governance Kodex", *https://dcgk.de//files/dcgk/usercontent/de/download/kodex/220627_Deutscher_Corporate_Governance_Kodex_2022.pdf*, aufgerufen am 31. 03. 2024

WEF – World Economic Forum (2024): „Global Risk Report", *https://www3.weforum.org/docs/WEF_The_Global_Risks_Report_2024.pdf*, aufgerufen am 31. 03. 2024

10 Alle wollen's, keiner macht's

Linda Chalupová

Kennst Du die Herausforderung, Nachhaltigkeitsziele in die Tat umzusetzen? In einer Welt, die medial und immer mehr in der Gesetzgebung Nachhaltigkeit thematisiert, stehen viele vor der Diskrepanz zwischen ambitionierten Zielen und ihrer praktischen Realisierung. Oft mangelt es nicht an Willen, sondern an den richtigen Ansätzen. Entdecke in praxisnahen Dialogen mögliche Lösungswege und lass Dich inspirieren, Nachhaltigkeitsmaßnahmen erfolgreich einzuführen.

10.1 Julia und Michael

An einem Nachmittag im Büro bringt Geschäftsführer Michael enthusiastisch das Thema Nachhaltigkeit auf, angeregt durch seine jüngsten Lektüren. Doch wie so oft im Geschäftsalltag prallen große Ideen auf die harte Realität der Umsetzung, wie Julia, die frisch ernannte Nachhaltigkeitsmanagerin, schnell feststellt.

Geschäftsführer Michael: (tritt mit einem breiten Lächeln ins Büro) „Guten Morgen, Julia! Ich habe gerade einen Artikel über Nachhaltigkeit gelesen. Wir sollten da wirklich was machen. Denkst Du nicht auch?“

Julia: (etwas skeptisch) „Guten Morgen, Michael. Ja, das sage ich ja schon seit Monaten. Wir müssen uns unsere CO_2-Bilanz anschauen, um die durch unser Unternehmen verursachten CO_2-Emissionen weiter zu reduzieren.“

Michael: „Genau, genau! Wie wäre es, wenn wir anfangen, nur noch Recycling-Papier zu verwenden? Das klingt doch nachhaltig, oder?“

Julia: „Ähm, das ist ein Anfang, aber wir sollten vielleicht etwas Größeres anstreben. Wie wäre es mit einer Umstellung auf erneuerbare Energien oder einer Reduzierung unserer Flugreisen?“

Michael: (lacht) „Julia, Julia, wir wollen doch nicht gleich übertreiben. Fangen wir klein an. Wie wäre es, wenn wir alle zwei Tage das Licht in der Lobby ausschalten? Energie gespart!"

Julia: „Das ist … ein Tropfen auf den heißen Stein. Wir sollten wirklich eine umfassende Strategie entwickeln."

Michael: „Oh, ich habe eine Idee! Wir könnten ‚Nachhaltiger Dienstag' einführen. An diesem Tag arbeiten alle ohne Computer. Zurück zu Stift und Papier, das spart Strom!"

Julia: (leicht frustriert) „Das wäre eher ein ‚Rückschrittlicher Dienstag', Michael. Wir brauchen praktikable Lösungen, die wirklich einen Unterschied machen."

Michael: „Ach, Julia, immer so ernst. Wie wäre es mit einem firmenweiten Wettbewerb, wer die schönste Zimmerpflanze hat? Das verbessert das Raumklima und sieht nett aus!"

Julia: (seufzt) „Ich glaube, wir reden aneinander vorbei. Es geht um substanzielle Veränderungen, nicht um Zimmerpflanzen."

Michael: „Na gut, na gut. Lass uns das beim nächsten Meeting nochmal besprechen. Jetzt muss ich los, mein neuer Dienstwagen wird geliefert. Super umweltfreundlich – er hat einen Hybrid-Aufkleber!"

Julia: (kopfschüttelnd) „Hybrid-Aufkleber machen noch kein umweltfreundliches Auto, Michael …"

Michael: (winkt beim Hinausgehen) „Details, Julia, Details! Wir sehen uns beim ‚Nachhaltigen Dienstag'!"

Julia bleibt zurück, sichtlich bemüht, ihre Frustration zu verbergen, während sie sich fragt, wie sie die Geschäftsführung von echten nachhaltigen Maßnahmen überzeugen kann.

Was fällt Dir an Julias Kommunikation auf? Mit welchen Maßnahmen könnte Julia die Geschäftsführung überzeugen?

Obwohl Michael mit seinen Vorschlägen den Anschein von Engagement für Nachhaltigkeit erweckt, zeigt der Dialog deutlich, dass echte, tiefgreifende Veränderungen oft in den Anfängen stecken bleiben. Dieses Gespräch illustriert eindrucksvoll das zentrale Dilemma vieler Unternehmen: Trotz offenkundiger Bereitschaft zur Nachhaltigkeit scheitert die Umsetzung an mangelndem Verständnis und echter Hingabe. „Alle wollen's, keiner macht's" bleibt somit eine treffende Beschreibung für das beständige Ringen zwischen guten Absichten und tatsächlichem Handeln.

10.2 Manfred und Andrea

In diesem Kapitel ergründen wir die komplexe Aufgabe der Implementierung von Nachhaltigkeitszielen innerhalb eines Unternehmens. Dabei werden wir Zeuge der praxisnahen Dialoge zwischen Manfred, dem engagierten Nachhaltigkeitsbeauftragten, der sich aus seiner früheren Rolle als Qualitätsmanager weiterentwickelt hat, und Andrea, der Geschäftsführerin, die die Wichtigkeit von Nachhaltigkeit erkennt, jedoch mit den realen Herausforderungen und Barrieren der Umsetzung im Unternehmenskontext konfrontiert ist. Trotz des gemeinsamen Verständnisses für Nachhaltigkeit, das beide teilen, offenbaren ihre Gespräche die Spannungen zwischen ambitionierten Nachhaltigkeitszielen und den vorherrschenden geschäftsstrategischen Prioritäten, die sich hauptsächlich auf Wirtschaftlichkeit konzentrieren. Manfreds Versuche, nachhaltige Praktiken voranzutreiben – von Veränderungen im Kantinenangebot über die Reduktion von Dienstreisen und die Förderung von Homeoffice bis hin zur Umstellung auf lokale Lieferketten – stoßen auf Andreas vorsichtige Abwägung der ökonomischen und strategischen Folgen. Diese Interaktionen zwischen den Charakteren zeichnen ein lebhaftes Bild der Herausforderungen, die es zu überwinden gilt, gemäß dem Motto „Alle wollen's, keiner macht's".

Inmitten der ehrgeizigen Vision einer nachhaltigeren Betriebskantine enthüllt der Dialog zwischen Manfred und Andrea das vertraute Dilemma: Alle befürworten Nachhaltigkeit, doch konkrete Schritte bleiben oft aus.

Dialog 1: Kantinenangebot

Manfred: „Andrea, wir sollten unser Kantinenangebot auf mehr vegetarische und vegane Optionen umstellen, um unseren ökologischen Fußabdruck zu verringern. Viele unserer Kollegen essen bereits vegetarisch oder vegan, und es ist wichtig, dass wir auch deren Bedürfnisse erfüllen. Zudem unterstützt der Umstieg auf pflanzenbasierte Speisen die globale Nachhaltigkeit, da tierische Produkte bekanntermaßen eine erhebliche Umweltbelastung darstellen."

Andrea: „Manfred, ich schätze wirklich dein Engagement und verstehe die Vorteile, die du ansprichst. Aber es geht hier um mehr als nur eine Entscheidung für die Kantine – es berührt kulturelle Widerstände. Die Tradition des Steak-Tags hat sich im Unternehmen festgesetzt, und viele sehen darin einen Teil ihrer Arbeitswoche, auf den sie sich freuen. Ein Wandel in dieser Richtung würde bedeuten, diese Kultur zu hinterfragen, und ich muss dir ehrlich sagen, dass ich trotz meiner persönlichen Überzeugung für Nachhaltigkeit derzeit nicht die Unterstützung im Vorstand sehe, die nötig wäre, um diesen Wandel anzustoßen."

Wie kann das Gespräch weitergehen? Wie würdest Du auf Andreas Antwort reagieren?

Mögliche Antwort Nr. 1

Manfred: „Andrea, ich verstehe die Herausforderungen, die du aufzeigst. Dennoch sollten wir die Kostensenkungen und den Gewinn für unsere Markenreputation, den eine grünere Kantine bringen kann, nicht unterschätzen. Dies könnte uns als Vorreiter im Bereich Nachhaltigkeit positionieren und unser Unternehmensimage in den Augen unserer Kunden und Mitarbeiter stärken. Wie wäre es, wenn wir ein Pilotprojekt starten, das den finanziellen Nutzen und die positive Resonanz genau misst?"

Mögliche Antwort Nr. 2

Manfred: „Ich höre, was du sagst, Andrea, und bin nicht darauf aus, Traditionen über Bord zu werfen. Könnten wir vielleicht als ersten Schritt einen ‚Fleischfreien Montag' einführen, anstatt den Steak-Tag ganz abzuschaffen? Ein kleiner Schritt könnte uns helfen, die Wasser auf ihre Tragfähigkeit zu testen und gleichzeitig das Umweltbewusstsein und Mitarbeiterengagement zu fördern, ohne sofortige große Veränderungen vorzunehmen."

Mögliche Antwort Nr. 3

Manfred: „Andrea, es ist klar, dass wir noch einen langen Weg vor uns haben. Vielleicht könnten wir damit beginnen, unsere Mitarbeiter durch Workshops über die Umweltauswirkungen ihrer Essgewohnheiten aufzuklären. Bildung ist der Schlüssel zur Veränderung, und ein besser informiertes Team könnte auch den Vorstand eher von der Notwendigkeit solcher Maßnahmen überzeugen."

Dieser Austausch zwischen Manfred und Andrea unterstreicht, dass es trotz vielfältiger Strategien und gutem Willen zur Nachhaltigkeit eine Herausforderung ist, Nachhaltigkeitsinitiativen umzusetzen.

Der zweite Dialog zwischen Manfred und Andrea taucht tief in die Debatte um Dienstreisen und Homeoffice-Optionen ein.

Dialog 2: Dienstreisen und Homeoffice

Manfred: „Andrea, wir stehen vor einer großen Chance, unsere CO_2-Bilanz signifikant zu verbessern. Ich habe die Zahlen durchgerechnet, und eine konsequente Reduzierung von Geschäftsreisen, eine Förderung von Homeoffice-Tagen und eine Anpassung unserer Dienstwagenpolitik könnten zusammen unseren CO_2-Fußabdruck drastisch verringern. Wir sollten darüber nachdenken, Videokonferenzen statt Reisen zu fördern und flexible Homeoffice-Regelungen einzuführen, die nicht nur die Mitarbeiterzufriedenheit steigern, sondern auch unsere ökologische Verantwortung stärken. Indem wir bei Dienstwagen auf umweltfreundlichere Modelle umsteigen, zeigen wir zudem unser Engagement für den Klimaschutz und senden ein starkes Signal an Kunden und Konkurrenz."

Andrea: „Manfred, ich sehe, dass du dir viele Gedanken gemacht hast, und auf dem Papier klingen diese Ideen großartig. Aber verstehst du nicht die Widerstände, die du hier auslösen würdest? Der Vorstand hängt an seinen Dienstreisen – er sieht es als einen integralen Teil unserer Geschäftsführung an. Und beim Thema Homeoffice haben einige Vorstandsmitglieder Bedenken, dass es zu einem Verlust des Teamgeistes kommen könnte. Deine Zahlen sind überzeugend, und ja, wir müssen unseren CO_2-Ausstoß reduzieren, aber diese Maßnahmen könnten zu tiefgreifenden Verstimmungen führen. Wir können nicht einfach die Größe der Dienstwagen verkleinern und erwarten, dass das auf Gegenliebe stößt. Diese emotionale Bindung zu unseren traditionellen Arbeitsweisen ist eine Barriere, die nicht zu unterschätzen ist."

Wie kann das Gespräch weitergehen? Wie würdest Du auf Andreas Antwort reagieren?

Mögliche Antwort Nr. 1

Manfred: „Ich verstehe deine Bedenken, Andrea, und die emotionale Bindung an etablierte Praktiken. Aber wenn wir jetzt nicht handeln, riskieren wir nicht nur unsere Compliance bezüglich künftiger Umweltgesetze, sondern verpassen auch die Chance, als Pioniere anerkannt zu werden. Vielleicht könnten wir mit einer freiwilligen Homeoffice-Option beginnen und sehen, wie das Team darauf reagiert, bevor wir es weiter ausbauen."

Mögliche Antwort Nr. 2

Manfred: „Ich weiß, die Vorstellung von kleineren Dienstwagen lässt einige im Vorstand vielleicht glauben, wir müssten unsere Beine beim Fahren anziehen. Aber stellen wir uns vor, wie wir durch die Stadt flitzen, als wären wir in einem James-Bond-Film, dabei CO_2 sparen und die Welt retten! Einen Versuch ist es wert, oder? Vielleicht könnten wir als ersten Schritt einen ‚Umweltfreundlichen Freitag' einführen, an dem wir alle umweltfreundliche Transportmittel nutzen – und ja, dazu gehören auch Fahrräder!"

Mögliche Antwort Nr. 3

Manfred: „Andrea, ich weiß, dass Veränderung immer schwierig ist, aber wir sind nicht die Ersten, die diesen Weg gehen. Andere Unternehmen in unserer Branche haben ähnliche Maßnahmen bereits erfolgreich implementiert und nicht nur ihre CO_2-Bilanz verbessert, sondern auch ihre Mitarbeiterbindung gestärkt. Ich habe Fallstudien, die genau das belegen. Vielleicht könnten wir uns diese Erfolgsgeschichten gemeinsam anschauen und daraus lernen, wie wir solche Initiativen trotz anfänglichem Widerstand umsetzen können."

Während Manfred innovative Lösungen vorlegt, die sowohl die Zufriedenheit der Mitarbeitenden als auch die CO_2-Bilanz verbessern könnten, offenbart Andreas zögerliche Reaktion die Spannung zwischen dem Wunsch nach Veränderung und dem Festhalten an traditionellen Arbeitsweisen, was den Lesern zeigt, dass der Weg zur Nachhaltigkeit nicht nur durch Absichten, sondern auch durch praktische Strategien und beharrliche Überzeugungsarbeit gepflastert ist.

Im dritten Dialog des Kapitels stehen Manfred und Andrea vor dem komplexen Thema der Lokalisierung von Lieferketten, wo das Bestreben, regionale Anbieter zu integrieren, auf die harte Realität von Kosten und Verfügbarkeit trifft.

Dialog 3: Lokale Lieferketten

Manfred: „Andrea, ich denke, wir könnten einen großen Schritt in Richtung Nachhaltigkeit machen, wenn wir unsere Lieferantenstruktur optimieren. Indem wir stärker auf lokale Lieferanten setzen, könnten wir nicht nur die lokale Wirtschaft unterstützen und unsere CO_2-Emissionen durch kürzere Transportwege senken, sondern auch unsere Lieferkette resilienter machen. Es wäre ein Signal an die Gemeinschaft, dass wir uns für das Wohl der Region und für ökologische Verantwortung einsetzen."

Andrea: „Manfred, das Konzept der Lokalisierung klingt zwar gut im Sinne der Nachhaltigkeit, aber wir müssen realistisch bleiben. Die Umstellung auf lokale Lieferanten könnte eine Kostensteigerung bedeuten, die sich nicht so leicht umsetzen lässt, wie du dir das vorstellst. Unsere globalen Einkaufsstrategien sind darauf ausgerichtet, Kosten zu optimieren. Wir müssen sorgfältig abwägen, ob die lokalen Anbieter unseren Bedarf zu konkurrenzfähigen Preisen decken können, ohne dabei Kompromisse bei der Qualität einzugehen. Verfügbarkeit ist ebenfalls eine Herausforderung; nicht alles, was wir benötigen, ist immer lokal verfügbar. Ich befürchte, dein Vorschlag ist nicht umsetzbar."

Wie kann das Gespräch weitergehen? Wie würdest Du auf Andreas Antwort reagieren?

Mögliche Antwort Nr. 1

Manfred: „Ich verstehe die Bedenken hinsichtlich der Kosten, Andrea. Doch meine Recherchen zeigen, dass die langfristigen Einsparungen durch die Reduzierung der Logistikkosten und die Stärkung der Resilienz unserer Lieferkette die anfänglichen Ausgaben übertreffen könnten. Wir könnten gemeinsam eine detaillierte Kosten-Nutzen-Analyse durchführen, um zu sehen, wie lokale Lieferanten letztlich zu unserem finanziellen Vorteil beitragen können."

Mögliche Antwort Nr. 2

Manfred: „Andrea, wir sind zwar nicht die Ersten, die mit diesem Dilemma konfrontiert sind, aber schauen wir uns Unternehmen ähnlicher Größe an, die erfolgreich auf lokale Lieferanten umgestellt haben. Ihre Erfahrungen könnten wertvolle Einsichten liefern und uns helfen, ähnliche Hürden zu überwinden. Ihre Erfolgsgeschichten könnten uns auch eine Vorlage bieten, um unsere eigenen Strategien anzupassen."

Mögliche Antwort Nr. 3

Manfred: „Andrea, es geht hier nicht nur um Zahlen, sondern um unsere Unternehmensvision. Wenn wir uns öffentlich zu lokalen Quellen bekennen, verankern wir nicht nur Nachhaltigkeit in unserer Marke, sondern kommunizieren auch unsere Werte klar an unsere Stakeholder. Dies könnte eine starke Botschaft sein, die unser Engagement für die lokale Gemeinschaft und den Umweltschutz widerspiegelt und letztlich auch unsere Kundenbindung stärkt."

Trotz Manfreds fundierten Argumenten für den Übergang zu lokalen Lieferanten beleuchtet Andreas Reaktion die vielschichtigen Zielkonflikte, die als Barrieren wirken, und erinnert die Leser daran, dass die erfolgreiche Umsetzung von Nachhaltigkeitszielen häufig eine Gratwanderung zwischen Ideal und Machbarkeit erfordert.

Das Motto „Alle wollen's, keiner macht's" findet in den Dialogen zwischen Manfred und Andrea eine greifbare Darstellung. Diese Gespräche verdeutlichen, dass trotz eines klaren Verständnisses für die Notwendigkeit von Nachhaltigkeit echte Fortschritte oft durch vielfältige Barrieren gehemmt werden. Die Herausforderung liegt darin, diese Hürden nicht nur zu erkennen, sondern auch effektive Wege zu finden, sie zu überwinden und nachhaltige Veränderungen fest im Unternehmensalltag zu verankern.

10.3 Ursachen der Diskrepanz zwischen Wollen und Tun

Weltweit ringen Unternehmen mit der Umsetzung ihrer Nachhaltigkeitsziele, blockiert durch strukturelle Barrieren und systemische Herausforderungen. Externe Faktoren wie gesetzliche Vorgaben und Marktdruck sowie interne Hindernisse, einschließlich traditioneller Geschäftspraktiken und der Fokus auf kurzfristige Gewinne, bremsen innovative Nachhaltigkeitsinitiativen. Dies führt oft zu einer Kluft zwischen Ambition und Realität. Diese Kluft wird häufig durch Diskussionen innerhalb der Unternehmensführung über nachhaltige Lösungen deutlich und wird durch verschiedene Argumente, wie fehlende Ressourcen begründet. Wie sind deine Erfahrungen?

Es gibt sogar ein Phänomen, das dies Diskrepanz beschreibt – das sogenannte Value-Action-Gap: Menschen handeln auch gegen ihre eigenen Überzeugungen und Werte, insbesondere in Bezug auf Umweltbewusstsein und Nachhaltigkeit. Trotz starker umweltbezogener Werte führen Menschen nicht immer die Handlungen aus, die mit diesen Werten übereinstimmen. Dieses Phänomen ist besonders relevant im Kontext der Umwelt- und Nachhaltigkeitsforschung, da es erklärt, warum manche Initiativen zur Förderung nachhaltigen Verhaltens weniger wirksam sind, als theoretisch zu erwarten wäre [DLF 2015].

Das Konzept des Value-Action-Gaps hat sich in der Umweltpsychologie und den Sozialwissenschaften entwickelt, um die Diskrepanz zwischen den Werten und Überzeugungen einer Person und ihrem tatsächlichen Handeln zu beschreiben, insbesondere in Bezug auf umweltbewusstes Verhalten. Die Diskussion über diese Lücke hat ihre Wurzeln in den 1990er-Jahren, als Forscher begannen, sich intensiver mit den Gründen auseinanderzusetzen, warum Menschen, die sich um die Umwelt sorgen, dieses Bewusstsein nicht immer in umweltfreundliches Handeln umsetzen [Blake 1999, Kollmuss, Agyeman 2002]

Eine Studie des Umweltbundesamts (UBA) hebt hervor, dass Emotionen ein Grund für diese Diskrepanz sein können. Emotionen sind laut der Studie sogar entscheidend für Gestaltung und Akzeptanz von Nachhaltigkeitsinitiativen [UBA 2020].

Eine weitere Studie des UBA [UBA 2023] untersucht, wie die in Deutschland lebende Bevölkerung zur Nachhaltigkeit und zu Umweltbelangen steht. Auch hier wird das Phänomen des Value-Action-Gaps deutlich. Zwar ist sich die Mehrheit der Bevölkerung bewusst, dass ein umwelt- und klimafreundlicher Umbau der Wirtschaft erforderlich ist, doch gleichzeitig bestehen erhebliche Bedenken bezüglich der sozialen und ökonomischen Folgen solcher Veränderungen. Diese Ambivalenz kann zu einer Diskrepanz zwischen der Einstellung zur Nachhaltigkeit und den tatsächlich umgesetzten Handlungen führen. Die Notwendigkeit von Umweltschutzmaßnahmen wird erkannt, jedoch herrscht gleichzeitig Bedenken bezüglich der persönlichen und wirtschaftlichen Konsequenzen. Dies führt oft dazu, dass trotz des hohen Bewusstseins für Umweltprobleme notwendige Verhaltensänderungen und politische Maßnahmen nur zögerlich oder unzureichend unterstützt werden.

Eine gläserne Decke ist eine treffende Metapher für die unsichtbaren Barrieren, die aus dem Kontext des Aufstiegs in der beruflichen Hierarchie bekannt ist. Beispielsweise wird über gläserne Decken gesprochen, die es qualifizierten Frauen aus unsichtbaren/nicht bekannten Gründen unmöglich macht, in der Hierarchie aufzusteigen. Die Übertragung der Gläserne-Decke-Metapher auf Nachhaltigkeitsherausforderungen eröffnet eine Perspektive auf die oft unsichtbaren, systemischen Hindernisse, die eine umfassende Implementierung von Nachhaltigkeitsprinzipien behindern. Diese unsichtbaren Barrieren – ob kultureller, struktureller oder finanzieller Natur – erschweren es Nachhaltigkeitsmanager:innen, signifikante Veränderungen durchzusetzen. Solche Parallelen zu ziehen, hilft nicht nur, die Komplexität der Herausforderungen zu verstehen, sondern auch, strategische Ansätze zur Überwindung dieser Barrieren zu entwickeln. Bild 10.1 fasst die möglichen Ursachen dieser gläsernen Decke zusammen.

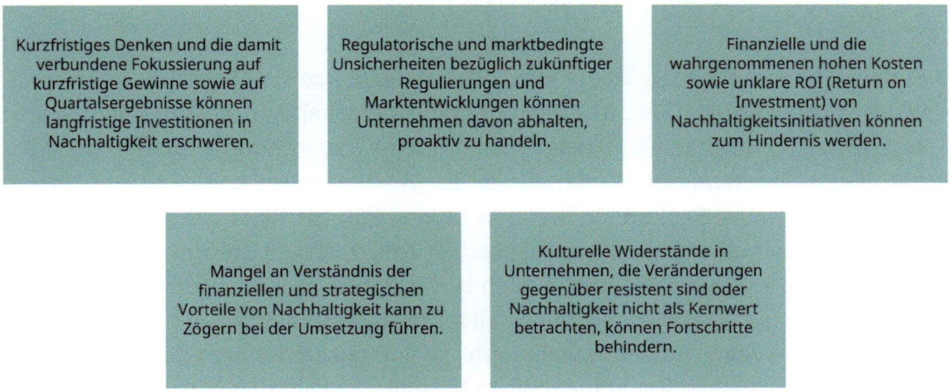

Bild 10.1 Ursachen einer gläsernen Decke im Bereich Nachhaltigkeit

10.4 Impulse zum Durchbrechen von Barrieren

Um diese Barrieren zu durchbrechen, müssen Nachhaltigkeitsmanager:innen effektive Strategien entwickeln, die sowohl die wirtschaftlichen als auch die ökologischen und sozialen Vorteile von Nachhaltigkeit hervorheben. Die Überwindung dieser Diskrepanz erfordert ein Umdenken auf allen Ebenen des Unternehmens. Es geht darum, Nachhaltigkeit als integralen Bestandteil der Unternehmensstrategie zu begreifen und nicht als isoliertes oder zusätzliches Element. Dies bedeutet auch, den Fokus von kurzfristigen zu langfristigen Zielen zu verschieben, was nicht nur dem Planeten, sondern auch dem Unternehmenserfolg zugutekommt.

Durch die Einbeziehung aller Mitarbeitenden in den Nachhaltigkeitsprozess und die Schaffung einer offenen Unternehmenskultur können Unternehmen beginnen, diese Barrieren abzubauen. Indem Ziele klar kommuniziert und Fortschritte regelmäßig überprüft werden, kann eine dynamischere und nachhaltigere Unternehmenskultur gefördert werden. Darüber hinaus können durch die Investition in Schulung und Weiterbildung das Bewusstsein und das Verständnis für Nachhaltigkeitsfragen verbessert werden. Mitarbeitende können ermächtigt werden, selbst zu handeln.

> Die Umsetzung von Nachhaltigkeit beginnt mit kleinen, aber bedeutsamen Schritten. Jede Handlung, jede Entscheidung zählt. Durch die schrittweise Umsetzung von nachhaltigeren Praktiken können Unternehmen nicht nur ihre Nachhaltigkeitsbilanz verbessern, sondern auch eine innovativere, engagiertere und erfolgreichere Zukunft gestalten.

Aus der bereits erwähnten Studie von UBA zur Rolle von Emotionen in Nachhaltigkeitstransformationen [UBA 2020] ergibt sich für Unternehmen, dass die erfolgreiche Integration von Nachhaltigkeitszielen nicht nur eine Frage der technischen oder wirtschaftlichen Umsetzung ist, sondern auch des Verständnisses und der gezielten Ansprache emotionaler Reaktionen der Stakeholder. Positive Emotionen wie Hoffnung und Stolz können die Motivation steigern. Ein konstruktiver Umgang mit negativen Emotionen wie Angst und Schuldgefühlen ist wesentlich, um Engagement und aktive Teilnahme an Nachhaltigkeitsprozessen zu fördern. Dies unterstreicht die Bedeutung emotional intelligenter Kommunikationsstrategien und die Einbeziehung aller Stakeholder, um eine tiefere Verbundenheit mit Nachhaltigkeitszielen zu erreichen und nachhaltige Veränderungen im Unternehmenskontext wirksam zu unterstützen. Der Kasten liefert Dir weitere Tipps für die Praxis.

Praxistipps

- Highlight Vorteile wie Kostensenkungen und bessere Markenreputation.
- Erkläre langfristige Einsparungen durch Energieeffizienz und Abfallreduktion.
- Minimiere Risiken durch Einhaltung von Umweltgesetzen.
- Präsentiere erfolgreiche Strategien und diskutiere Herausforderungen.
- Betone, wie Umweltbewusstsein die Strategie beeinflusst.
- Fördere Nachhaltigkeit durch kleine, risikoarme Projekte.
- Integriere Nachhaltigkeit fest in Unternehmenskultur und Alltag.
- Fördere Mitarbeiterzufriedenheit und Engagement.
- Biete Schulungen zur Steigerung des Nachhaltigkeitsbewusstseins.
- Kommuniziere Nachhaltigkeitsziele intern und extern.
- Biete regelmäßige Updates und erhöhe die Transparenz.
- Demonstriere Einklang von Nachhaltigkeit und Unternehmenszielen.
- Setze klare, erreichbare Nachhaltigkeitsziele.
- Entwickle nachhaltigere Produkte mit Partnern.
- Agieren als Vorbild und inspiriere durch nachhaltiges Handeln.
- Nutze Humor und emotionale Verbindungen zur Botschaftsverstärkung.
- Frage Stakeholder nach ihren Bedürfnissen und schaffe Räume für einen Austausch.

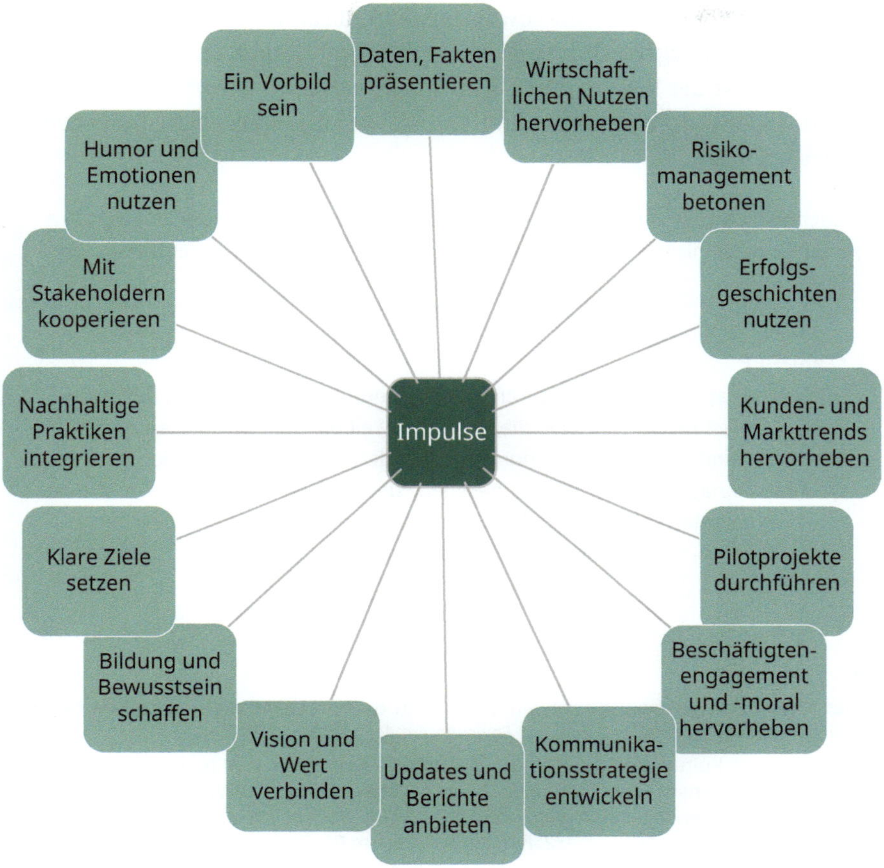

Bild 10.2 Impulse zum Durchbrechen von Barrieren

Die in Bild 10.2 dargestellten Strategien umfassen verschiedene Ansätze, um die Herausforderungen bei der Umsetzung von Nachhaltigkeitszielen in Unternehmen zu überwinden. Sie betonen die Notwendigkeit, Nachhaltigkeit als integralen Teil der Unternehmenskultur zu betrachten.

10.5 Resümee: Zwischen Anspruch und Wirklichkeit

In diesem Kapitel haben wir die vielschichtige Herausforderung beleuchtet, Nachhaltigkeitsziele in konkrete Unternehmenspraktiken umzusetzen. Trotz wachsenden Bewusstseins und medialer Aufmerksamkeit für Nachhaltigkeit offenbaren die Dialoge zwischen den Unternehmensmitgliedern eine signifikante Lücke zwischen ambitionierten Zielen und deren Realisierung. Diese Value-Action-Gap spiegelt sich in verschiedenen Interaktionen wider, die sowohl strukturelle als auch kulturelle Barrieren in Unternehmen aufzeigen. Durch praktische Beispiele und Strategievorschläge wurde deutlich, dass der Weg zu einer echten Nachhaltigkeit sowohl ein tiefgreifendes Verständnis der unternehmerischen Herausforderungen als auch innovative Lösungsansätze erfordert.

Nachhaltigkeit ist eine kontinuierliche Verpflichtung, die ein Umdenken auf allen Ebenen des Unternehmens erfordert, um langfristige, positive Veränderungen zu bewirken.

Praxistipp

In diesem Kapitel hast Du erfahren, wie die Herausforderungen bei der Umsetzung von Nachhaltigkeitszielen die Notwendigkeit einer strukturierten Herangehensweise und effektiven Kommunikation verdeutlichen – zentrale Elemente des Qualitätsmanagements. Du hast gesehen, dass praxisnahe Dialoge und eine schrittweise Integration nachhaltiger Maßnahmen im Unternehmensalltag entscheidend sind, um sowohl Nachhaltigkeits- als auch Qualitätsziele zu erreichen

Literatur

Blake, James (1999): „Overcoming the value-action gap in environmental policy: Tensions between national policy and local experience“, in: *Local Environment* 4(3), S. 257 – 278

DLF – Deutschlandfunk Kultur (2015): „Gefühle in der Politik – Emotionen sind handlungsmotivierend. Interview mit Politikwissenschaftler Gary Schaal“, unter Mitarbeit von Ute Welty. Deutschlandfunk Kultur (Hrsg.), *https://www.deutschlandfunkkultur.de/gefuehle-inder-politik-emotionen-sind-handlungs-motivierend.1008.de.html?dram:article_id=325801*, aufgerufen am 05. 04. 2024

Eppler, Martin J.; Kernbach, Sebastian (2018): *Meet Up! Einfach bessere Besprechungen durch Nudging*. Stuttgart. Schäffer Poeschel Verlag

Kollmuss, Anja; Agyeman, Julian (2002): „Mind the Gap: Why do people act environmentally and what are the barriers to pro-environmental behavior?“, in: *Environmental Education Research* 8(3), S. 239 – 260

Thaler, Richard H.; Sunstein, Cass R. (2008): *Nudge: Improving Decisions About Health, Wealth, and Happiness*. Yale University Press.

UBA – Umweltbundesamt (2023): „Umweltbewusstsein in Deutschland 2022“, *https://www.bmuv.de/publikation/umweltbewusstsein-in-deutschland-2022*, aufgerufen am 05. 04. 2024

UBA – Umweltbundesamt (Hrsg.) (2020): „Veränderungen berühren alle – Die Rolle von Emotionen in Nachhaltigkeitstransformationen“, *https://www.umweltbundesamt.de/sites/default/files/medien/479/publikationen/texte_87-2020_veraenderungen_beruehren_alle_-_die_rolle_von_emotionen_in_nachhaltigkeits transformationen.pdf*, aufgerufen am 05. 04. 2024

Wirtschaft mit Harmonie

*Was, wenn wir aufheitern,
statt Angst zu verteilen,
wenn wir fühlen
statt sorgen?
Wenn wir Kreise schließen,
statt Verlust zuzulassen,
wenn wir frei atmen,
statt blind vor Smog zu bleiben?
Wenn wir Wasser teilen
statt unbewusst verknappen.
Wenn wir teilen und weitergeben?
Weiter geben
statt nur unser Eigen zu halten.
Wenn wir das Lebende respektieren,
statt Ökosysteme zu kippen.
Wenn wir planetare Grenzen verstehen.
Wenn wir bewusst sind.
Wenn wir die Magie annehmen.
Wenn wir die Naturgesetze achten.
Wenn wir die stabilste Industrieform bauen,
bei der wir längst wissen,
was sie ist.
So wie die Natur.
Wunderbare Kreise.
Wirtschaftliche Kreisläufe.
Wenn wir Menschen uns zusammentun,
weil wir glauben,
dass das möglich ist,
wandeln,
ja, dann,
genau dann
werden wir das wunderbarste Leben erleben.*

Dana Aleff

11 Nachhaltigkeit und Managementsysteme

Wilhelm Floer

Managementsysteme sind die Erfolgsfaktoren für Nachhaltigkeit [Lenzen 2021]. Managementsysteme können bei der Transformation zu einer nachhaltigen Organisation unterstützen. Welche Vorteile bietet ein Managementsystem, was ist bei der Einführung eines Managementsystems zu berücksichtigen, welche Alternativen gibt es?

Nur einige von vielen Fragen, die sich zahlreiche Organisationen stellen. Nachfolgend erhalten Sie Antworten auf die Fragen.

11.1 Managementsysteme

Jede Organisation hat ein Managementsystem, ob zertifiziert oder nicht. Managementsysteme dienen in erster Linie zum Leiten und Lenken der Organisation, richten sich an den Anforderungen der internen und externen Stakeholder aus, zeichnen sich durch wirksame Prozesse aus, erleichtern den Umgang mit Chancen und Risiken und tragen zum wirtschaftlichen Erfolg der Organisation bei.

Eine Zertifizierung des Managementsystems beruht in meisten Fällen auf Freiwilligkeit. Eine Zertifizierungspflicht kann je nach Branche, Produkt und/oder Dienstleistung bestehen. Hierzu gehören z. B. die Bereiche Automobilindustrie, Gesundheitswesen, Lebensmittel, Energieversorgung, Luft und Raumfahrt.

Die Harmonized Structure (HS) der wichtigsten Managementsystemnormen hat dazu geführt, dass viele Organisationen ein zertifiziertes Integriertes Managementsystem eingeführt haben. In Bild 11.1 ist der strukturelle Aufbau der HS mit Begriffen aus der ISO 9001, 14001, 45001 und 50001 dargestellt. Die Kapitel 1 = Anwendungsbereich, Kapitel 2 = Normative Verweise und Kapitel 3 = Begriffe wurden bewusst nicht aufgeführt.

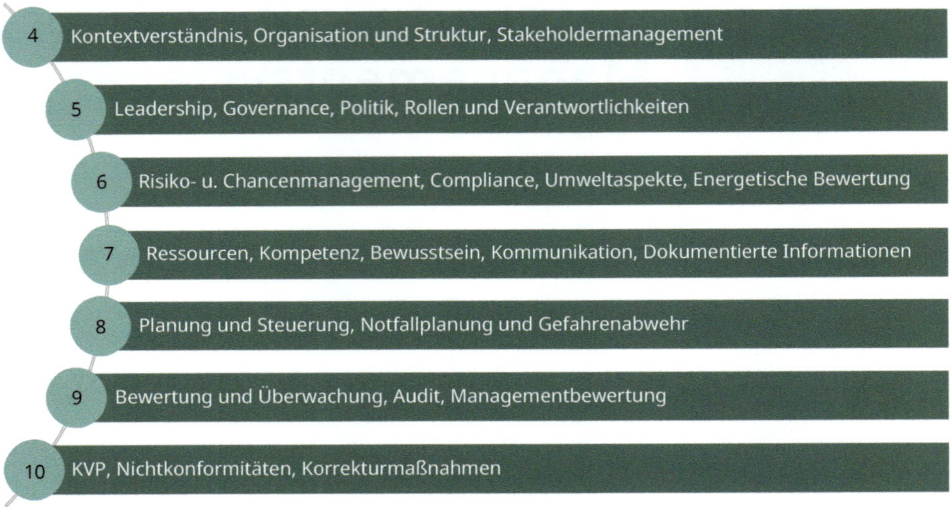

Bild 11.1 Struktureller Aufbau der Harmonized Structure mit Begriffen aus der DIN EN ISO 9001, 14001, 45001 und 50001

In der Praxis basieren die Integrierten Managementsysteme häufig auf einem Qualitätsmanagement- (nach ISO 9001) und/oder einem Umweltmanagement- (nach ISO 14001) und/oder Arbeitsschutzmanagement- (nach ISO 45001) und/oder Energiemanagementsystem (nach ISO 50001).

Immer häufiger kommen Sicherheit und Resilienz (nach ISO 22301), Informationssicherheit (nach ISO 27001) und Compliance Management (nach ISO 37301) hinzu.

Durch Integrierte Managementsysteme lassen sich hervorragend Synergien nutzen, Redundanzen vermeiden, Effizienzsteigerungen erzielen, Ressourcen schonen und Kosten reduzieren. Die wesentlichen Vorteile sind darüber hinaus:

- Ein ganzheitliches System, welches die Anforderungen aus verschiedenen Themengebieten für den kompletten Anwendungsbereich, im Kontext der Organisation, abdeckt.
- Eine einheitliche Dokumentation, welche Redundanzen vermeidet, Ressourcen schont, Aufwand reduziert und Kosten senkt, um Dokumente aktuell zu halten, zu ändern und zu lenken.
- Ein übergreifendes Risiko- und Chancenmanagement, welches einerseits zu einer erhöhten Rechtssicherheit beiträgt und andererseits das Erkennen und Ergreifen von Chancen ermöglicht.
- Ein Stakeholder-Management, um die internen sowie externen und insbesondere die bindenden als auch gesetzlichen Anforderungen zu kennen und zu berücksichtigen.

- Eine Möglichkeit zur Durchführung einer Kombizertifizierung, welche den Zeitaufwand reduziert und Kosten senkt.
- Ein themenübergreifender kontinuierlicher Verbesserungsprozess für das ganzheitliche Integrierte Managementsystem.
- Ein System, das einen holistischen Strategie- und Zielsetzungsprozess gewährleistet und die Wirksamkeit des Managementsystems erhöht.

Um diese Vorteile zu nutzen, ist es wichtig, keine parallelen Systeme zu gestalten und diese getrennt voneinander aufzubauen, sondern integrativ.

Ebenso strahlt ein Integriertes Managementsystem ein hohes Maß an Seriosität aus, verfügt über hohe internationale Anerkennung, verbessert das Image und verhilft bei Nachhaltigkeitsratings zu einem guten Ergebnis. Hinzukommt: Häufig fordern externe Stakeholder (Kunden, Investoren, Banken, Versicherer etc.) ein zertifiziertes Managementsystem.

Die drei Begriffe Environment, Social, Governance (ESG) stehen für Umwelt, Soziales und Unternehmensführung und werden als Nachhaltigkeitskriterien verstanden. Ratingagenturen, Banken und Investoren prüfen damit die Nachhaltigkeitsleistungen und -aktivitäten von Organisationen und ziehen diese für Vergleiche heran. Die Managementsystemnormen können den drei Begriffen ESG zugeordnet werden (Bild 11.2; hier ist nur eine kleine Auswahl der Normen aufgeführt).

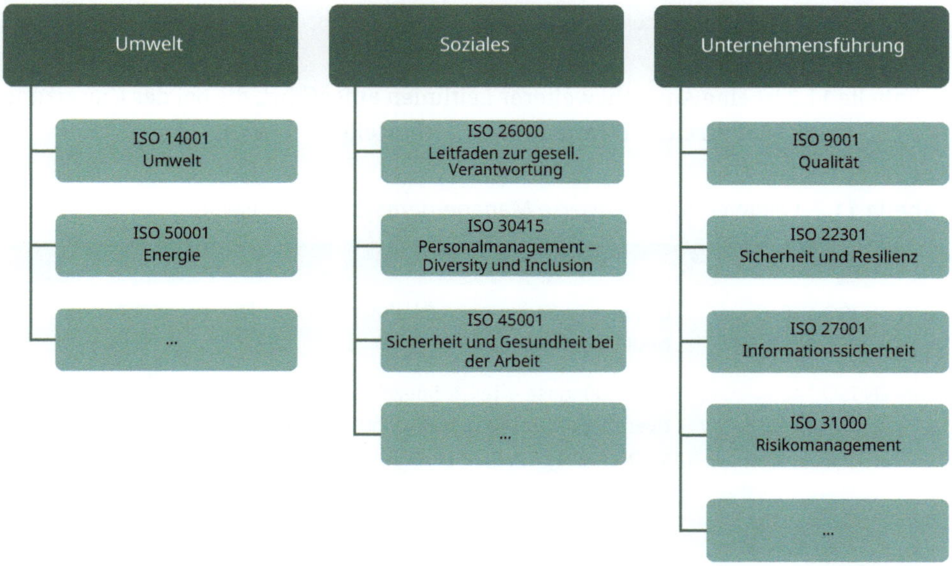

Bild 11.2 Zuordnung einiger Managementsystemnormen zu den ESG-Nachhaltigkeitskriterien

Tabelle 11.1 gibt einen Überblick über vielfach herangezogene Normen, nach denen eine Zertifizierung möglich ist. In den Normen ist aufgeführt, welche Anforderungen die Organisationen erfüllen müssen, um das Zertifikat zu erhalten.

Tabelle 11.1 Vielfach herangezogene Normen als Grundlage für ein zertifiziertes Managementsystem

Norm	Titel
DIN EN ISO 9001	Qualitätsmanagementsysteme – Anforderungen
DIN EN ISO 14001	Umweltmanagementsysteme – Anforderungen mit Anleitung zur Anwendung
DIN EN ISO 22301	Sicherheit und Resilienz – Business Continuity Management System – Anforderungen
DIN EN ISO 27001	Informationssicherheit, Cybersicherheit und Datenschutz – Informationssicherheitsmanagementsysteme – Anforderungen
DIN EN ISO 37301	Compliance-Managementsysteme – Anforderungen mit Leitlinien zur Anwendung
DIN EN ISO 45001	Management für Sicherheit und Gesundheit bei der Arbeit – Anforderungen mit Anleitung zur Anwendung
DIN EN ISO 50001	Energiemanagementsysteme – Anforderungen mit Anleitung zur Anwendung

In Tabelle 11.2 ist eine Auswahl weiterer Leitlinien aufgeführt, die bei der Umsetzung der ESG-Kriterien hilfreiche Informationen bereitstellen.

Tabelle 11.2 Leitlinien für Integrierte Managementsysteme (Auswahl)

Norm	Titel
DIN EN ISO 14040	Umweltmanagement – Ökobilanz – Grundsätze und Rahmenbedingungen
DIN EN ISO 14064	Treibhausgase – Teil 1: Spezifikation mit Anleitung zur quantitativen Bestimmung und Berichterstattung von Treibhausgasemissionen und Entzug von Treibhausgasen auf Organisationsebene
DIN ISO 20400	Nachhaltiges Beschaffungswesen – Leitfaden
DIN EN ISO 26000	Leitfaden zur gesellschaftlichen Verantwortung
DIN ISO 31000	Risikomanagement – Leitlinien
DIN ISO 37000	Anleitung für Governance von Organisationen

Norm	Titel
DIN ISO 37002	Hinweismanagementsysteme – Leitlinien
DIN EN ISO 50005	Energiemanagementsysteme – Leitfaden für eine phasenweise Umsetzung

Sowohl Bild 11.2 als auch die Tabelle 11.1 und Tabelle 11.2 lassen sich unternehmensspezifisch um zahlreiche branchenspezifische Normen und allgemeingültige Regelwerke erweitern. Informationen dazu erhält man, häufig auch kostenlos, durch Internetrecherchen, Nachfragen bei Branchenverbänden und Handelskammern sowie bei Veranstaltungen mit Markt- und Brancheninformationen etc.

Die Internationale Organisation für Normung (ISO) hat ebenso die Bedeutung der Managementsysteme für die nachhaltige Transformation erkannt.

Anfang 2023 hat ein Komitee mit der Bearbeitung der ISO 53001 – „Management Systems for UN Sustainable Development Goals – Requirements" begonnen [QZ 2024]. Schon im Herbst 2025 soll die Norm veröffentlich werden. Das Ziel der Norm ist es, den Organisationen bei der Umsetzung der Sustainable Development Goals (SDGs), den 17 Nachhaltigkeitszielen der Vereinten Nationen, zu helfen.

Hierzu werden Nachhaltigkeitsanforderungen einerseits aus bestehenden ISO-Managementsystemnormen (z. B. ISO 9001, 14001, 45001, 50001) berücksichtigt und andererseits um weitere SDG-Anforderungen ergänzt.

Das SDG-Managementsystem trägt dazu bei, dass Organisationen ihre:

- Nachhaltigkeitsperformance erweitern
- Stakeholder-Erwartungen bestätigen
- Compliance-Verpflichtungen erfüllen
- Nachhaltigkeitsziele erreichen
- Zukunftsfähigkeit sicherstellen
- Nachhaltigen, wirtschaftlichen Erfolg erzielen

Die Normen können als Leitplanken dienen und einen wesentlichen Beitrag liefern, um die SDGs zu erfüllen. Deutlich wird dies im Bild 11.3. Hier ist die Anzahl der Normen zu den 17 SDGs der Vereinten Nationen angegeben [ISO 2024].

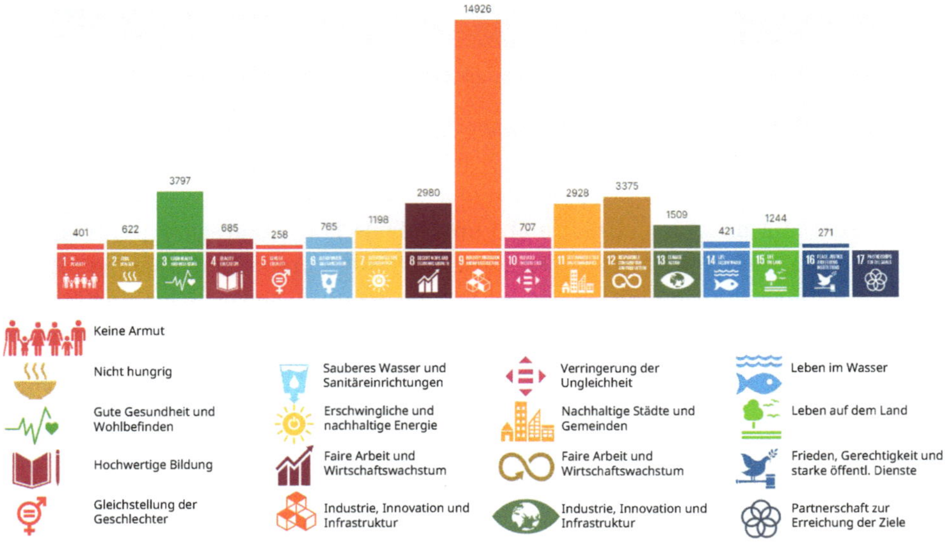

Bild 11.3 Anzahl der Normen zu den 17 SDGs [ISO 2024]

Praxistipp: Möchtest Du an der Erstellung einer Norm mitwirken?

Zur Erstellung einer Norm wird ein technisches Komitee einberufen. Das Komitee setzt sich in der Regel aus Experten:innen zusammen, die über viele Jahre Berufserfahrung verfügen.

Häufig entsenden Behörden, Forschungseinrichtungen, Prüfinstitute und Unternehmen etc. ihre Experten:innen. Hat man den geringen Kostenbeitrag gezahlt und die Regeln der Normungsarbeit anerkannt, steht der Mitwirkung i.d.R. nichts mehr im Wege.

Das Deutsche Institut für Normung (DIN) ist die nationale Normungsorganisation für die Bundesrepublik Deutschland. Hier kannst Du Dich anmelden!

Einfach den passenden Normungsausschuss auswählen und das Kontaktformular ausfüllen.

Durch Deine Mitarbeit an einer Norm hast Du einige Vorteile. Du kannst die Inhalte mitgestalten und beeinflussen, erweiterst Dein Netzwerk und lernst die Norm aus erster Quelle kennen, von der Entstehung bis zur Veröffentlichung.

11.2 Was ist bei der Einführung eines Managementsystems zu berücksichtigen?

Wie im Abschnitt zuvor beschrieben, können Normen für Managementsysteme auf dem Weg zu einer nachhaltigen Organisation und bei der Einführung eines Managementsystems unterstützen. Sofern noch kein zertifiziertes Managementsystem vorhanden ist und keine branchenspezifischen Forderungen dazu vorliegen, können Organisationen frei entscheiden, ob ein zertifiziertes Managementsystem hilfreich ist. Wird eine Zertifizierung angestrebt, stellt sich die Frage nach welchem Regelwerk.

Mit Blick auf die nachhaltige Transformation hat es sich bewährt, schrittweise mit der Einführung eines zertifizierten Umweltmanagementsystems nach ISO 14001 zu starten.

Was bedeutet schrittweise?

- Grundsätzlich müssen nicht unbedingt alle Organisationseinheiten für eine Zertifizierung berücksichtigt werden. Ebenso wenig müssen nicht alle Einheiten zeitgleich involviert werden. Organisationsbereiche können in jährlichem Abstand (erst Produktion, dann Entwicklung, anschließend Vertrieb etc.) in den Umfang des Umweltmanagementsystems einbezogen werden. Ebenso kann eine Erweiterung über mehrere Standorte auf mehrere Jahre verteilt werden. Das spart Ressourcen und Zeit und hilft, die Prozesse iterativ zu implementieren und kontinuierlich zu verbessern.

Warum mit einem Umweltmanagementsystem starten?

- Damit ist eines der drei großen Nachhaltigkeitsthemengebiete abgedeckt und eine Basis für den weiteren Ausbau der nachhaltigen Transformation geschaffen.
- Die Geschäftsführung bekennt sich zur Auseinandersetzung mit allen relevanten Umweltaspekten und deren Berücksichtigung im Strategieprozess und in der Unternehmenspolitik.
- Es werden verbindliche Umweltziele zur Verbesserung der Umweltleistung festgelegt.
- Die interne Kommunikation trägt zum Bewusstsein der Umweltziele und zum Ausbau des Umweltbewusstseins bei.
- Produktlebenszyklusanalysen veranschaulichen die Auswirkungen auf die Umwelt und Notfallstrategien tragen zur Gefahrenabwehr bei.
- Durch die Erhebung und Auswertung von Umweltkennzahlen, Auditierung des Managementsystems und das Managementreview erfolgt eine Bewertung des Managementsystems.
- Ein kontinuierlicher Verbesserungsprozess ist implementiert, auf Abweichungen und Nichtkonformitäten wird entsprechend reagiert.

- Eine erfolgreiche Zertifizierung unterstreicht die Bedeutung der Umwelt und des Umweltschutzes für die Organisation und kann wirksam nach außen getragen werden.
- Sofern sinnvoll ist eine Erweiterung des Managementsystems durch die HS zu einem Integrativen Managementsystem leicht umzusetzen.

Hilfe und Unterstützung bei der Einführung eines Managementsystems bietet z. B. das Bundesamt für Wirtschaft und Ausfuhrkontrolle (BAFA). Mit dem nachfolgenden Link erhält man z. B. hilfreiche Informationen über die Förderung von Unternehmensberatungsleistungen:

BAFA – Unternehmensberatung

https://www.bafa.de/DE/Wirtschaft/Beratung_Finanzierung/Unternehmensberatung/unternehmensberatung_node.html

Ebenso gibt die Förderdatenbank des Bundesministeriums für Wirtschaft und Klimaschutz (BMWK) einen guten und schnellen Überblick über Förderprogramme des Bundes, der Länder und der Europäischen Union:

BMWK – Förderdatenbank

https://www.foerderdatenbank.de/FDB/DE/Home/home.html

Weitere Unterstützung bieten die Bundesländer und die Industrie- und Handelskammern über diverse landesspezifische bzw. industriespezifische Förderprogramme an.

Ein Projekt des Bayrischen Staatsministeriums für Umwelt und Verbraucherschutz hat zum Beispiel gezeigt, wie neun mittelständische Unternehmen es innerhalb von acht Monaten geschafft haben, ausgehend von ihren bestehenden Umweltmanagementsystemen, ein Nachhaltigkeitsmanagement aufzubauen. Hierbei wurden die Unternehmen fachlich begleitet [STMUV 2024].

Praxistipp: Anforderungen Managementsystem

Welche Anforderungen mit einem Managementsystem verknüpft sind, ist in den Normen beschrieben. Zur Umsetzung der normativen Inhalte und Anforderungen gibt es in der Praxis zahlreiche Beispiele. Jede Organisation entwickelt hierzu individuelle Lösungen und Strategien. In der Norm werden vier charakteristische Verbformen verwendet:

- MUSS = Anforderung
- KANN = Möglichkeit
- SOLL = Empfehlung
- DARF = Zulässigkeit

Es sind nicht alles MUSS-Anforderungen. Diese gilt es zu unterscheiden. Nutzt die Freiheitsgrade und entwickelt Euer Managementsystem so, dass es höchst effektiv und effizient für Eure Organisation ist. Das Managementsystem ist ein Erfolgsfaktor bei der Transformation zu einer nachhaltigen Organisation.

11.3 Welche Alternativen gibt es?

Inzwischen sind einige Alternativen verfügbar. Auch für diese Alternativen können sich die Organisation freiwillig entscheiden. Nachfolgend werden diese und deren wichtigsten Merkmale kurz dargestellt.

11.3.1 Zentrum für Nachhaltige Unternehmensführung (ZNU)

Das Zentrum für Nachhaltige Unternehmensführung (ZNU) will Nachhaltigkeit greifbar und messbar machen. Hierzu hat ZNU einen eigenen Standard entwickelt. Laut eigenen Angaben [ZNU 2024] ist der ZNU-Standard Nachhaltiger Wirtschaften der einzige praxiserprobte und umgesetzte Standard für nachhaltiges Wirtschaften. Die drei Dimensionen Umwelt, Wirtschaft und Soziales sowie nachhaltige Unternehmensführung sind integriert. In Bild 11.4 sind die drei Dimensionen und deren Handlungsfelder sowie die vier Anforderungen an die Unternehmensführung abgebildet.

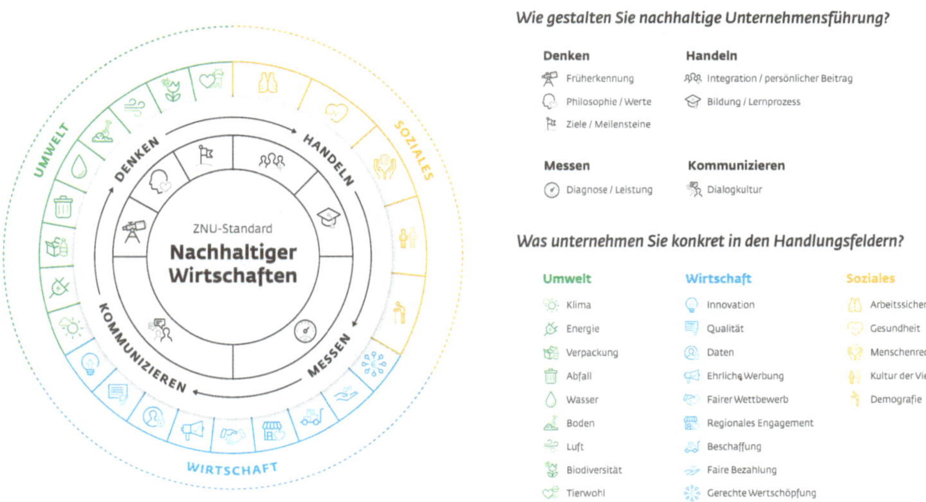

Bild 11.4 Drei Dimensionen des ZNU-Standards inkl. Handlungsfelder und Anforderungen an die Unternehmensführung [Quelle: ZNU 2024]

Explizit wird darauf hingewiesen, dass die Zertifizierung nach dem ZNU-Standard die Entwicklung eines integrierten Managementsystems zum nachhaltigeren Wirtschaften fördert und fordert. Die Zertifizierung erfolgt durch unabhängige Dritte.

11.3.2 EMASplus-System

Wie der Name EMASplus vermuten lässt, handelt es sich hierbei um eine Erweiterung des Eco-Management and Audit Scheme (EMAS), zu Deutsch Europäisches Umweltmanagement- und Auditierungssystem.

EMAS bezieht sich in erster Linie auf die Anforderungen der DIN EN ISO 14001. Hinzukommen folgende wesentlichen Grundanforderungen, die deutlich über die ISO 14001 hinausgehen:

- Umweltprüfung aller Umweltaspekte
- Kontinuierliche Verbesserung der Umweltleistung
- Umweltgutachter bestätigt Einhaltung der Rechtsvorschrift
- Umwelterklärung (ext. Berichterstattung) erforderlich
- Umweltgutachter validiert die Umwelterklärung

Ein wichtiger Unterschied zwischen den beiden Regelwerken, EMAS und ISO 14001, liegt zudem im Geltungsbereich. Bei EMAS handelt es sich um ein europäisches Regelwerk, während die DIN EN ISO 14001 ein internationales Regelwerk darstellt.

Nach [EMASplus 2024] ist EMASplus als Ergänzung zu anderen Standards zu verstehen. Es steht als freiwilliger Standard zur Verfügung, um auf EMAS aufzubauen. EMASplus erweitert die ökologische Perspektive um ökonomische und soziale Aspekte. Ziel von EMASplus ist es, den Gedanken von verantwortungsvollen Wirtschaften in die Organisationen zu tragen. Es sollen ethische Werte vermittelt werden, die in der Organisationsstrategie und in den Geschäftsprozessen integriert sind.

Es geht um die Realisierung eines ganzheitlichen Nachhaltigkeitsmanagementsystems mit ökologischen, ökonomischen und sozialen Werten, das einer systematischen Bewertung unterliegt und kontinuierlich weiterentwickelt wird. Das Managementsystem stellt die Grundlage für die zukünftigen Nachhaltigkeitsberichtsstandards dar und dient als Werkzeug zur Erreichung der SDGs. Eine Zertifizierung nach EMASplus ist möglich, Voraussetzung ist jedoch die Teilnahme an EMAS. Die Auditierung wird durch unabhängige Dritte vorgenommen.

EMASplus berücksichtigt bei der Überprüfung der Nachhaltigkeitsleistungen z. B. eine Gemeinwohl-Bilanz nach der Gemeinwohl-Ökonomie sowie den Deutschen Nachhaltigkeitskodex (DNK) sowie den internationalen Berichtsstandard der Global Reporting Initiative (GRI). Die Inhalte der DIN EN ISO 26000, Leitfaden zur gesellschaftlichen Verantwortung, deckt EMAS ebenso ab, um dem Anspruch an ein integratives und ganzheitliches Managementsystem gerecht zu werden. Explizit werden die sieben Kernthemen der ISO 26000 berücksichtigt (s. Bild 11.5).

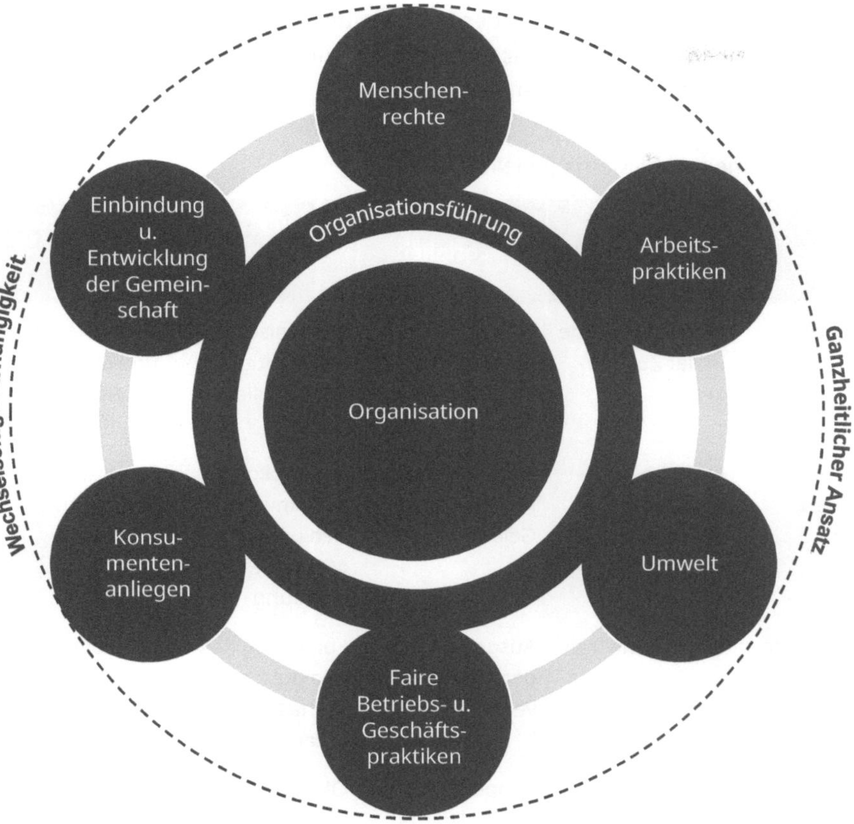

Bild 11.5 Kernthemen der ISO 26000

11.3.3 Gemeinwohl-Ökonomie (GWÖ)

Die Gemeinwohl-Ökonomie (GWÖ) steht für ein innovatives und nachhaltiges Wirtschaftsmodell. Es stellt eine internationale Lösung für zukunftsfähige Wirtschaftssysteme dar. Die GWÖ ist auf allen Kontinenten vertreten. Ziel der GWÖ ist eine Wirtschaftsordnung, welche im Einklang mit den Grundwerten der Menschen steht. Im Zentrum stehen der Mensch und die Umwelt und nicht der Profit. Gänzlich anders als die üblichen Wirtschaftssysteme setzt die GWÖ auf Werte, wie zum Beispiel Menschenwürde, soziale Gerechtigkeit, demokratische Mitbestimmung, Solidarität, Transparenz und ökologische Verantwortung [GWÖ 2024].

Um den Beitrag zum Gemeinwohl zu messen, hat die GWÖ die Gemeinwohlbilanz entwickelt. Der ganzheitliche Ansatz und die 360-Grad-Perspektive decken auch die Anforderungen der Corporate Sustainability Reporting Directive (CSRD) ab und erfüllen die EU-Anforderungen zur Nachhaltigkeitsberichterstattung. Hilfreiche Anregungen sind zudem für die Umsetzung der SDGs in einem Leitfaden aufgeführt.

Mithilfe der Gemeinwohl-Matrix wird der Beitrag zum Gemeinwohl ermittelt. Tabelle 11.3 fasst die Themen analog dazu zusammen. Es werden 20 Themen den vier Wertefeldern und fünf Berührungsgruppen zugeordnet.

Tabelle 11.3 Gemeinwohl-Matrix [Quelle: GWÖ 2024]

Wert Berührungspunkte	Menschenwürde	Solidarität und Gerechtigkeit	Ökologische Nachhaltigkeit	Transparenz und Mitentscheidung
Lieferanten	Menschenwürde in der Zulieferkette	Solidarität und Gerechtigkeit in der Zulieferkette	Ökologische Nachhaltigkeit in der Zulieferkette	Transparenz und Mitentscheidung in der Zulieferkette
Eigentümer und Finanzpartner	Ethische Haltung im Umgang mit Geldmitteln	Soziale Haltung im Umgang mit Geldmitteln	Sozial-ökologische Investitionen und Mittelverwendung	Eigentum und Mitentscheidung
Mitarbeitende	Menschenwürde am Arbeitsplatz	Ausgestaltung der Arbeitsverträge	Förderung des ökologischen Verhaltens der Mitarbeitenden	Innerbetriebliche Mitentscheidung und Transparenz
Kunden und Mitunternehmen	Ethische Kundenbeziehungen	Kooperation und Solidarität mit Mitunternehmen	Ökologische Auswirkung durch Nutzung und Entsorgung von Produkten und Dienstleistungen	Kundenmitwirkung und Produkttransparenz
Gesellschaftliches Umfeld	Sinn und gesellschaftliche Wirkung der Produkte und Dienstleistungen	Beitrag zum Gemeinwesen	Reduktion ökologischer Auswirkungen	Transparenz und gesellschaftliche Mitentscheidung

Maximal können 1000 Punkte für die Gemeinwohl-Bilanz erzielt werden. Bewertet wird jeder Aspekt mit einer bestimmten Punktzahl. Je höher das Gemeinwohl ist, desto mehr Punkte bekommt die Organisation. Aus der Summe der Einzelpunkte ergibt sich das Gesamtergebnis der Gemeinwohl-Bilanz. Die Bewertung überprüft im Anschluss ein Auditor. Durch den Vergleich mit anderen Organisationen kann die eigene Leistung eingeordnet werden.

11.4 Zusammenfassung

Zertifizierte Managementsysteme sind weit verbreitet und besitzen international eine sehr hohe Anerkennung und Wertschätzung. Die Vorteile eines Integrierten Managementsystems ergeben sich einerseits durch den strukturellen Aufbau und andererseits durch die zahlreichen Synergien. In Hinblick auf die nachhaltige Transformation stellen externe Stakeholder, wie z. B. Investoren, Banken, Versicherer, immer häufiger die Frage nach einem zertifizierten Integrierten Managementsystem. Zahlreiche Normen sind verfügbar zur Unterstützung bei der Umsetzung der ESG-Nachhaltigkeitskriterien und Erreichung der 17 Nachhaltigkeitsziele der Vereinten Nationen.

Es muss nicht immer ein Managementsystem sein, welches sich an einer Norm orientiert bzw. nach einer Norm zertifiziert ist. Alternativen sind verfügbar. Einige Unternehmen haben sich bereits nah ZNU, EMASplus und GWÖ zertifizieren lassen.

Welcher Ansatz der richtige für die eigene Organisation ist, muss individuell entschieden werden. Eine allgemeingültige Empfehlung kann und wird es auch vermutlich in naher Zukunft nicht geben.

11.5 Abseits der Zertifizierung

Der Fokus auf das Zertifikat

Zertifizierungen nach ISO 9001 und 14001 gelten als anerkannte Standards und bestätigen dem Zertifikatsinhaber, die entsprechenden normativen Vorgaben zu kennen und i. d. R. erfolgreich umgesetzt zu haben. Das Ziel der beiden zuvor genannten Regelwerke ist u. a. die Verbesserung der Wirksamkeit des Managementsystems. Allein diese Tatsache lässt schon darauf schließen, dass das Managementsystem kein rein statisches System darstellt.

Gerade in aktuellen Zeiten, in denen die regulatorischen Vorgaben bzgl. Nachhaltigkeit signifikant ansteigen, bedeutet es, sich immer wieder zu hinterfragen. Erfüllen wir mit unserem Managementsystem noch die zunehmenden Anforderungen der internen und externen Stakeholder und können wir die Leistungsfähigkeit unserer Organisation weiter steigern? Welche organisatorischen und prozessualen Veränderungen sind notwendig, um schneller und erfolgreich auf die Änderungen zu reagieren? Wie müssen wir unser Managementsystem anpassen, in einer Welt, die durch Volatilität, Ungewissheit, Komplexität und Ambiguität (VUKA-Welt) gekennzeichnet ist?

Für einige Organisationen besteht die Aufgabe des Managementsystems lediglich darin, die erfolgreiche Zertifizierung sicherzustellen. Es geht also hauptsächlich „nur" um das Zertifikat an der Wand. Es gilt die normativen Vorgaben abzuhaken. Bei einer derartigen Checklisten-Mentalität rückt die eigentliche Sinnhaftigkeit eines Managementsystems sehr stark in den Hintergrund. Häufig trägt in diesen Organisationen der Managementbeauftragte allein dafür Sorge, dass die normativen Anforderungen erfüllt werden. Statt einer interdisziplinären Zusammenarbeit sowie Systemgestaltung und -optimierung mit Unterstützung anderer Kollegen:innen wird in erster Dokumentenpflege betrieben.

Mehrere Dimensionen

Obwohl es sich um ein vielschichtiges Phänomen handelt, liegt die Wurzel des Übels häufig in der Unternehmenskultur und im Belohnungssystem von Organisationen. Die Zertifikate werden ausschließlich zum Marketingzweck und zur Imageaufbesserung verwendet. Eine tiefergehende Verpflichtung zur Leistungsverbesserung ist für die Organisation damit nicht gegeben. Die Konsequenzen, die sich daraus ergeben, liegen auf der Hand. Die Chancen zur Effektivitätsverbesserung des Managementsystems und Steigerung der Unternehmensleistung sowie zur aktiven Mitgestaltung der nachhaltigen Transformation werden nicht genutzt.

Die Organisationen sollten mehrere Dimensionen in Betracht ziehen:

- Werte und Kultur neu definieren: Die Unternehmensführung muss eine Nachhaltigkeitskultur fördern, in der Nachhaltigkeit und das Managementsystem intrinsisch motiviert als wertvoll und wertschöpfend wahrgenommen werden und nicht nur Mittel zum Zweck der Zertifizierung sind. Nachhaltigkeit ist Verantwortung der Obersten Leitung und wird als solches vorgelebt. Eine Nachhaltigkeitskultur bildet sich organisch, indem immer wieder darüber berichtet wird.
- Zertifizierungen als Startpunkt betrachten: Notwendige Zertifizierungen stellen den Startpunkt für kontinuierliche Verbesserung dar. Mit Unterstützung des Plan-Do-Check-Act-Zyklus wird kontinuierlich die Unternehmensleistung erhöht.
- Prozessorientierung forcieren: Robuste, effiziente Nachhaltigkeitsprozesse implementieren und einen größeren Fokus auf die Ablauforganisation statt Aufbauorganisation legen, um die Nachhaltigkeitsziele zu erreichen.
- Mitarbeitende einbinden: Alle Mitarbeitenden werden in den Prozess der kontinuierlichen Verbesserung einbezogen. Durch Schulungen erhalten die Mitarbeitenden Kenntnisse über die Normen, das Managementsystem und die Bedeutung der Nachhaltigkeit.
- Kennzahlen transparent darstellen: Nachhaltigkeit messbar machen durch relevante Kennzahlen, die zur Messung der Nachhaltigkeitsleistung der Organisation beitragen.
- Offene Kommunikation gestalten: Nachhaltigkeit ist Bestandteil der strategischen Ziele und Unternehmenspolitik. Sowohl die Strategien und Ziele als auch die Unternehmenspolitik werden offen für alle Mitarbeitenden kommuniziert. Die Mitarbeitenden können sich jederzeit einbringen.

- Nachhaltige Führung etablieren: Führungskräfte sind Vorbilder und zeigen ihr Engagement für Nachhaltigkeit und Managementsysteme. Die Werte sind in den Entscheidungsprozessen und Unternehmensstrategien verankert.
- Organisatorische Verankerung festlegen: Unterschiedliche Ansätze können erfolgreich sein, was die organisatorische Verankerung des Themas Nachhaltigkeit anbelangt. Nachhaltigkeit kann organisatorisch an das Managementsystem angedockt werden, muss aber nicht. Ebenso ist es nicht zwingend erforderlich, eine neue Position (den oder die Nachhaltigkeitsmanager:in oder -beauftragte:n) zu erschaffen. Hierzu sind die individuellen Situationen in den Organisationen zu prüfen und die beste Lösung zu finden. Durchaus auch denkbar ist, dass Nachhaltigkeit im Bereich Einkauf oder Kommunikation oder in der Rechtsabteilung verankert wird. Wichtig ist jedoch, dass die Mitarbeitenden einen offiziellen Auftrag erhalten und dies auch offen kommuniziert wird und die erforderlichen Ressourcen bereitgestellt werden.

Werden Zertifizierungen überbewertet, kann dies die Bemühungen einer Organisation für Nachhaltigkeits- und Managementsystemverbesserungen konterkarieren. Ein Zertifikat ist nur ein Werkzeug und kein Ersatz für messbare Verbesserungen und Fortschritt.

Stützen sich die Organisationen auf die ureigenen Prinzipien der Standards, dann können einerseits die Zertifizierungsanforderungen erfüllt und andererseits Wettbewerbsvorteile und eine erfolgreiche nachhaltige Transformation erzielt werden.

Literatur und Links

DIN (2024): „Deutsches Institut für Normung", *https://www.din.de/de/mitwirken/mitarbeit-in-der-normung*, aufgerufen am 25. 08. 2024

EMASplus (2024): „EMASplus | Nachhaltigkeit | Managementsystem", *https://www.emasplus.org*, aufgerufen am 25. 08. 2024

GWÖ (2024): „Gemeinwohl-Ökonomie | Ein Wirtschaftsmodell mit Zukunft", *https://germany.ecogood.org*, aufgerufen am 25. 08. 2024

ISO (2024): „ISO – Sustainable Development Goals", *https://www.iso.org/sdgs.html*, aufgerufen am 25. 08. 2024

Lenzen, Elmer (2021): „Betriebliche Nachhaltigkeit: Managementsysteme sind Erfolgsfaktoren", *https://www.umweltdialog.de/de/management/CSR-Strategie/2021/Betriebliche-Nachhaltigkeit-Managementsysteme-sind-Erfolgsfaktoren.php*, aufgerufen am 25. 08. 2024

QZ (2024): *https://www.qz-online.de/a/news/neue-iso-norm-53001-management-von-un-na-5422867*, aufgerufen am 25. 08. 2024

STMUV (2024): „Nachhaltigkeitsmanagement für kleine und mittlere Unternehmen", *https://www.stmuv.bayern.de/themen/wirtschaft/umweltpakt/nachhaltigkeitsmanagement/index.htm*, aufgerufen am 20. 04. 2024

ZNU (2024): „ZNU – Zentrum für Nachhaltige Unternehmensführung | ZNU: Zentrum für Nachhaltige Unternehmensführung" (mehrwert-nachhaltigkeit.de), *https://www.mehrwert-nachhaltigkeit.de*, aufgerufen am 25. 08. 2024

Toxisch

Natur

12 Weg zur nachhaltigen Exzellenz

Linda Chalupová

Die Verknüpfung des European Foundation for Quality Management (EFQM)-Modells mit den Zielen für nachhaltige Entwicklung (Sustainable Development Goals, SDGs) ist nicht nur möglich, sondern bietet auch erhebliche Vorteile für Organisationen, die nachhaltige Exzellenz anstreben. Durch die Integration beider Ansätze können Unternehmen ihre Leistungsfähigkeit steigern und gleichzeitig einen positiven Beitrag zur nachhaltigen Entwicklung leisten. Die Herausforderungen, die sich aus dieser Verbindung ergeben, bieten gleichzeitig Chancen für Wachstum und Innovation. Insgesamt lohnt es sich für Organisationen, EFQM und Nachhaltigkeit zu verbinden, um langfristigen Erfolg und gesellschaftliche Verantwortung zu fördern. Dieses Kapitel untersucht die Synergien zwischen EFQM und SDGs detaillierter.

12.1 Einführung in EFQM und SDG

Das EFQM-Modell und die Prinzipien der Nachhaltigkeit, in diesem Beitrag konkretisiert durch die 17 Ziele für nachhaltige Entwicklung, erscheinen auf den ersten Blick als Ansätze mit unterschiedlichen Zielsetzungen.

Das EFQM-Modell strebt nach der Steigerung der Gesamtleistung und Effizienz von Organisationen. Es handelt sich um einen weltweit anerkannten Managementrahmen, um die Leistung zu verbessern und Exzellenz zu erreichen [EFQM 2021].

Bild 12.1 stellt das EFQM-Modell dar. Es zeigt eine Organisation im Zentrum, umgeben von Schlüsselkomponenten, die für erfolgreiche Unternehmensführung entscheidend sind. Die strategische Ausrichtung wird durch Verbindungen zwischen Zweck, Vision, Strategie und Organisationskultur sowie Führung hervorgehoben. Die Bedeutung der Interaktion mit und die Wahrnehmungen der Interessengruppen werden ebenso betont wie die Schaffung von nachhaltigem Nutzen und das Vorantreiben von

Leistungsfähigkeit sowie Transformation. Der durchgehende Balken, der Vorgehen, Umsetzung, Bewertung sowie Verbesserung verknüpft, illustriert die Prozesskette von der Planung über die Ausführung und Bewertung bis hin zur kontinuierlichen Verbesserung. Die kreisförmige Anordnung symbolisiert die dynamische und integrierte Natur des Modells, bei dem alle Teile interagieren und zusammenwirken, um die organisatorische Exzellenz zu steigern.

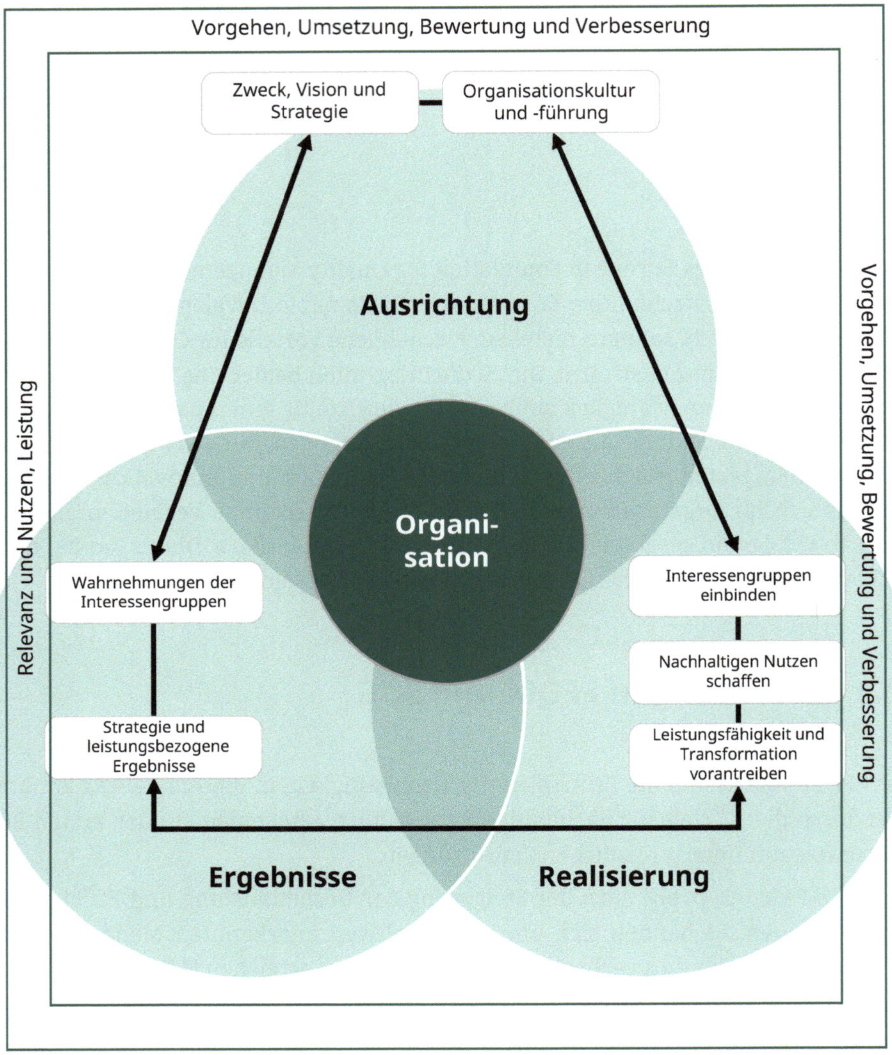

Bild 12.1 EFQM-Modell [2021]

Im Gegensatz dazu fokussieren sich die SDGs auf die langfristige Erhaltung von Umwelt, Gesellschaft und Wirtschaft. Sie wurden von den Vereinten Nationen entwickelt, um Armut zu beseitigen, den Planeten zu schützen und bis 2030 Frieden und Wohlstand für alle Menschen zu gewährleisten. Sie adressieren spezifische globale Herausforderungen, zu denen Bildung, Gesundheit, Geschlechtergleichheit, sauberes Wasser, erschwingliche und saubere Energie sowie Klimaschutz gehören. Die SDGs sind als Einheit zu betrachten und gleichwertig umzusetzen, was bedeutet, dass kein Ziel wichtiger ist als das andere. Die erfolgreiche Umsetzung der SDGs setzt eine breite Zusammenarbeit zwischen Regierungen, dem Privatsektor, der Zivilgesellschaft und der Bürgerschaft voraus, um durch innovative Lösungen und Investitionen nachhaltige Entwicklungen zu fördern. In Bild 12.2 sind die 17 Nachhaltigkeitsziele der Vereinten Nationen aufgelistet. Sie werden in diesem Kapitel als Rahmen für die Definition von Nachhaltigkeit für Unternehmen und in Verbindung mit EFQM herangezogen.

SDG 1 Armut in allen Formen und überall beenden	**SDG 7** Bezahlbare, verlässliche, nachhaltige Energie für alle sichern	**SDG 13** Klimawandel und seine Auswirkungen bekämpfen
SDG 2 Ernährung sichern und Hunger beenden	**SDG 8** Nachhaltiges Wirtschaftswachstum und menschenwürdige Arbeit fördern	**SDG 14** Ozeane, Meere und Meeresressourcen erhalten und nachhaltig nutzen
SDG 3 Ein gesundes Leben gewährleisten	**SDG 9** Widerstandsfähige Infrastruktur und nachhaltige Industrialisierung	**SDG 15** Ökosysteme an Land nutzen
SDG 4 Inklusive, gleichberechtigte und hochwertige Bildung gewährleisten	**SDG 10** Ungleichheiten in und zwischen Ländern verringern	**SDG 16** Friedliche Gesellschaften fördern
SDG 5 Gleichstellung aller Geschlechter erreichen	**SDG 11** Städte und Siedlungen sicher und nachhaltig gestalten	**SDG 17** Umsetzungsmittel und globale Partnerschaften stärken
SDG 6 Verfügbarkeit von Wasser und Sanitätsversorgung gewährleisten	**SDG 12** Nachhaltige Konsum- und Produktionsweisen sicherstellen	SDG (Sustainable Development Goal)

Bild 12.2 Nachhaltigkeitsziele der Vereinten Nationen [UN 2015]

Die Implementierung der SDGs in einem Unternehmen sollte der Effektivität halber ebenfalls systematisch erfolgen. Eine Unterstützung bietet z. B. der Leitfaden zur Realisierung von SDG in Unternehmen [GRI, UN GC & wbcsd o. J.]. Das Vorgehen bei der Implementierung von SDGs umfasst fünf Schritte. Diese sind in Bild 12.3 dargestellt.

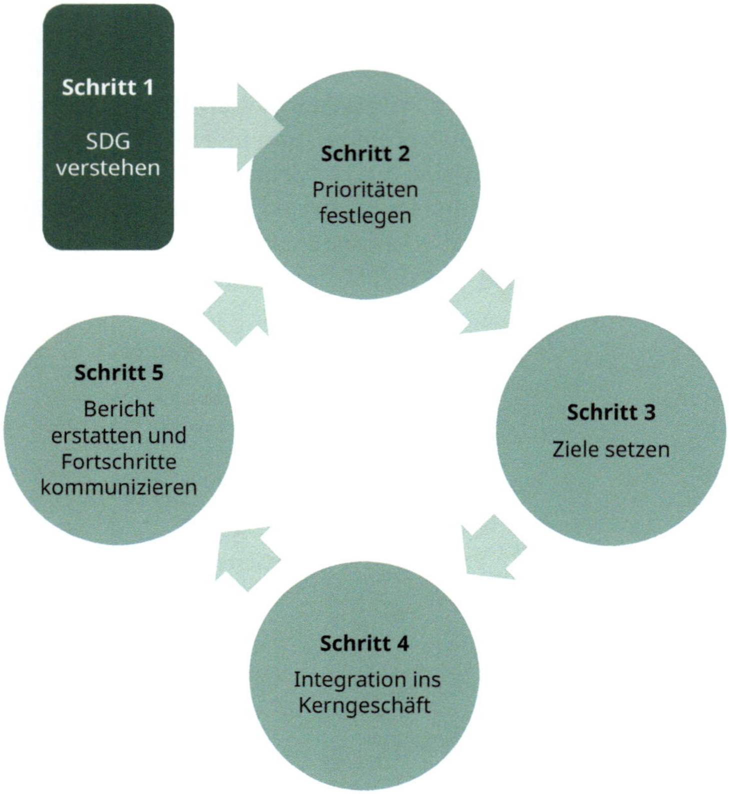

Bild 12.3 Fünf Schritte der Umsetzung von SDG (nach GRI, UN GC & wbcsd o. J.)

Eine tiefere Betrachtung beider Ansätze – EFQM-Modell und SDGs – offenbart, die Integration beider Konzepte ebnet den Weg zur Exzellenz und zum verantwortungsvollen Handeln. Nachfolgend wird beschrieben, wie das EFQM bei Nachhaltigkeitsbestrebungen gemäß SDGs Organisationen unterstützen kann.

12.2 Synergien zwischen EFQM und SDGs

Die Kombination von EFQM und den Prinzipien der Nachhaltigkeit bietet eine hervorragende Möglichkeit, die Leistungsfähigkeit von Organisationen zu verbessern und gleichzeitig einen positiven Beitrag zu Gesellschaft und Umwelt zu leisten. EFQM fördert eine Kultur der kontinuierlichen Verbesserung und Exzellenz, die sich nahtlos in die Ziele der Nachhaltigkeit integrieren lässt. Durch die Einbeziehung von EFQM-Prinzipien in Nachhaltigkeitsinitiativen können Organisationen ihre Prozesse optimieren, Ressourcen effizient nutzen und soziale Verantwortung wirkungsvoll übernehmen. Bild 12.4 listet ausgewählte Synergien zwischen den Konzepten auf.

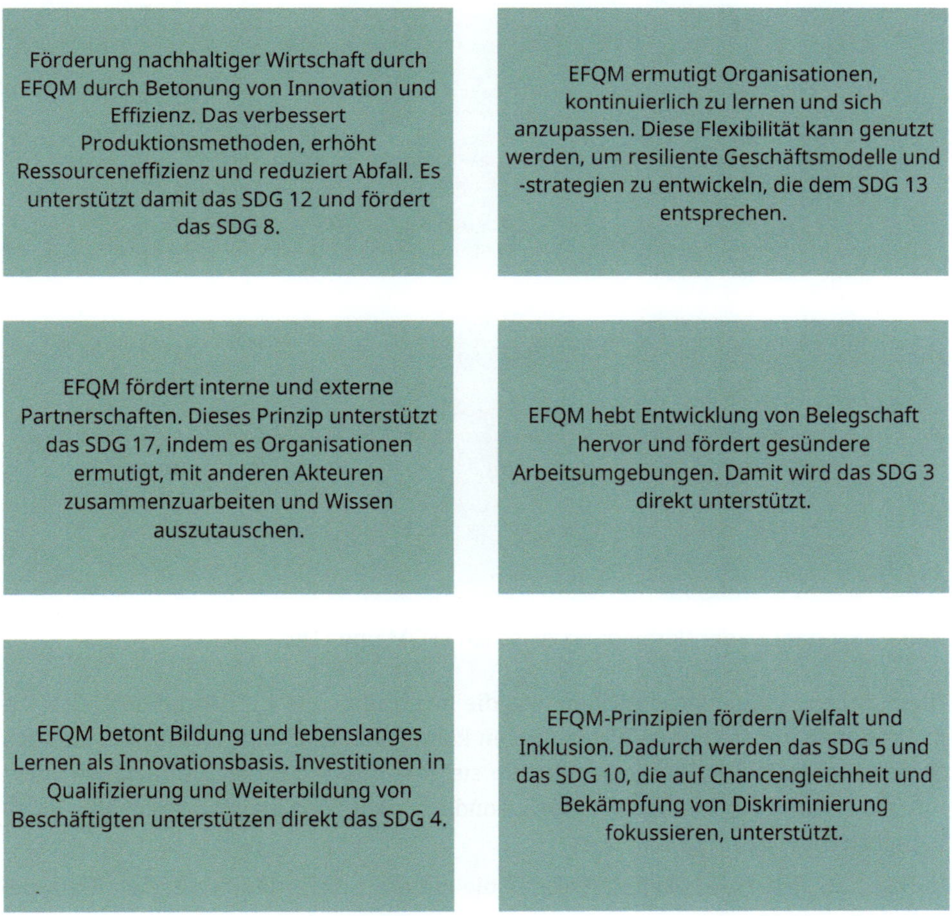

Bild 12.4 Synergien zwischen EFQM und SDG

12.3 Chancen-Risiken-Betrachtung

Eine Betrachtung von Chancen und Risiken hilft, konkrete Synergien und potenzielle Hindernisse zu identifizieren. Zum Beispiel könnte eine Chance in der verbesserten Ressourceneffizienz liegen, während ein Risiko in der initialen Komplexität der Integration beider Ansätze bestehen könnte. Chancen ergeben sich auch durch Innovation und die Erschließung neuer Märkte durch nachhaltige Praktiken. Risiken könnten in der Resistenz gegenüber Veränderungen innerhalb der Organisation liegen. In Bild 12.5 werden die Chancen der Verbindung zwischen EFQM und SDGs dargestellt.

Chancen

- Durch die Kombination von EFQM und SDGs können Unternehmen ihre internen Prozesse optimieren und gleichzeitig externe soziale und ökologische Auswirkungen berücksichtigen.
- Organisationen, die sich an den SDGs orientieren, können sich als nachhaltigkeitsbewusste Marktführer positionieren und so ihr Image und ihre Wettbewerbsfähigkeit verbessern.
- Mitarbeitende, die an Nachhaltigkeitszielen arbeiten, zeigen oft eine höhere Motivation und Zufriedenheit, was zu einer verbesserten Mitarbeiterbindung führt.
- Die Herausforderungen, die sich aus der Verbindung von EFQM und SDGs ergeben, können Innovationsprozesse anregen und zu neuen Produkten, Dienstleistungen und Geschäftsmodellen führen.
- Die Integration der SDGs in das EFQM-Modell kann helfen, Risiken besser zu managen und die organisatorische Resilienz gegenüber sozialen und ökologischen Veränderungen zu stärken.
- Die Ausrichtung auf die SDGs ermöglicht es Unternehmen, eine breitere Palette von Stakeholdern einzubeziehen und Partnerschaften zu stärken, die auf gemeinsamen Werten basieren.
- Durch die gleichzeitige Verfolgung von Exzellenz und Nachhaltigkeit können Organisationen langfristige Werte schaffen, die sowohl ökonomische als auch gesellschaftliche Vorteile bieten.

Bild 12.5 Chancen der Verbindung zwischen EFQM und SDG

Diese sieben Punkte verdeutlichen, wie die Integration von EFQM und den SDGs Organisationen auf vielfältige Weise stärken kann, indem sie sowohl Effizienz als auch Nachhaltigkeit fördert. Insgesamt bieten sie einen umfassenden Rahmen, der nicht nur die operative Leistung verbessert, sondern auch zur Erreichung globaler Nachhaltigkeitsziele beiträgt.

In Bild 12.6 sind die Risiken dargestellt, die mit der Integration der beiden Konzepte bestehen können.

Risiken	
Risiken	• Die Integration der SDGs in das EFQM-Modell kann die strategische Planung komplizierter machen, was zu Schwierigkeiten bei der Umsetzung führen kann. • Um die SDGs wirksam in das EFQM-Modell einzubinden, ist spezifisches Fachwissen erforderlich, was umfassende Schulungen nach sich zieht. • Das Zusammentreffen unterschiedlicher Interessen kann Probleme bei der Einbindung von Stakeholdern schaffen und das Erreichen von Konsens erschweren. • Bei ungenügender Implementierung der Nachhaltigkeitsmaßnahmen besteht das Risiko, dass Unternehmen nur scheinbar nachhaltig agieren, ohne substanzielle Änderungen vorzunehmen. • Organisationen könnten Schwierigkeiten haben, sich an sich rasch wandelnde Umweltstandards und -erwartungen anzupassen. • Die Ausbalancierung verschiedener SDGs innerhalb des EFQM-Modells kann zu Zielkonflikten führen, wenn verschiedene Nachhaltigkeitsziele miteinander in Widerspruch stehen.

Bild 12.6 Risiken der Verbindung zwischen EFQM und SDG

Diese Betrachtung bietet eine tiefere Einsicht in die spezifischen Chancen und Risiken, die sich aus der Verbindung von EFQM-Prinzipien und den Zielen der nachhaltigen Entwicklung ergeben. Sie zeigt, wie diese Integration sowohl zur Verbesserung der Unternehmensleistung als auch zur Förderung von Nachhaltigkeit beitragen kann, während sie gleichzeitig die Risiken aufzeigt, die berücksichtigt werden müssen.

12.4 Praktische Umsetzung und Herausforderungen

Eine erfolgreiche Integration von EFQM und SDGs in die Unternehmensstrategie erfordert eine sorgfältige Planung und Anpassung. Organisationen sind herausgefordert, ihre Prozesse und Strukturen zu überdenken, um beide Ansätze wirksam zu verknüpfen. Dabei entstehen Herausforderungen wie die Überarbeitung bestehender Prozesse und die Sensibilisierung von Stakeholdern für nachhaltige Praktiken. Diese Herausforderungen eröffnen jedoch auch Möglichkeiten für Innovationen. Im Bild 12.7 findest Du Tipps, wenn Dein Unternehmen nach EFQM bereits arbeitet und Du dies um die Implementierung von SDGs erweitern möchtest.

IST-Situation der aktuellen EFQM-Anwendung aufnehmen

- Überprüfe, wie Dein Unternehmen das EFQM-Modell aktuell nutzt, und identifiziere Bereiche, in denen Nachhaltigkeitsaspekte verstärkt integriert werden können.

SDGs in die Organisationsstrategie einbetten

- Priorisiere SDGs, die nach Wesentlichkeit für den Unternehmenszweck und die Kernaktivitäten von Bedeutung sind. Integriere diese Ziele in die strategische Planung und setze klare, messbare Ziele.

Schulungen zur Bewusstseinsbildung durchführen

- Sensibilisiere die Beschäftigten für die Bedeutung der SDGs und deren Zusammenhang mit dem EFQM-Modell. Biete Schulungen an, um das Verständnis und die Fähigkeiten zur synergetischen Umsetzung der beiden Ansätze zu verbessern.

Prozesse anpassen

- Überarbeite bestehende Prozesse und Leistungsindikatoren, um die priorisierten SDGs effektiv berücksichtigen zu können. Stelle sicher, dass Nachhaltigkeitsaspekte in kontinuierliche Verbesserungsprozesse integriert werden.

Stakeholder einbinden

- Kommuniziere die Verpflichtung zu den SDGs gegenüber Deinen Stakeholdern und suche aktiv nach deren Feedback sowie Einbindung, um die Nachhaltigkeitsbemühungen gemeinsam zu stärken.

Neue Strategie überwachen und Bericht erstatten

- Entwickle ein robustes System zur Überwachung und Berichterstattung der Fortschritte bei der Integration der SDGs. Nutze die gewonnenen Erkenntnisse, um die bestehenden Strategien kontinuierlich zu optimieren.

Bild 12.7 Tipps für Unternehmen zur Einführung von SDGs mit etabliertem EFQM

In Bild 12.8 findest Du Tipps für den Fall, dass Dein Unternehmen aktuell weder gemäß EFQM-Modell noch gemäß SDGs arbeitet. Wenn beide Konzepte neu implementiert werden sollen, kann es hilfreich sein, die im Bild aufgelisteten Punkte zu berücksichtigen.

Grundlegende Ausrichtung Deiner Ansätze verstehen

- Mach Dich mit den Grundprinzipien des EFQM-Modells und mit den SDGs vertraut. Verstehe, wie beide Ansätze sich ergänzen können, um eine nachhaltige Unternehmensführung zu fördern.

Strategisch planen

- Entwickle eine umfassende Strategie, die sowohl EFQM-Prinzipien als auch die priorisierten SDGs integriert. Bestimme klare Ziele und Maßnahmen, die auf beide ausgerichtet sind.

Strukturen und Prozesse etablieren

- Gestalte Organisationsstrukturen und Geschäftsprozesse von Anfang an so, dass sie die Anforderungen von EFQM und den SDGs unterstützen. Lege Verantwortlichkeiten fest und sorge für die notwendigen Ressourcen.

Kultur und Führung anpassen

- Baue eine Unternehmenskultur auf, die Exzellenz und Nachhaltigkeit wertschätzt. Du solltest als Vorbild agieren und die Bedeutung der Integration von EFQM und SDGs vermitteln.

Partnerschaften und Netzwerke ausbauen

- Suche die Zusammenarbeit mit anderen Organisationen, Branchenverbänden und lokalen Gemeinschaften, um Erfahrungen auszutauschen und gemeinsame Exzellenz- und Nachhaltigkeitsziele zu verfolgen.

Lernen und Anpassung fördern

- Sei bereit, aus Erfahrungen zu lernen und Deine Ansätze basierend auf Feedback sowie auf den sich ändernden Nachhaltigkeitsbedingungen anzupassen. Fördere eine Kultur der kontinuierlichen Verbesserung, die sowohl Exzellenz als auch Nachhaltigkeit berücksichtigt.

Bild 12.8 Tipps für Start der Umsetzung von EFQM sowie SDGs

Durch eine sorgfältige Planung und Anpassung von bestehenden Strategien können Organisationen EFQM und SDGs erfolgreich integrieren. Damit können sie sowohl ihre betriebliche Effizienz als auch ihre Nachhaltigkeitsleistung gemäß SDGs verbessern.

12.5 EFQM, CSRD und ESRS

Ein weiterer Ansatz, das etablierte EFQM-Modell um Nachhaltigkeitsaspekte zu erweitern, ist es, das Modell mit den Anforderungen der Corporate Sustainability Reporting Directive (CSRD) und der daraus entstandenen European Sustainability Reporting Standards (ESRS) zu kombinieren. Das EFQM-Modell bietet eine gute Basis, um die

Anforderungen von CSRD und ESRS umzusetzen. Durch die Integration der CSRD- und ESRS-Anforderungen in das EFQM-Modell können Organisationen ihre Nachhaltigkeitsleistung verbessern, eine stärkere Positionierung am Markt erreichen und eine höhere Transparenz gegenüber Stakeholdern erreichen. Die Zusammenführung kann in sieben Hauptschritten durchgeführt werden. Bild 12.9 listet diese Schritte auf.

1. Beginne mit einer detaillierten Analyse und einem Vergleich der CSRD- und ESRS-Anforderungen mit den EFQM-Kriterien, um Überschneidungen und Lücken zu identifizieren.
2. Passe die bestehenden EFQM-Elemente an, sodass die CSRD- und ESRS-Anforderungen erfüllt werden, z. B. durch stärkere Integration von Nachhaltigkeit in Strategie und Kultur, Etablierung von Umwelt- und Sozialrisikobewertungen sowie intensivere Stakeholder-Einbindung.
3. Entwickle klare Indikatoren und Messverfahren für die Nachhaltigkeitsleistung, die zu EFQM-Prinzipien und ESRS-Kriterien passen, inklusive Nachhaltigkeitsindikatoren.
4. Schule Stakeholder, insbesondere die eigene Belegschaft, in CSRD- und ESRS-Anforderungen und deren Integration in den Arbeitsalltag.
5. Integriere nachhaltigkeitsbezogene Prozesse, wie nachhaltige Beschaffung und umweltfreundliche Produktion, ins Tagesgeschäft und dokumentiere sie zur Demonstration der CSRD- und ESRS-Konformität.
6. Verbessere Stakeholder-Kommunikation und -Zusammenarbeit. Erstelle einen transparenten Nachhaltigkeitsbericht, der Leistung gemäß ESRS und den EFQM-Beitrag zeigt.
7. Nutze kontinuierliche Verbesserung nach EFQM, um CSRD und ESRS stetig zu optimieren, sammle regelmäßig Stakeholder-Feedback und passe Strategien sowie Prozesse an.

Bild 12.9 Sieben Schritte der Integration von CSRD, ESRS in EFQM-Modell

12.6 EFQM-SDGs-Quiz

Verbinde die in Tabelle 12.1 dargestellten Beispiele (I, II, III, IV) mit den ebenfalls dargestellten EFQM-Prinzipien (a, b, c, d) und SDGs (1, 2, 3, 4).

Tabelle 12.1 EFQM-SDG-Quiz

EFQM-Prinzip	SDG-Verbindung	Beispiel
(a) Nachhaltige Ergebnisse erzielen	(1) SDG 5 – Geschlechtergleichheit	(I) Indem Organisationen in die Qualifizierung, das Wohlbefinden und in die Zufriedenheit ihrer Belegschaft investieren, fördern sie nicht nur eine produktivere und engagierte Belegschaft, sondern tragen auch zu menschenwürdiger Arbeit bei, was direkt das SDG ________________ unterstützt.
(b) Führende mit Vision, Inspiration und Integrität	(2) SDG 12 – Verantwortungsvolle Konsum- und Produktionsmuster	(II) Organisationen, die darauf abzielen, ihren Kunden Wert zu bieten, indem sie nachhaltige Produkte und Dienstleistungen entwickeln, unterstützen verantwortungsvolle Konsum- und Produktionsmuster und tragen somit zu SDG ________________ bei.
(c) Erfolge durch Beschäftigte erzielen	(3) SDG 8 – Menschenwürdige Arbeit und Wirtschaftswachstum	(III) Durch die Fokussierung auf nachhaltige Ergebnisse können Organisationen Strategien entwickeln, um ihre CO_2-Emissionen zu reduzieren, Energieeffizienz zu verbessern und somit aktiv zum Klimaschutz beizutragen.
(d) Kundenwert schaffen	(4) SDG 13 – Maßnahmen zum Klimaschutz	(IV) Führungskräfte, die mit Integrität handeln und eine Vision von Gleichberechtigung und Inklusion verfolgen, tragen zur Förderung der Geschlechtergleichheit bei, indem sie bewusste Anstrengungen unternehmen, um Ungleichheiten im Unternehmen zu beseitigen und eine Kultur der Gleichwertigkeit zu schaffen.

Antworten: (a, 4, III); (b,1, IV); (c, 4, I); (d, 2, III)

Praxistipp

In diesem Kapitel hast Du erfahren, wie die Verknüpfung des EFQM-Modells mit den Zielen für nachhaltige Entwicklung (SDGs) sowohl die Leistungsfähigkeit als auch die Nachhaltigkeitsleistung Deines Unternehmens steigern kann – ein zentraler Aspekt des Qualitätsmanagements. Die Synergien zwischen EFQM und SDGs ermöglichen es Dir, Prozesse zu optimieren, Ressourcen effizient zu nutzen und soziale Verantwortung wirkungsvoll zu übernehmen, wodurch Du langfristigen Erfolg und gesellschaftliche Verantwortung förderst.

Literatur

EFQM (Hrsg.) (2021): *Das EFQM Modell*. 2., überarbeitete Ausgabe, *https://efqm.org/de/the-efqm-model*, aufgerufen am 05. 04. 2024

GRI, UN GC & wbcsd, (o. J.): „SDG Compass. Leitfaden für Unternehmensaktivitäten zu den SDGs", *https://www.globalcompact.de/fileadmin/user_upload/Dokumente_PDFs/SDG-Compass_German.pdf*, aufgerufen am 05. 04. 2024

UN – United Nation (2015): „Transformation unserer Welt: die Agenda 2030 für nachhaltige Entwicklung", *https://www.un.org/depts/german/gv-70/band1/ar70001.pdf*, aufgerufen am 05. 04. 2024

13 Nachwort zur Nachhaltigkeitskompetenz

Linda Chalupová

Willkommen am Ende einer Reise, die weniger eine Zieleinfahrt als vielmehr ein Sprungbrett in die Welt der Nachhaltigkeitskompetenzen darstellt. Wenn Du Dich nach dem Durcharbeiten dieses Buchs fragst, ob Du bereit bist, den grünen Wandel anzuführen. Ich sage JA!

Dieses Nachwort ist Dein mentaler Energieriegel, der Dich für den Marathon der Nachhaltigkeit rüstet. Es ist Inspiration, Deinen persönlichen Kompetenzen-Koffer zu packen. Wir tauchen in diesem Kapitel in die Welt der Soft Skills ein, ohne die kein Nachhaltigkeitsmanager auskommt – von der Kunst des überzeugenden Kommunizierens bis hin zur Fähigkeit, Maßnahmen und deren komplexe Wirkungsnetze zu beherrschen. Und während du vielleicht denkst, dass Du auf Deinem Weg zur grünen Vorreiterrolle allein bist, erinnere Dich daran: Jeder Chief Sustainability Officer (SEO) hat einmal klein angefangen – mit dem festen Willen zu lernen, zu wachsen und ein paar guten Ideen im Gepäck.

13.1 Mehr als Fachwissen

Nachdem Du die vorherigen Seiten des Buchs gelesen hast, magst Du Dich fragen, ob Du über die notwendigen Kompetenzen verfügst, um Nachhaltigkeit in Deinem Unternehmen erfolgreich voranzutreiben. Lass mich Dir sagen: Alles, was Du brauchst, kann erlernt werden, und der entscheidende Antrieb ist Dein Wille, zur nachhaltigen Entwicklung beizutragen.

Nachhaltigkeitskompetenz, engl. Sustainability Literacy [Stibbe 2009], ist ein zunehmend wichtiger Bereich, der das Verständnis und Bewusstsein einer Person für Nachhaltigkeitsfragen in verschiedenen Bereichen wie Wirtschaft, Umweltwissenschaft und soziale Gerechtigkeit umfasst. Ziel ist es, Individuen mit dem Wissen, der Denkweise und den Fähigkeiten auszustatten, die notwendig sind, um zu einer nachhaltigen Zukunft beizutragen. Dieses Wissen geht über das reine Bewusstsein hinaus und umfasst die Fähigkeit, informierte und effektive Entscheidungen zu treffen, die die nachhaltige Entwicklung unterstützen (Bild 13.1).

Beginnen wir mit den Softskills, die in der Welt der Nachhaltigkeit so entscheidend sind. Erstens, die kommunikativen Fähigkeiten und das Stakeholder-Engagement. Die Fähigkeit, klar und überzeugend zu kommunizieren und unterschiedliche Interessengruppen einzubinden, ist das Rückgrat jeder erfolgreichen Nachhaltigkeitsinitiative. Als Nächstes kommen Deine Führungsqualitäten und Dein Verantwortungsbewusstsein. Kannst Du andere inspirieren und motivieren, den Weg der Nachhaltigkeit mitzugehen? Deine ethische Führung kann eine Welle positiver Veränderungen auslösen. In der Studie von Odgers Berndtson [o. J.] wurden die Topmanager gefragt, in welchem Maße sich die Anforderungen an eine Führungskraft verändern werden. Ein werteorientiertes Führungsverhalten, Vermittlung der Purpose des Unternehmens sowie ein nachhaltiger Führungsstil (z. B. langfristige Ausrichtung, Delegation von Verantwortung, mitarbeiterzentriertes Führen) haben dabei die meiste Zustimmung erhalten. Insgesamt 60 Prozent der in dieser Studie befragten Manager glauben, dass ihre persönliche Vorbildfunktion zählt. Als eine weitere Kernbotschaft der Studie gilt die Aussage, dass das Thema Nachhaltigkeit Sache von Chef:innen ist und dass die Rolle eines sogenannten Chief Sustainability Officer (CSO) eine der agilsten ist. Denn jede:r CSO ist maßgeschneidert und anders. Klar geht aus den Ergebnissen allerdings auch hervor, dass Nachhaltigkeit von jedem mitgedacht werden muss [Odgers Berndtson o. J., S. 28 ff.].

Chief Sustainability Officer und seine Rolle sind entscheidend für die Förderung der unternehmerischen Nachhaltigkeit und passen sich agil an externe und interne Anforderungen an, um eine werteorientierte Nachhaltigkeit zu orchestrieren. Diese Position variiert stark je nach Unternehmen, beeinflusst durch Faktoren wie Branche, Unternehmensstruktur, Managementerwartungen und den Unternehmenszweck, mit einem breiten Spektrum an Anforderungsprofilen. Trotz der Diversität der Rolle werden die meisten CSO-Positionen intern besetzt, was die Bedeutung von Erfahrung und firmeninterner Kenntnis unterstreicht. Die führenden für Nachhaltigkeit verantwortlichen Personen verfügen über unterschiedliche Qualifizierungen, wobei ein wirtschaftswissenschaftlicher Hintergrund überwiegt und ein Masterabschluss vor dem Bachelorabschluss bevorzugt wird. Allerdings gibt es gemäß der Studie nicht ein ideales Profil [Odgers Berndtson o. J., S. 29 ff.].

Nun zum Systemdenken, einer Fähigkeit, die Dir hilft, die komplexen Wechselwirkungen in und außerhalb Deines Unternehmens zu verstehen. Sie ermöglicht es Dir, die weitreichenden Konsequenzen Deiner Handlungen zu erkennen und ganzheitliche Lösungen zu entwickeln. Dann ist da das strategische Denken, um Aktionismus zu vermeiden und sicherzustellen, dass Deine Nachhaltigkeitsbemühungen nicht nur gut gemeint, sondern auch gut gemacht sind. Langfristige Planung und die Fähigkeit, innovative Lösungen zu finden, werden Deine Nachhaltigkeitsziele in greifbare Realität umsetzen.

Jetzt zu den Fachkompetenzen: Verstehst Du die ökologischen und sozialen Zusammenhänge, die Dein Unternehmen beeinflussen? Ein tiefes Verständnis dieser Aspekte ist unerlässlich, um die richtigen Entscheidungen zu treffen. Und schließlich, die Integration von Nachhaltigkeitsprinzipien in alle Geschäftsbereiche – von der Lieferkette bis zum Kundenmanagement. Vielleicht fühlst Du Dich jetzt überwältigt, aber erinnere Dich: Niemand ist von Anfang an ein:e Experte:in. Der Schlüssel sind Dein Engagement und Dein Wille, zu lernen und zu wachsen. Die Reise zur Nachhaltigkeit ist ein kontinuierlicher Prozess und jeder Schritt, den Du machst, zählt. Mit Hingabe und der Bereitschaft, sich diesen Kompetenzen zu widmen, bist Du auf dem besten Weg, nicht nur ein Vorbild für andere zu sein, sondern auch einen echten Unterschied für die Welt zu machen. Darüber hinaus ist es von entscheidender Bedeutung, die Nachhaltigkeitskompetenz zu verbreiten, denn diese gilt als einer der Pfeiler zur Erreichung der Ziele für nachhaltige Entwicklung 2030 [Perkins, Zepeda Quintana & Velazquez 2019].

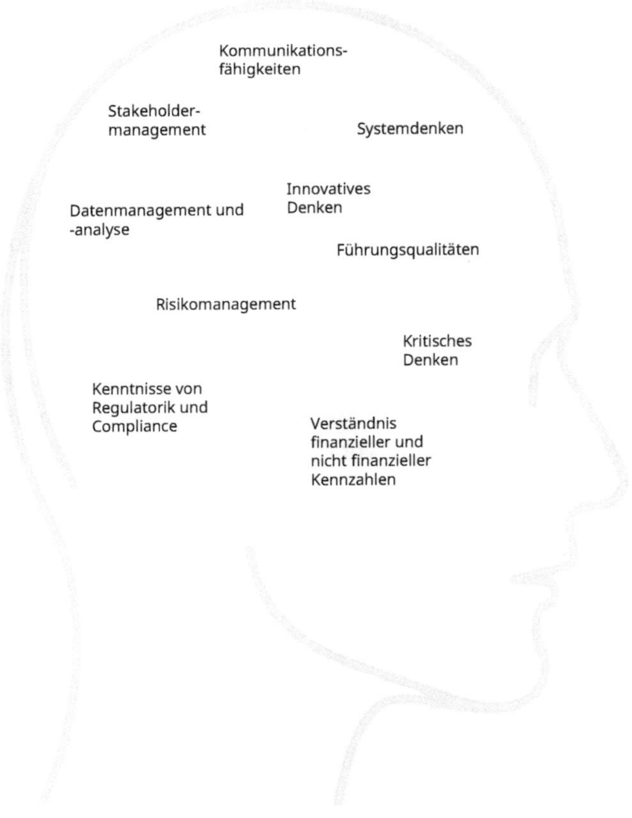

Bild 13.1
Neue Kompetenzen [Bilderstellung unter Verwendung von OpenAI]

13.2 Inner Development Goals

Die Inner Development Goals (IDG) repräsentieren ein Konzept, das darauf abzielt, die persönliche Entwicklung und das Wachstum von Individuen als zentrale Säulen für die Erreichung nachhaltiger Entwicklung und gesellschaftlichen Wandels zu betrachten. Ursprünglich als Ergänzung zu den Sustainable Development Goals (SDGs) der Vereinten Nationen konzipiert, fokussieren die IDGs auf die innere Dimension des Wandels – auf die kognitiven, emotionalen und spirituellen Kapazitäten, die es Menschen ermöglichen, positiv auf sich selbst, ihre Gemeinschaften und die Umwelt einzuwirken [innerdevelopmentgoals o. J.].

Die IDGs basieren auf der Annahme, dass äußere Veränderungen Richtung nachhaltige Entwicklung tiefgreifende innere Transformation bei den Menschen voraussetzen. Zu den Kernfähigkeiten, die durch die IDGs gefördert werden, zählen Empathie, kritisches Denken und die Fähigkeit, über den eigenen kulturellen und sozialen Kontext hinaus zu denken. Diese Fähigkeiten helfen Individuen nicht nur, sich selbst und ihre Rolle in der Welt besser zu verstehen, sondern auch aktiv an der Gestaltung einer gerechteren und nachhaltigeren Gesellschaft mitzuwirken. Das Rahmenwerk der IDGs besteht aus fünf Dimensionen und 23 untergeordneten Fähigkeiten, die zusammen ein ganzheitliches Bild der persönlichen Entwicklung skizzieren. Diese Dimensionen umfassen Selbstbewusstsein, Selbstmanagement, soziales Bewusstsein, Beziehungsfähigkeiten und verantwortungsbewusstes Entscheiden. Jede Dimension trägt dazu bei, dass Individuen nicht nur für sich selbst, sondern auch für ihre Gemeinschaften und die globale Gesellschaft positive Veränderungen initiieren können.

Durch die Betonung der inneren Entwicklung als unerlässliche Komponente der nachhaltigen Entwicklung eröffnen die IDGs eine neue Perspektive auf die Herausforderungen und Möglichkeiten der globalen Nachhaltigkeitsagenda. Sie erinnern uns daran, dass nachhaltiger Wandel nicht nur eine Frage von Technologie und Politik ist, sondern auch tief verwurzelt in der persönlichen Entwicklung und den täglichen Entscheidungen jedes Einzelnen. Durch die IDGs wird ebenfalls betont, dass nachhaltiger Wandel nur dann erreicht werden kann, wenn Menschen auch innerlich darauf vorbereitet werden, diesen Wandel zu leben und voranzutreiben. Bild 13.2 stellt die Dimensionen und untergeordnete Fähigkeiten dar.

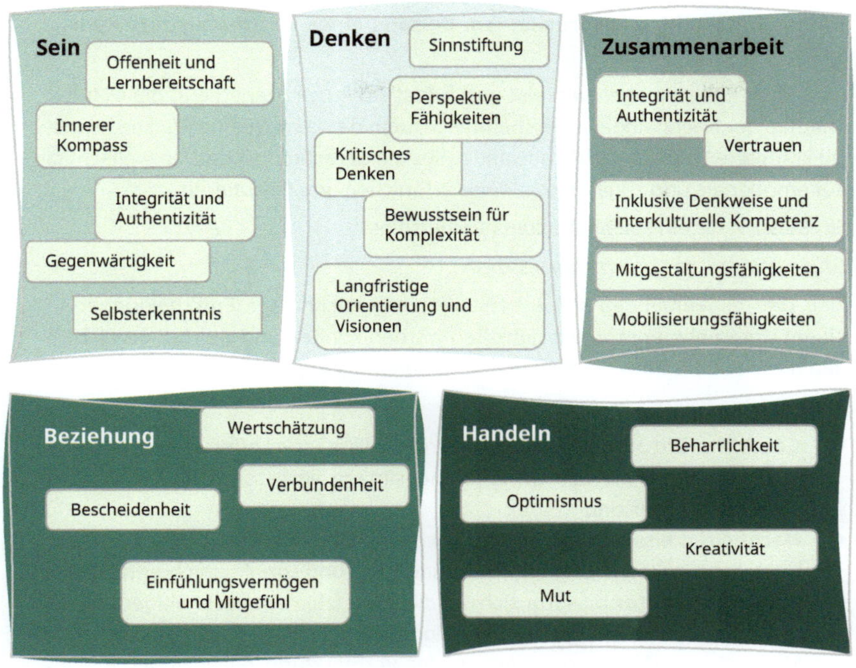

Bild 13.2 Dimensionen und Fähigkeiten von iDG [in Anlehnung an innerdevelopmentgoals o. J.]

13.3 Übungen zur Förderung von Nachhaltigkeitskompetenzen

Die Dringlichkeit, Nachhaltigkeitskompetenzen zu entwickeln, ergibt sich aus der zunehmenden Komplexität und Vernetztheit globaler Probleme. In einer Welt, in der unsere Handlungen weitreichende und oft unvorhersehbare Folgen haben, ist es von großer Bedeutung, die Fähigkeit zu besitzen, verantwortungsvolle Entscheidungen treffen zu können. Wie kannst Du diese Kompetenzen im Rahmen von Schulungen vermitteln? Nachfolgend siehst Du einige Beispiele an Techniken und Übungen zur Erweiterung von Nachhaltigkeitskompetenzen.

Übung 1: Zielsetzung und Visualisierung am Beispiel eines Vision Board für ein nachhaltiges Leben

Erstelle ein Vision Board, das Deine Ziele und Träume für ein nachhaltigeres Leben visualisiert. Verwende Bilder, Zitate und Symbole, um darzustellen, wie Du persönlich zur Nachhaltigkeit beitragen möchtest. Dies hilft Dir, eine klare und motivierende Vision Deiner Ziele zu schaffen.

Übung 2: Kreatives Ausdrücken am Beispiel eines Nachhaltigkeits-Rollenspiels

In diesem Rollenspiel entwickelst und führst Du kurze Szenen auf, die sich mit Themen der Nachhaltigkeit beschäftigen. Durch das kreative Ausdrücken kannst Du komplexe Themen wie Klimawandel, soziale Gerechtigkeit und Umweltschutz auf emotionale und zugängliche Weise erforschen und diskutieren.

Ein Beispiel für ein Nachhaltigkeits-Rollenspiel

Grüne Wende – das Unternehmensspiel

Ziel: Die Teilnehmenden sollen verstehen, wie nachhaltige Entscheidungen in einem Unternehmenskontext getroffen werden können und welche Auswirkungen diese auf die Umwelt, die Gesellschaft und das Unternehmen selbst haben.

Rollen:

- **Geschäftsführung:** fokussiert auf Profitabilität, aber offen für nachhaltige Ansätze, sofern sie das Unternehmensimage verbessern und langfristig finanziell tragbar sind
- **Nachhaltigkeitsmanager:in:** setzt sich für nachhaltige Praktiken ein, die das Unternehmen langfristig umweltfreundlicher und sozial gerechter machen
- **Produktionsleiter:in:** sorgt sich um die Umsetzbarkeit nachhaltiger Initiativen unter Beibehaltung der Produktionsziele
- **Marketingchef:in:** interessiert an der Vermarktung nachhaltiger Initiativen, um das Unternehmensimage zu verbessern
- **Mitarbeitender:** repräsentiert die Sicht der Belegschaft auf Nachhaltigkeit und deren Auswirkungen auf die Arbeitsplätze

Mögliches Szenario:

Das Unternehmen steht vor der Entscheidung, ob es in eine teurere, aber umweltfreundlichere Produktionsmethode investieren soll. Die neue Methode würde den CO_2-Fußabdruck signifikant reduzieren und lokale Gemeinschaften unterstützen, könnte aber kurzfristig zu höheren Kosten führen.

Aufgabe:

Jede Rolle muss ihre Sichtweise präsentieren und argumentieren, warum das Unternehmen ihrer Meinung nach die nachhaltige Option wählen oder ablehnen sollte. Anschließend wird eine Diskussionsrunde geführt, in der Kompromisse und gemeinsame Lösungen erarbeitet werden sollen. Zum Abschluss wird abgestimmt, ob das Unternehmen in die nachhaltige Produktionsmethode investiert.

Lernziele:

- Verständnis für die Vielschichtigkeit von Entscheidungsprozessen im Kontext der Nachhaltigkeit
- Einsicht in die Balance zwischen ökonomischen, ökologischen und sozialen Faktoren
- Förderung der Fähigkeit, überzeugend zu argumentieren und Kompromisse zu finden

Durch das Rollenspiel können Teilnehmende die Perspektiven verschiedener Stakeholder nachvollziehen und lernen, wie man effektiv für nachhaltige Veränderungen in einem Unternehmensumfeld eintritt.

Übung 3: Reflexion am Beispiel eines Tagebuchs

Führe ein Tagebuch, in dem Du täglich Deine Beobachtungen und Gedanken zu Deinem persönlichen Einfluss auf Dein Umfeld festhältst. Dies kann eine Reflexion über Deinen persönlichen CO_2-Fußabdruck, Wasserverbrauch, Müllproduktion oder auch über Entscheidungen sein, die Du beim Einkaufen triffst. Das schärft Dein Bewusstsein für die alltäglichen Handlungen und ermöglicht es Dir, Optimierungspotenziale zu identifizieren.

Übung 4: Systemdenken anhand eines Simulationsspiels

In einem spielerischen Format simulierst Du die Dynamik eines Ökosystems. Du übernimmst die Rolle einer Spezies oder eines Elements des Ökosystems (z. B. Pflanzen, Tiere, Wasser, Mensch). Durch Deine Interaktionen wird sichtbar, wie Veränderungen in einem Teil des Systems Auswirkungen auf das gesamte Ökosystem haben. Diese Übung fördert Dein Verständnis für die Komplexität und Vernetztheit natürlicher Systeme.

Ein solches Spiel ist Sustain2030® – SDG Simulation game für Deutschland. In dieser digitalen Simulation geht es um die Umsetzung von Nachhaltigkeitszielen (Sustainable Development Goals/SDG). Die Simulation basiert auf der deutschen Nachhaltigkeitsstrategie 2016, ermöglicht es den Teilnehmenden, die Inhalte und Zusammenhänge der einzelnen Sustainable Development Goals (SDGs) zu verstehen und eigene Strategien für eine nachhaltige Zukunft zu erproben. Durch ein Modell, das die 17 Ziele mit ihren Startzuständen und Indikatoren abbildet, fördert das Spiel das Bewusstsein für die Komplexität der SDGs und die Notwendigkeit, viele Stakeholder-Perspektiven zu berücksichtigen [iCondu 2024].

Übung 5: Mobilisierungsfähigkeiten am Beispiel einer Nachhaltigkeits-Challenge

Organisiere innerhalb Deines Unternehmens eine Challenge, bei der Abteilungen oder Teams in einem freundlichen Wettbewerb stehen, um ihren ökologischen Fußabdruck zu reduzieren. Du kannst die Fortschritte zum Beispiel über ein internes Dashboard tracken.

Im Allgemeinen können das Bewusstsein und die Motivation weiter gesteigert werden, wenn die Beschäftigten ermutigt werden, eigene Projekte oder Initiativen vorzuschlagen, die zur Nachhaltigkeit im Unternehmen beitragen. Das kann beispielsweise die Einführung eines Recyclingprogramms, die Organisation eines gemeinnützigen Nachhaltigkeitsprojekts oder ein Beitrag zur Förderung der Biodiversität sein.

13.4 Dein persönlicher Kompetenzen-Koffer

Im vorherigen Kapitel hast Du erfahren, welche Kompetenzen eine Rolle spielen. Jetzt bist Du dran, Deinen persönlichen Kompetenzen-Koffer zu packen, der Dir auf dem Weg zur Förderung nachhaltiger Entwicklung hilft. Entdecke und reflektiere über die Kompetenzen, die Du entwickeln oder stärken möchtest, um aktiv zur Nachhaltigkeit beizutragen.

Welche Kompetenzen nimmst Du mit? Wähle entweder aus den vorgegebenen Kategorien aus und/oder ergänze weitere Kategorien und Kompetenzen.

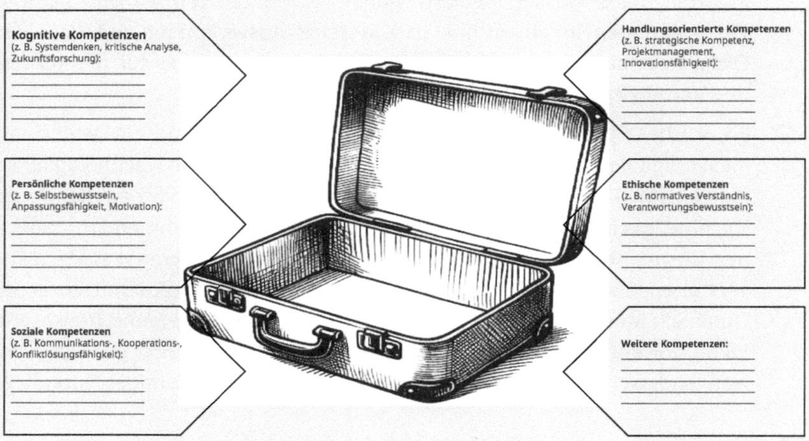

Hast Du Deinen Koffer gepackt? Dann geht es weiter:

- Überlege, wie Du die Kompetenzen einsetzen oder entwickeln kannst.
- Nimm Dir etwas Zeit, um über die Bedeutung jeder Kompetenz in Deinem Leben und deren potenzielle Auswirkungen auf Deine Umwelt und Gemeinschaft nachzudenken.
- Überlege, welche konkreten Schritte Du unternehmen kannst, um diese Kompetenzen weiterzuentwickeln.
- Erstelle einen einfachen Aktionsplan, wie Du jede der ausgewählten Kompetenzen in Deinem täglichen Leben und Deiner Arbeit integrieren kannst.

In diesem Kapitel haben wir die entscheidenden Nachhaltigkeitskompetenzen erkundet und praktische Übungen vorgestellt, um diese zu stärken. Dein „Kompetenzen-Koffer“ ist nun bereit, Dich auf Deinem Weg zu einer nachhaltigeren Zukunft zu begleiten. Nutze diese Kompetenzen, um positive Veränderungen zu fördern und ein Vorbild für nachhaltiges Handeln zu sein. Jeder Schritt zählt auf der Reise zu einer nachhaltigeren Welt.

Praxistipp

In diesem Kapitel hast Du erfahren, wie wichtig bestimmte Nachhaltigkeitskompetenzen sind. Die Integration dieser Soft Skills und Fachkompetenzen in Deine QM-Praktiken kann die Effizienz Deines Unternehmens erheblich steigern, indem sie zu einer ganzheitlichen, verantwortungsvollen und zukunftsorientierten Unternehmenskultur beitragen.

Literatur

iCondu (2024): „Sustain2030® SDG simulation game für Deutschland", *https://icondu.de/simulation-game*, aufgerufen am 05. 04. 2024

Inner Development Goals (o. J.): „Inner Development Goals. Transformational Skills for Sustainable Developmet", *https://innerdevelopmentgoals.org*, aufgerufen am 02. 04. 2024

Odgers Berndtson (o. J.): „Sustainability & Leadership. 2020 – 2021. Exklusive Studie und Befragung von Top-Managern zum Thema Nachhaltigkeit und Führung in deutschen Unternehmen", *https://www.odgersberndtson.com/media/10709/sustainability-leadership-studie.pdf*, aufgerufen am 04. 04. 2024

Perkins, Krystal M.; Zepeda Quintana, David S.; Velazquenz, Luis (2019): „Sustainable Literacy", in: *Encyclopedia of Sustainability in Higher Education*. Leal, W. F. (Hrsg.). Springer.

Stibbe, Arran (Hrsg.) (2009): *The Handbook of Sustainability Literacy. Skills for a changing world*. Foxhole. Dartingtin. Green Books, *https://sustainability.glos.ac.uk/wp-content/uploads/2017/07/Handbk-Sustainability-literacy-EC-16092020.pdf*, aufgerufen am 02. 04. 2024

Haltung und Energie

Ist es nicht alles nur Menschlichkeit,
menschliche Verbindungen
Gebildete Meinungen
Verpackt im Konstrukt der Kommunikation
Alles ist Kommunikation
Haltung.
Was wären wir Menschen ohne Haltung?
Geben, bevor wir nehmen
Energie vervielfachen
Positive Energie
Menschliche Energie
Verstehen und achten
Für eine gesunde Welt

Dana Aleff

14 Struktur und Freiheit: Das Cynefin-Modell

Sandra Paul

Qualitätsmanager:innen – die Hüter von Standards und Strukturen

Meine Reise heraus aus dem Leben als angestellte Qualitätsmanagerin (QM) hinein in die Welt der Selbstständigen hat mich für ein Wochenende in den Seminarraum meines Freundes Michael geführt. Dort haben wir an der Idee eines Buchs zum Thema Ressourceneffizienz in kleinen und mittelständischen Unternehmen (KMU) gefeilt.

Die Energie und Kreativität, die wir in diesem gemütlichen Raum kurz vor den Alpen ausgetauscht haben, ist mir heute noch in Erinnerung. Wir waren voller Freude über die gegenseitige Wertschätzung, haben Impulse und Ideen neugierig aufgenommen und weitergesponnen.

Zu dieser Zeit habe ich mich oft gefragt, wer ich bin, wie ich wirken will, was mein Beruf ist, was ich kann und was ich noch lernen will.

Ich bin Qualitätsmanagerin. Das sagt mein Lebenslauf. Ich war immer gerne im Qualitätsmanagement unterwegs. Will ich das weiterhin sein? Was an diesem Beruf typisch ist, sind Strukturen und Standards, die in einer turbulenten Welt Sicherheit geben. Um ein Produkt in der erforderlichen Qualität möglichst kostengünstig herzustellen, gibt es einen Königsweg: Best Practice wird dieser Weg genannt. Das Streben der gesamten Organisation folgt dem Ziel, diesen Weg zu finden, zu dokumentieren und zu schulen. Fehler gilt es zu vermeiden, denn sie sind teuer, vor allem am Ende der Prozesskette. Das Thema Risikoanalysen befasst sich damit, mögliche Fehler bereits zu erkennen, bevor sie passieren. Wer ein integriertes Managementsystem hat, betrachtet dabei die gesamte Prozesskette und identifiziert Risiken im Bereich Prozess- und Produktqualität, Arbeitssicherheit, Umwelt, Gesundheit, Finanzen und vieles mehr.

Was macht erfolgreiche Unternehmen aus? Sind die Unternehmen erfolgreich, die möglichst wenig Fehler machen, die, die alle Risiken identifiziert und Gegenmaßnahmen vorbereitet haben? Wäre es gut, wenn die Mitarbeitenden in allen Abteilungen und über alle Hierarchieebenen hinweg gemeinsam diesen besten Weg finden und dann auch einhalten würden?

Ist Best Practice das einzige Ziel?

Ich glaube, es gibt diesen besten Weg nicht für jedes Problem und das spüren die Mitarbeitenden. Meistens ziehen nicht alle mit. Die Begeisterung fehlt und der Sinn von standardisierten Prozessen wird teilweise nicht verstanden. Kolleg:innen fühlen sich nicht gehört und sind frustriert. Warum ist das so? Warum empfinden viele Menschen ihre Arbeit als Belastung?

Einen Teil der Antwort haben wir an jenem Wochenende im Cynefin-Modell gefunden. Mir ist klar geworden: Die Welt ist keine Qualitätsmanager-Welt und Organisationen brauchen mehr als Strukturen und Standards.

Der Werkzeugkoffer eines QM ist voll mit Methoden, die dabei unterstützen, Abweichungen vom Standard als Fehler zu erkennen, Abstellmaßnahmen zu definieren und den Prozess wieder in die „richtige“ Richtung zu lenken. Das sind hilfreiche Tools in einer Umgebung, in der alle Einflussgrößen bekannt sind. In einer solchen Umgebung sind Prozesse so gestaltet, dass sie wiederholbar sind, egal welche Personen im Prozess beteiligt sind.

Im Cynefin Framework findet sich die Welt des QM unter den Begriffen simpel und kompliziert.

14.1 Simpel: Fahrradfahren bei klarer Sicht

Wenn Du weißt, wo Du stehst (A) und wo Du hinwillst (B) und es gibt nur einen Weg dorthin, dann ist das wie Fahrradfahren bei Sonnenschein (Bild 14.1). Der Weg ist vorhersehbar und wiederholbar und jeder, der diesen Weg gehen will, kann dies nach einer Vorgabe fehlerfrei bewältigen. Das ist die Welt der Standards, der klaren Ursache-Wirkungs-Mechanismen. Das funktioniert, weil nahezu alle Einflussgrößen bekannt sind.

Im Produktionskontext können solche Prozesse automatisiert werden. Wenn die Automatisierung hier noch nicht erfolgt ist, handelt es sich um Prozesse, die kaum Einarbeitung bzw. Erfahrung und Kenntnisse benötigen.

Standards werden nach dem folgenden Prinzip erstellt:

- Was ist wie zu tun?
- Warum ist es so zu tun (Arbeitssicherheit, Produktqualität, Prozesssicherheit)?
- Was passiert im Prozess, wenn die Vorgabe nicht eingehalten wird?
- Visualisierung der korrekten Arbeitsweise/Einstellung/Produkteigenschaft

Der Handlungsauftrag lautet: Erkenne die Situation, ordne sie in ein bestehendes System ein und reagiere.

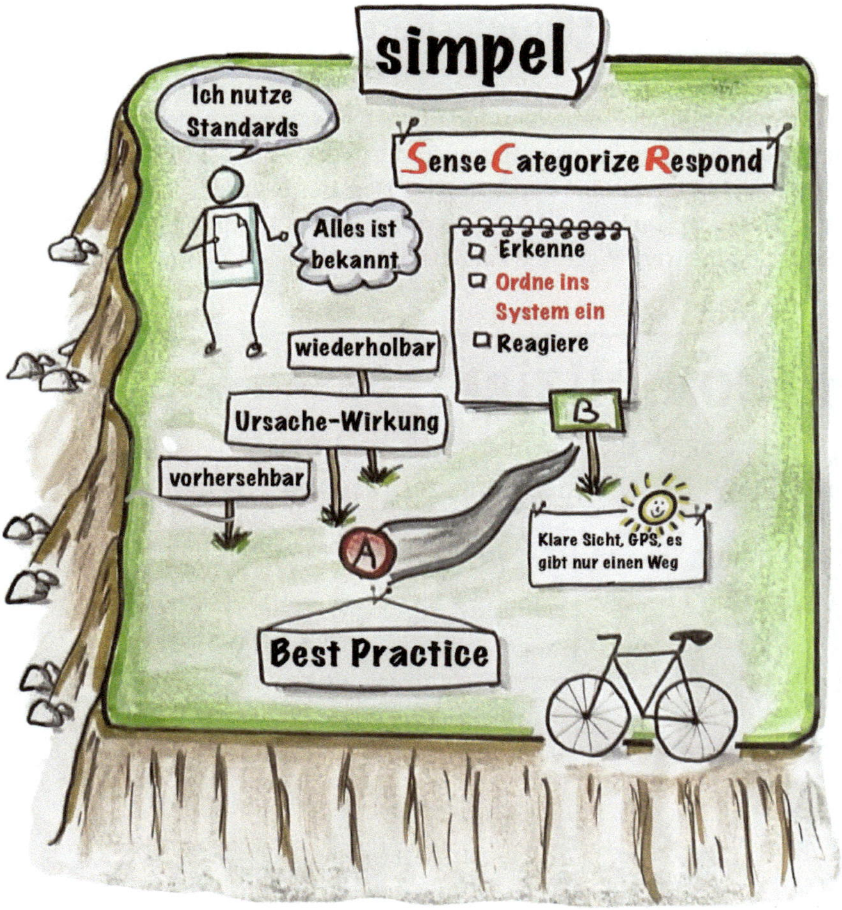

Bild 14.1 Im Bereich der simplen Herausforderungen sind fast alle Faktoren bekannt[1)]

Praxisbeispiel

Ein Spritzgussteil verlässt den Fertigungsprozess systematisch mit einer Einkerbung Durch Ursache-Wirkungs-Analysen findet der/die QM mit dem Fertigungsteam heraus, dass ein Nutzen im Werkzeug verunreinigt ist. Durch die Verunreinigung entsteht ein systematischer Fehler. Der Reinigungsplan als Standard wurde eingehalten. Jedoch wurde aufgrund steigender Auftragszahlen die Produktion von zweischichtig auf dreischichtig erhöht, was eine verkürzte Reinigungsfrequenz erforderlich macht. Korrekturmaßnahme: Der Reinigungsplan wird angepasst.

1 Alle Bilder in diesem Kapitel, bei denen keine direkte Quelle genannt wird, stammen von Visual Plot und Sandra Paul.

14.2 Kompliziert: Ein Flugzeug durch den Nebel fliegen

Es gibt noch einen weiteren Bereich aus dem Cynefin Framework, der ins Qualitätsmanagement passt. Bei komplizierten Herausforderungen sind nicht alle Einflussgrößen bekannt (Bild 14.2). Auch bei den komplizierten Herausforderungen weißt Du, wo Du stehst (A) und wo Du hinwillst (B). Allerdings gibt es Hindernisse, Gegenwind, schlechte Sicht und mehrere Wege, die zum Ziel führen.

Bild 14.2 Im Bereich der komplizierten Herausforderungen ist mehr bekannt als unbekannt

Wir befinden uns immer noch im Bereich der Ursache-Wirkungs-Mechanismen. Diese sind aber nicht so offensichtlich. Im Fertigungsprozess braucht es Experten, Mitarbeitende mit Erfahrung. Viele Wirkmechanismen greifen ineinander und es müssen individuelle Lösungen generiert werden. Es kommt auf die Qualität des Materials, den Lieferanten, auf die Umgebungstemperatur und vieles mehr an.

Der Handlungsauftrag lautet: Erkenne die Situation, analysiere sie und reagiere.

Hier findet Management statt, heißt es im Video von Dave Snowden. Das heißt auch Selbstmanagement. Vertraue Deinem Team und Deinen Kolleg:innen, dass sie die richtigen Entscheidungen treffen können und werden. Das stärkt die Selbstwirksamkeit und die Übernahme von Verantwortung. Der Pilot weiß am Anfang seines Flugs auch nicht, wie stark die Turbulenzen sein werden, und kommt am Ende doch sicher an seinem Zielflughafen an. Good Practice heißt: Es gibt keinen „besten Weg“. Es gibt einen guten Weg und das ist der, der zum Ziel führt.

Die Zeiten des einsamen Wolfes an der Spitze von Organisationen sind vorbei. Niemand kann und sollte Entscheidungen in komplizierten Situationen allein treffen.

Erfahrene Qualitätsmanager:innen nehmen bei der Erstellung von Standards die verantwortlichen Kolleg:innen hinzu und wissen gleichzeitig, dass nicht alles standardisiert werden kann.

Nun verlassen wir die beiden Felder des Modells, die von Ursache-Wirkung geprägt sind und wenden uns dem komplexen Bereich zu.

14.3 Komplex: Die Freude am Experimentieren genießen

Du weißt, wo Du bist (A) und dass Du Dich auf Deinem Weg bewegen möchtest, aber das Ziel zeigt sich nicht klar, demnach gibt es auch keinen Weg (Bild 14.3). Es ist mehr unbekannt als bekannt. Du kannst nur ausprobieren, die Ergebnisse erkennen und Deinen Weg immer wieder anpassen. Dieser iterative Weg (lat. iterare – reisen) mit Feedbackschleifen ist ungewohnt für uns als Qualitätsmanager.

Der Weg entsteht beim Gehen. Der Ursache-Wirkungs-Methodenkoffer der Qualitätsmanager ist in dieser Domäne nicht hilfreich. Die Methodenkompetenz zeigt sich z. B. in partizipativen Gruppenprozessen, welche in der agilen Produkt- und Prozessentwicklung angewendet werden. Dazu zählen beispielsweise Scrum-Methode, Design Thinking, Liberating Structures und Circle Facilitation. Viele Perspektiven zulassen, Komplexität fordern und fördern, neugierig sein, experimentieren und früh mit den ersten Ergebnissen nach draußen gehen, in dieser Vorgehensweise liegen die Chancen. Es geht nicht darum, Fehler zu vermeiden, sondern sie schnell zu machen und daraus zu lernen. Das widerspricht der QM-DNA und deshalb fühlen sich viele Kollegen hier versucht, Komplexität zu vereinfachen. Fördere die Komplexität, lass viele Perspektiven zu. Try and Error ist in dieser Domäne kein vermeidbares Übel. Du hast das Gefühl, Du verlierst dann die Kontrolle? Fein. So soll es sein. Darin liegt ein großer Schatz. Denn auch andere Menschen haben gute Ideen.

Bild 14.3 Im Bereich der komplexen Herausforderungen gibt es kaum komplexe Größen

Der Handlungsauftrag lautet: Probiere es aus, erkenne und reagiere.

Ich habe mich auf dieses Mindset eingelassen und es erweitert meinen Horizont in besonderem Maße. Ich traue mir Dinge zu, die ich noch nie gemacht habe. Ich lerne, dass nicht alle Wege von Erfolg gekrönt sein müssen, und genieße das Erlebnis noch vor dem Ergebnis. Die Lernerfahrungen sind schon ein Erfolg in sich und ich lerne mich und meine Grenzen erst bei komplexen Herausforderungen richtig kennen.

Der vierte Bereich im Cynefin-Modell beschreibt das Chaos und auch dies hat seinen Zweck.

14.4 Chaos: Feuer löschen, wenn es brennt

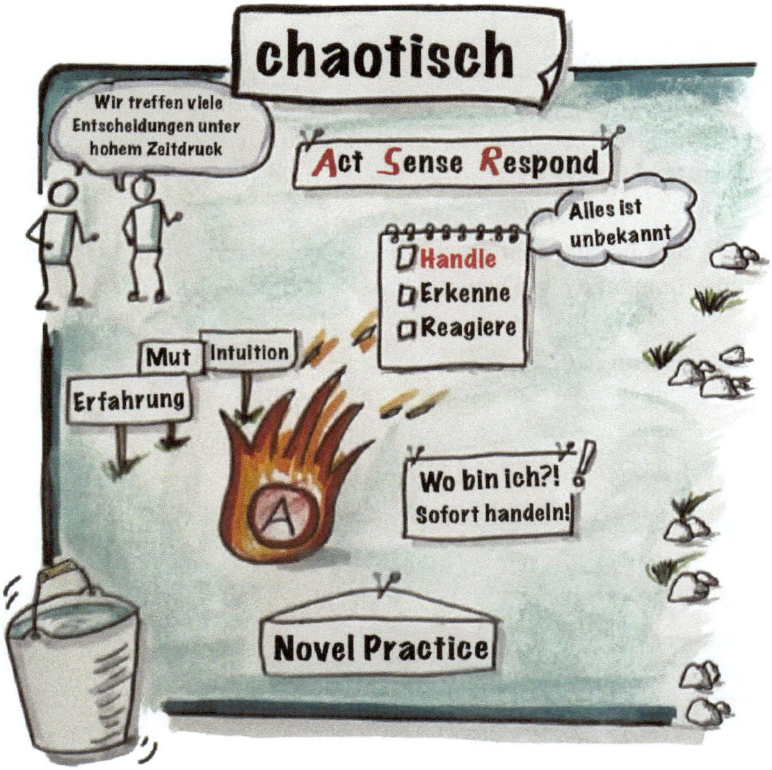

Bild 14.4 Im Chaos zählt eins: sofort handeln

Da, wo Du bist (A), brennt es und Du musst sofort handeln. Das ist Chaos (Bild 14.4). Es geht darum, ein Feuer zu löschen. Hier treffen Menschen mutig und intuitiv schnelle Entscheidungen unter Zeitdruck. Erst, wenn die Gefahr vorüber ist, können wir uns das Ganze in Ruhe anschauen und analysieren, was gut gegangen ist und was wir beim nächsten Mal anders machen werden.

Der Handlungsauftrag lautet: Handle. Erkenne erst später und reagiere, in dem Du anpasst und nachjustierst.

Nun haben wir die vier Bereiche des Cynefin kennengelernt. Kein Bereich ist mehr oder weniger wert als der andere, jeder wird benötigt. Sogar innerhalb eines Projekts oder eines Meetings können verschiedene Herausforderungen auftreten, denn mit diesem Modell bist Du in der Lage, situativ zu verorten.

14.5 Sowohl als auch

Typische Rollen in den vier Bereichen

- **Simpel:** Qualitätsverantwortliche erstellen Standards.
- **Kompliziert:** Analysten erforschen kleinste Zusammenhänge.
- **Komplex:** Kreative experimentieren und testen Prozesse und Produkte.
- **Chaotisch:** Macher machen.

Jetzt kommen Wissen und Bewusstsein hinzu. Denn was passiert, wenn Du Dir der Wichtigkeit dieser vier Domänen nicht bewusst bist?

Die Höhle des Unbewussten

Bild 14.5
Im unbewussten Bereich handeln wir intuitiv gemäß unserer persönlichen Präferenzen

In jedem der vier Bereiche kannst Du erfolgreich sein, wenn die Arbeitsweise zum Kontext passt. Naturgemäß sucht man sich in seinem Job die Herausforderung, die am besten zur eigenen Arbeitsweise passt (Bild 14.5). Ich bin nicht umsonst im Qualitätsmanagement gelandet, ich liebe Strukturen und Modelle. Wenn ich aber versuche, alles zu standardisieren, dann scheitere ich. Analyse Paralyse ist auch keine Lösung und nur mit kreativem Chaos erschaffe ich keine Strukturen, sondern nur Möglichkeiten. Feuer löschen ist energieintensiv, kostet Kraft. Es gibt kein entweder oder und kein richtig und falsch. Die Kunst besteht darin, die Herausforderung zu erkennen, die erforderliche Handlungsweise abzuleiten und die Menschen mit den entsprechenden Präferenzen im Team zu halten.

Kompetenzen im Qualitätsmanagement und im Bereich der Nachhaltigkeit

Damit bin ich auch wieder mit dem Qualitätsmanagement versöhnt. Ich bin Qualitätsmanagerin. Ich schätze Strukturen, sie geben mir Sicherheit. Zusätzlich genieße ich meinen Freiraum, neue Dinge ausprobieren zu dürfen, neue Fähigkeiten und Leidenschaften entwickeln zu können. Ich stelle meinen analytischen Ursache-Wirkungs-Kompetenzen weitere Fähigkeiten an die Seite:

- Der Wille zu lernen und Neues auszuprobieren
- Die Freude am Experimentieren, getragen von dem Wohlwollen einer Gruppe, die meine Werte teilt
- Wachstumsschmerzen aushalten und das unbequeme Gefühl von Steinen unter den Füßen beim Beschreiten von neuen Wegen erkennen
- *Sowohl-als-auch-* statt *Entweder-oder-*Mindset und viele Perspektiven neben der meinen stehen lassen und damit als Gruppe einen ganzheitlichen Blick finden

Wenn mit der Brille der Nachhaltigkeit das eigene Geschäftsmodell im Unternehmen überprüft wird, Produkte und Prozesse auf den Kopf gestellt und neu gedacht werden, dann werden noch nicht gegangene Wege eröffnet, hier liegt der Möglichkeitsraum für die Chancen eines Unternehmens. Dabei hilft es, zu wissen, dass alle miteinander Neuland betreten und es sich anders anfühlt, ob Du einen bekannten, vorhersehbaren Weg gehst oder nur eine ungefähre Ahnung davon hast, wo es hingehen soll. Gemeinsam und in gegenseitiger Wertschätzung für die einzelnen Fähigkeiten können genau die Lösungen entstehen, die wir heute brauchen, um nachhaltig und regenerativ zu wirtschaften.

Das Berufsbild des Qualitätsmanagers hat sich in den letzten 25 Jahren stetig verändert. Kollege:innen im QM sind abteilungsübergreifend tätig und wirken sowohl in der Ebene des Managements als auch an der Basis und kommunizieren als Coaches und Facilitatoren. Lebenslanges Lernen bedeutet, die Kompetenzen in Ursache-Wirkungs-Methoden zu ergänzen. Wir profitieren sowohl in unserem persönlichen Wachstum als auch für unser Unternehmen, wenn wir unsere Kompetenzen erweitern und uns in Kooperation üben, partizipative Gruppenprozesse initiieren und unseren Blick auf Perspektivenvielfalt ausrichten.

„Je bunter, desto gut“, sagt eine Kollegin von mir gerne. Gemeinsam trauen wir uns mehr (zu) und können uns auf neuen und unbequemen Wegen gegenseitig unterstützen. Wir gestalten statt verwalten. Die Freude am gemeinsamen Erfolg trägt eine Organisation durch alle Krisen in die Zukunft.

Bild 14.6 stellt die Aspekte des Cynefin Frameworks zusammenfassend dar.

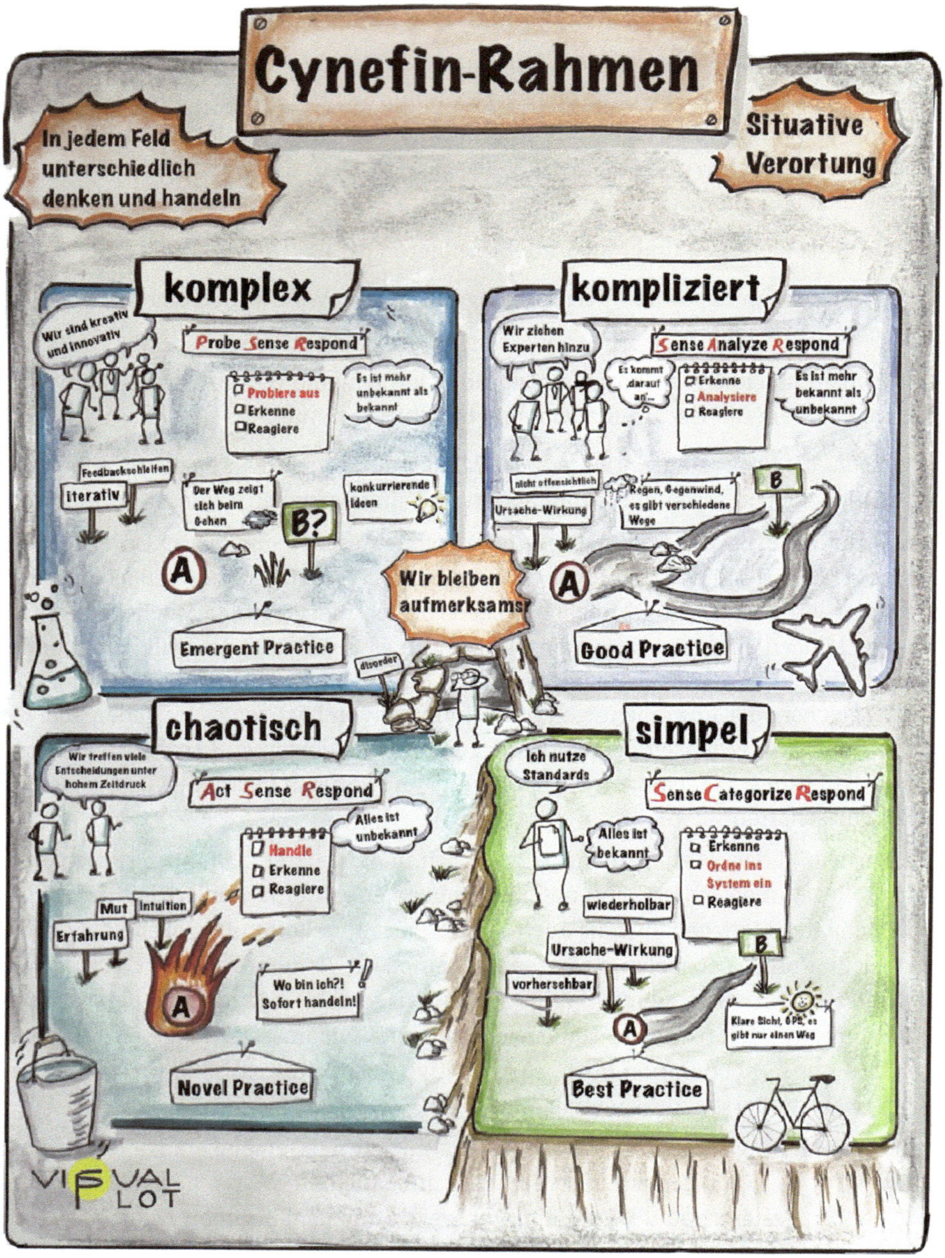

Bild 14.6 Das Cynefin Framework – ein Modell zur situativen Verortung von Herausforderungen

Literatur

Snowden, Dave (2010): „The Cynefin Framework“, cognitiveEdge, *https://www.youtube.com/watch?v=N7oz366X0-8*, aufgerufen am 19. 07. 2024

Sprache der Emotion

Bewegung von Emotionen.
Kommunizieren wir
über das, was zählt.
Was zählt?

Dana Aleff

15 Nachhaltigkeit kommunizieren mit Green Claims

Linda Chalupová

Stell Dir vor, wir navigieren gemeinsam durch ein Dickicht aus Nachhaltigkeitssiegeln und Zertifikaten, ausgestattet nur mit Deinem kritischen Verstand. Unsere Mission? Den Nebel zwischen echtem Umweltengagement und dem berüchtigten Greenwashing zu lichten. Doch Vorsicht, nicht alles, was grün scheint, hält, was es verspricht. Einige Siegel sind wie verborgene Schätze, voller Wert und Geheimnisse, während andere sich als trügerische Lockrufe entpuppen. Mit Wissenschaft und strengen Gesetzen als Kompass durchforsten wir die Landschaft der Siegel, auf der Suche nach der Wahrheit im Kampf gegen das Greenwashing. Bild 15.1 zeigt einige Aussagen, die hinterfragt werden sollten.

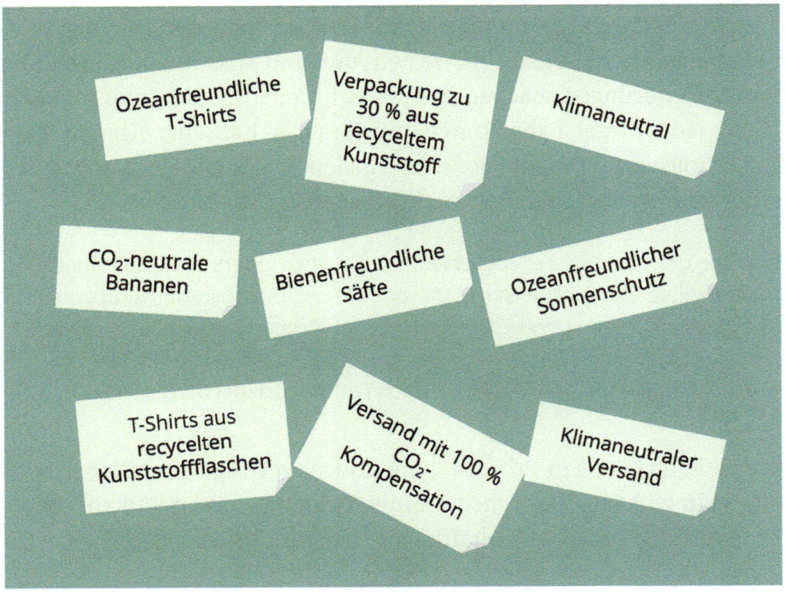

Bild 15.1 Beispiele an Umweltaussagen

15.1 Nachhaltigkeitszeichen

Das Thema Nachhaltigkeit gewinnt aus verschiedenen Perspektiven an Bedeutung. So gibt es die Notwendigkeit, nachhaltige Praktiken in das Kerngeschäft von Unternehmen zu integrieren. Hierbei spielt die Kommunikation eine zentrale Rolle: Sie ist das Bindeglied zwischen nachhaltigen Intentionen und dem Verbraucherverhalten, zwischen ethischen Grundsätzen und wirtschaftlichem Erfolg. Siegel, Zertifikate und Aussagen dienen als wichtige Werkzeuge in diesem Prozess. Sie bieten eine visuelle und verbale Sprache, die es Konsument:innen ermöglicht, die Nachhaltigkeitsbemühungen von Marken und Produkten schnell zu erkennen und zu bewerten. Mit Siegeln, Zertifikaten und Aussagen kommunizieren Nachhaltigkeitseigenschaften von Produkten. Gleichzeitig stehen sie vor der Herausforderung, Glaubwürdigkeit zu wahren und sich gegen Vorwürfe des Greenwashings zu verteidigen.

Falls Du Dich fragst, wie viele Siegel, Umweltzeichen es in Deutschland gibt? Eine genaue Zahl, wie viele Nachhaltigkeitssiegel und -zertifikate aktuell in Deutschland oder Europa existieren, ist schwierig zu bestimmen, da ständig neue Initiativen entstehen und die Landschaft sehr dynamisch ist. Die Informationen zu den verschiedenen Arten von Siegeln und Zertifikaten, wie sie beurteilt werden und welche Rolle sie für Unternehmen und Verbraucher:innen spielen, unterstreichen die Vielfalt und Komplexität in diesem Bereich.

In einer Studie im Auftrag der Europäischen Kommission, die im Jahr 2020 veröffentlicht wurde, wurden mehr als 230 Umweltzeichen auf dem EU-Markt verglichen [Europäische Kommission, 2023]. Fast entsteht der Anschein, dass sich die Siegel, Umweltzeichen, Zertifikate und Aussagen unkontrolliert ausbreiten und die Transparenz sowie Belastbarkeit der dadurch kommunizierten Informationen beeinträchtigt werden. Außerdem kann diese hohe Anzahl zur Verwirrung und Misstrauen führen. Die unterschiedlichen Anforderungen machen es zudem unmöglich, sie untereinander zu vergleichen. Denn jedes Siegel, Label, Umweltzeichen u. Ä. hat seine eigenen Standards und Zertifizierungsverfahren, die von verschiedenen – öffentlichen sowie privaten – Organisationen festgelegt und überwacht werden.

> In Deutschland gibt es mehrere Möglichkeiten, sich über unterschiedliche Siegel zu informieren. Eine Möglichkeit ist der Dienst des Bundesministeriums für wirtschaftliche Zusammenarbeit und Entwicklung unter *https://www.siegelklarheit.de*. Mit diesem Dienst können Verbraucher:innen Siegel schon während des Einkaufs vergleichen. Hier werden freiwillige Nachhaltigkeitssiegel dargestellt.

Nachhaltigkeitssiegel kennzeichnen Produkte, die umweltverträglich und/oder sozialverträglich hergestellt wurden, Verbraucher:innen beim bewussten Einkauf unterstützen und verantwortungsvolles wirtschaftliches Handeln fördern. Siegel, die sich nicht auf Nachhaltigkeitsaspekte beziehen, werden auf Siegelklarheit hingegen nicht dargestellt.

Auf der internationalen Ebene bietet das International Trade Centre (ITC) eine Datenbank und Dienste zur Aufklärung und zum Vergleich zu Siegeln *(https://www.standardsmap.org/en/home)*. Eine andere internationale Dachorganisation von Siegelgebern aus dem Umwelt- und Sozialbereich ist die International Social and Environmental Accreditation and Labelling Alliance (ISEAL Alliance) *(https://www.isealalliance.org)*, die Sozial- und Umweltstandards definiert und kommuniziert.

Alle drei Organisationen sind nur Beispiele an Initiativen, die sich mit der hohen Anzahl an Siegeln beschäftigen und den Verbraucher:innen helfen sollen, sich in der Wildnis der Siegel zurechtzufinden.

Im Lebensmittelbereich gibt es eine Reihe an bekannten und wenig bekannten Siegeln [Revermann 2021]. Auch im Bereich der Kosmetikprodukte werden viele Siegel verwendet. Die Nutzung dieser Siegel ist an verschiedene Anforderungen geknüpft. Auch die Vergabeverfahren sind an verschiedene Regeln gekoppelt. Eine übersichtliche Auswahl an Siegeln und Labels stellt die Seite *https://label-online.de/eigenmarken/eigenmarken-liste* zur Verfügung.

Kennst Du die Bedeutung aller dieser Siegel? Weißt Du, was sich hinter diesen Siegeln verbirgt? An welche Anforderungen sind diese geknüpft, um beurteilen zu können, welchen Vorteil im Bereich Nachhaltigkeit das Produkt aufweist? Du empfindest, das sind sehr viele Siegel – fast ein Siegeldschungel. So geht es vielen Verbrauchern. Laut einer im Jahr 2020 von der Europäischen Kommission veröffentlichten Studie sind 53,3 % der geprüften Umweltaussagen in der EU als vage, irreführend oder unbegründet einzustufen. Zudem waren 40 % der Aussagen nicht belegt [European Commission, 2020]. Diese Studie wird im Kontext von Vorschlägen der Kommission diskutiert, die darauf abzielen, den Verbrauchern verlässlichere Informationen zu bieten und einen fairen Wettbewerb für Unternehmen zu gewährleisten, die sich um echte Nachhaltigkeit bemühen. Diese Ergebnisse unterstreichen die Notwendigkeit, Verbraucher:innen vor irreführenden oder unbegründeten Umweltaussagen zu schützen, insbesondere vor sogenanntem Greenwashing.

15.2 Neue gesetzliche Regelungen

Die genannte Europäische Kommission [European Commission, 2020] führte in der Europäischen Union dazu, gesetzliche Anforderungen auf den Weg zu bringen, um in den Siegeldschungel Struktur reinzubringen.

Was werden diese neuen Anforderungen mit sich bringen? Zukünftig soll eine neue Richtlinie die Produktkennzeichnung verbessern und irreführende Umweltaussagen verbieten. Sie soll Verbraucher:innen helfen, bessere Kaufentscheidungen zu treffen.

Es soll eine Liste mit unlauteren Geschäftspraktikern entstehen. Verboten werden sollen Aussagen wie „umweltfreundlich", „natürlich", „biologisch abbaubar", „klimaneutral" oder „öko", sofern diese nicht nachgewiesen werden. Auch die Verwendung von Nachhaltigkeitssiegeln soll zukünftig durch die Richtlinie reguliert werden. Darüber hinaus soll die Langlebigkeit von Produkten künftig unterstützt werden, indem Garantieinformationen deutlich sichtbar sein müssen – durch die Einführung eines einheitlichen Etiketts.

Die Richtlinie befindet sich noch im Prozess der Billigung durch den Europäischen Rat (Stand: Januar 2024). Nach der Billigung wird sie im Amtsblatt veröffentlicht. Diese Richtlinie soll mit einer weiteren neuen Richtlinie über umweltbezogene Angaben (sog. Green-Claims-Richtlinie) zusammenwirken [Europäisches Parlament, 2024].

Die Green-Claims-Richtlinie (Green Claims Directive/GCD) befindet sich ebenfalls noch im Abstimmungsprozess. Ihr Vorläufer, die „Directive on Empowering Consumers for the Green Transition" (ECGT/dt. „Stärkung der Verbraucher für den ökologischen Wandel") wurde im Januar 2024 bereits verabschiedet. Ziel ist es, klare und einheitliche Standards für die Verwendung umweltbezogener Angaben für Produkte und Dienstleistungen zu schaffen und Greenwashing zu verhindern. Beide Richtlinien umfassen Regelungen für Umweltaussagen und Umweltzeichen. Sie sollen sicherstellen, dass Verbraucher:innen vertrauenswürdige Informationen über die Umweltfreundlichkeit der Produkte erhalten, die sie kaufen.

Green Claims sind demnach umweltbezogene Aussagen, die im Werbe- oder Marketingkontext verwendet werden und den Eindruck erwecken sollen, ein Unternehmen, Produkt oder eine Dienstleistung seien umweltfreundlich. Bevor Unternehmen eine der Arten von Umweltaussagen in ihre Verbraucherinformationen aufnehmen, müssen diese Angaben künftig unabhängig überprüft und anhand von wissenschaftlichen Erkenntnissen belegt sowie sachdienlich kommuniziert werden. Außerdem sollen öffentliche Kennzeichnungssysteme nur dann zulässig sein, wenn sie auf EU-Ebene entwickelt werden (Umweltzeichen-System). Private Systeme müssen nachweisen, dass sie ambitionierter sind als die öffentlichen Systeme [Europäische Kommission 2023; EUR-Lex 2023]. Diese Richtlinie befindet sich noch im Gesetzgebungsverfahren (Stand: März 2024) [European Parliament 2024].

Beispiel: Health-Claim-Verordnung

Das Eingreifen der Gesetzgebung in die Kommunikation von besonderen Vorteilen von Produkten ist nicht neu. Bereits im Jahr 2007 verknüpfte der Gesetzgeber mit der sogenannten Health-Claim-Verordnung [Verordnung (EG) Nr. 1924/2006 – HCVO] über die Nutzung von nährwert- und gesundheitsbezogenen Angaben über Lebensmittel klar festgelegte Anforderungen, die erfüllt werden müssen. Das Ziel der Verordnung ist die Verbesserung des Verbraucherschutzes – die Verbraucher:innen vor falschen und irreführenden Aussagen im Zusammenhang mit Lebensmitteln, die auf Lebensmitteletiketten oder in der Werbung genutzt werden, zu schützen. Für die Verbraucher:innen soll ein hohes Schutzniveau vor falschen Gesundheitsversprechen zu Nahrungsergänzungsmitteln (NEM) gewährleistet und die Produktauswahl erleichtert werden. Die Verordnung klärt, wie Lebensmittel mit nährwert- und gesundheitsbezogenen Aussagen beworben werden dürfen. Sie regelt die Verwendung von Werbeaussagen, mit denen ein Lebensmittel oder dessen Wert für die Gesundheit oder Ernährung angeboten werden, und bezieht sich auf nährwert- oder gesundheitsbezogene Angaben, die der Hersteller oder Verkäufer freiwillig verwendet. Diese Aussagen müssen wahr und wissenschaftlich belegt werden. In der Verordnung ist eine Liste mit Angaben, die zulässig sind – sofern die in der Verordnung festgelegten Kriterien erfüllt sind. Wenn Lebensmittel mit solchen Angaben beworben werden, müssen sich die Verbraucher:innen darauf verlassen können, dass diese Aussagen auch wahr und zutreffend sind und durch wissenschaftliche Daten gestützt werden. Nur dann haben solche Angaben tatsächlich einen Informationswert. Beispiel für solche Angaben: „reich an Vitamin C". Für solche zulässigen Angaben gibt es eine Liste, an der sich Verantwortliche orientieren können [Verordnung (EU) Nr. 432/2012].

15.3 Bedeutung für Unternehmen

Unternehmen, die umweltbezogene Informationen kommunizieren, müssen diese künftig vor der Verwendung überprüfen. Sie müssen die Zuverlässigkeit von freiwilligen Umweltaussagen sicherstellen und transparent kommunizieren. Eine unabhängige Prüfstelle überprüft diese Aussagen und stellt im positiven Fall eine EU-weit anerkannte Bescheinigung über die Erfüllung der Anforderungen aus.

Unternehmen sollten diese neuen Regelungen nicht auf die leichte Schulter nehmen. Gemäß dem Richtlinien-Vorschlag sind Klagen durch qualifizierte Einrichtungen (z. B. Verbraucherorganisationen) zu erheben, um die Kollektivinteressen von Verbraucher:innen zu schützen. Diesen Einschränkungen bzw. diesem Aufwand stehen den Unternehmen durch die neuen Regelungen jedoch auch eine Reihe an Chancen gegenüber (Bild 15.2).

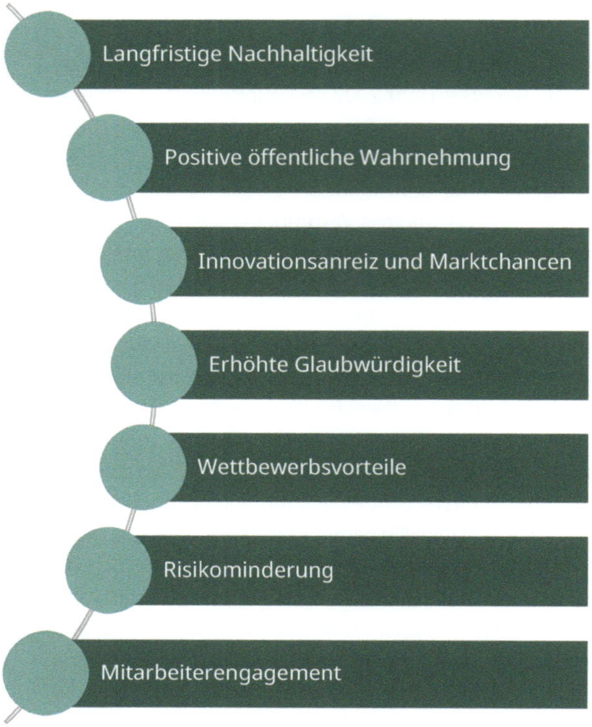

Bild 15.2 Vorteile der neuen Regulatorik für Unternehmen [in Anlehnung an Europäische Kommission, 2023b]

Obwohl sich die Richtlinien teilweise noch in Gesetzgebungsverfahren befinden, können sich Unternehmen bereits heute auf die neuen Anforderungen vorbereiten. Beispielsweise indem sie die in Bild 15.3 dargestellten acht Impulse beachten.

Siegel, Labels, Zertifikate und Werbeaussagen spielen eine entscheidende Rolle dabei, Verbraucher:innen zu schützen und die Möglichkeit zu geben, bewusste Entscheidungen zu treffen und Unternehmen zu motivieren, nachhaltigere Praktiken zu verfolgen. Die neuen Regelungen bringen auf der einen Seite Einschränkungen, auf der anderen Seite bieten sie Chancen, insbesondere für Unternehmen, welche die Umweltfreundlichkeit ihrer Produkte verbessern und sich dadurch einen Wettbewerbsvorteil verschaffen.

- Bestehende Umweltaussagen durch Wissenschaft und unabhängige Bewertung absichern
- Objektivität und Vergleichbarkeit in Vergleichen unter Produkten gewährleisten
- Ungenaue und pauschale Gesamtbewertungen entfernen
- Eigene Umweltkennzeichnungsverfahren evaluieren und standardisieren
- Transparente und validierte, bereits anerkannte Umweltzeichen bevorzugen oder auf diese umsteigen
- Ein internes Überprüfungssystem implementieren
- In Brancheninitiativen und -partnerschaften engagieren
- Nachhaltigkeitsbildung und -bewusstsein im Unternehmen fördern

Bild 15.3 Vorbereitende Schritte auf die neue Regulatorik

Praxistipp

In diesem Kapitel hast Du erfahren, wie die transparente und überprüfbare Kommunikation von Nachhaltigkeitsaspekten durch Green Claims zentrale Prinzipien des Qualitätsmanagements wie Glaubwürdigkeit und Konsistenz unterstützt. Du hast gesehen, dass eine klare und ehrliche Kommunikation nicht nur das Vertrauen der Verbraucher:innen stärkt, sondern auch die nachhaltige Unternehmensführung und die Einhaltung gesetzlicher Vorgaben im QM fördert.

Literatur

COM/2023/166 final: *https://eur-lex.europa.eu/legal-content/EN/TXT/?uri=COM%3A2023%3A0166%3AFIN*, aufgerufen am 31. 03. 2024

EUR-Lex (2023): *Proposal for a directive of the European Parliament and of the council on substantiation and communication of explicit environmental claims* (Green Claims Directive)

Europäische Kommission (2023a), Pressemittelung vom 22. März 2023: „Gegen ‚Greenwashing': Kommission pocht auf verlässlichere Umweltangaben für Produkte und Dienstleistungen", *https://germany.representation.ec.europa.eu/news/gegen-greenwashing-kommission-pocht-auf-verlasslichere-umweltangaben-fur-produkte-und-2023-03-22_de*, aufgerufen am 31. 03. 2024

Europäische Kommission (2023b): „Factsheet on Green Claim", *https://ec.europa.eu/commission/presscorner/api/files/attachment/874815/Factsheet%20on%20Green%20Claims_DE.pdf.pdf*, aufgerufen am 31. 03. 2024

Europäisches Parlament (2024), Pressemitteilung vom 17. 01. 2024: „Parlament nimmt Verbot von Grünfärberei und irreführender Produktinformation an", *https://www.europarl.europa.eu/news/de/press-room/20240112IPR16772/parlament-nimmt-verbot-von-grunfarberei-und-irrefuhrender-produktinformation-an#:~:text=Die%20neuen%20Vorschriften%20sollen%20vor,sofern%20diese%20nicht%20nachgewiesen%20werden*, aufgerufen am 31. 03. 2024

European Commission (2020): „Environmental claims in the EU. Inventory and reliability assessment. Final Report", *https://www.qualenergia.it/wp-content/uploads/2023/01/Envclaims_inventory_2020_final_publi.pdf*, aufgerufen am 31. 03. 2024

European Parliament (2024): „Green Claims directive. Briefing EU Legislation in Progress", *https://www.europarl.europa.eu/RegData/etudes/BRIE/2023/753958/EPRS_BRI(2023)753958_EN.pdf*, aufgerufen am 31. 03. 2024

Label-Online (2024): „LABEL-ONLINE – Informationen zu Güte- und Umwelt-Siegel, Label- und Siegel-Bewertung", *https://label-online.de*, aufgerufen am 31. 03. 2024

Revermann, Maria (2021): „Siegel und Labels zu Bio und Nachhaltigkeit – was steckt dahinter?", in: *Ernährungsumschau* 12/2021, S. M712 – M719.

Verordnung (EG) Nr. 1924/2006 des Europäischen Parlaments und des Rates vom 20. Dezember 2006 über nährwert- und gesundheitsbezogene Angaben über Lebensmittel, https://eur-lex.europa.eu/legal-content/DE/ALL/?uri=CELEX%3A32006R1924, aufgerufen am 31. 03. 2024

Verordnung (EU) Nr. 432/2012 der Kommission vom 16. Mai 2012 zur Festlegung einer Liste zulässiger anderer gesundheitsbezogener Angaben über Lebensmittel als Angaben über die Reduzierung eines Krankheitsrisikos sowie die Entwicklung und die Gesundheit von Kindern, Text von Bedeutung für den EWR, https://eur-lex.europa.eu/legal-content/DE/TXT/?qid=1454323459180&uri=CELEX:32012R0432, aufgerufen am 31. 03. 2024

Entsorgung

Rückführung

16 Enkeltauglich – Blick in die Zukunft

Wilhelm Floer

Der Begriff „Enkeltauglich“ wird häufig als Synonym verwendet, wenn wir Menschen einen Blick in die Zukunft werfen. Dabei setzen wir uns kritisch mit der aktuellen Situation auseinander und prognostizieren die Entwicklung, sowohl im ökologischen, ökonomischen als auch im sozialen Bereich. Der Begriff „Enkeltauglich“ lässt ein Bild entstehen, welches uns auffordert, für unsere Enkelkinder etwas zu tun, um eine bessere, lebenswerte Grundlage zu schaffen.

Unabhängig von der gesellschaftlichen Stellung und der beruflichen Position ist es für jede:n von uns unverzichtbar, sich mit dem Thema auseinanderzusetzen und zu handeln. Wollen wir für die nachfolgenden Generationen die Lebensgrundlage erhalten und die Belastungsgrenzen unseres Ökosystems nicht weiter strapazieren, dann besteht dringender Handlungsbedarf.

Nachfolgend zwei unterschiedliche Perspektiven zum Thema „Enkeltauglichkeit“. Generative Künstliche Intelligenz KI ist in aller Munde und für viele von uns wegweisend für die Zukunft. Was empfiehlt uns KI zu tun? Darüber hinaus, was sagen unsere Enkelkinder? Lassen wir die Betroffenen zu Wort kommen.

Die beiden Perspektiven sollen Dir Anregungen geben, über Deinen persönlichen Beitrag für die zukünftigen Generationen nachzudenken und zu handeln.

Erstelle Dein individuelles Bild „Mein Beitrag zur Enkeltauglichkeit und für die zukünftigen Generationen“. Noch ist die Seite des Abschnitts 16.3 leer.

Bist Du hier angekommen, halte inne für einige Minuten. Mach Dir Gedanken, was Du persönlich ändern kannst, um Deinen Enkelkindern eine lebenswerte Zukunft zu ermöglichen und die planetaren Grenzen einzuhalten. Hier ist Platz für Deine Notizen und Deine Handlungsfelder.

Jeder, auch nur der kleinste, Beitrag zählt, ob im privaten oder im beruflichen Umfeld. Lass Dich inspirieren, bleib informiert, frag Deine Enkelkinder, unternimm etwas.

16.1 Was sagt die Künstliche Intelligenz zu Enkeltauglichkeit?

KI wird schon heute im Alltag vielfach genutzt, teilweise ohne dass wir uns dessen bewusst sind. Sei es bei der Spracheingabe (z. B. Alexa, Siri, Google Assistant etc.) oder bei der Bilderkennung (z. B. in der Medizintechnik zur Diagnostik und Analyse von Aufnahmen). Auch in der Qualitätssicherung und im Qualitätsmanagement gibt es bereits einige Anwendungen. Häufig zu finden beispielsweise bei der automatisierten 100 %-Qualitätsprüfung sowie bei der grafischen Auswertung. Weitere Beispiele: die automatische Erstellung von Auditberichten, Prüfberichten etc. basierend auf Notizen.

Der Versuch, generative KI für eine erste Perspektive zum Begriff „Enkeltauglich" zu nutzen, ist naheliegend. Darum wurde der Gedanke hier aufgegriffen und folgende Frage: „Wie kann man Enkeltauglichkeit im privaten und beruflichen Umfeld fördern?" an drei Systeme (ChatGPT, Perplexity und Microsoft Copilot) gestellt.

16.1.1 ChatGPT 3.5

Die Förderung von Enkeltauglichkeit, also das Handeln und Entscheiden mit Blick auf die Bedürfnisse kommender Generationen, ist sowohl im privaten als auch im beruflichen Umfeld von großer Bedeutung. Hier sind einige Ansätze, wie man dies erreichen kann:

- Bewusstsein schaffen: Informiere dich selbst und andere über die langfristigen Auswirkungen unseres Handelns auf die Umwelt, die Gesellschaft und kommende Generationen. Dies kann durch Weiterbildung, Diskussionen und die Teilnahme an entsprechenden Veranstaltungen geschehen.
- Nachhaltige Lebensweise: Im privaten Umfeld können wir Enkeltauglichkeit durch den bewussten Umgang mit Ressourcen fördern. Das umfasst die Reduzierung des Energieverbrauchs, die Nutzung erneuerbarer Energien, die Vermeidung von Einwegprodukten, die Förderung von Recycling und Upcycling sowie den Kauf von umweltfreundlichen Produkten.
- Langfristige Planung: Im beruflichen Kontext kann die Förderung von Enkeltauglichkeit bedeuten, langfristige Unternehmensziele zu setzen, die ökologische, soziale und ökonomische Nachhaltigkeit berücksichtigen. Dies kann die Umstellung auf umweltfreundliche Produktionsmethoden, die Förderung von Mitarbeiter*innenwohl und die Integration sozialer Verantwortung in die Unternehmenskultur umfassen.
- Kollaboration und Partnerschaften: Zusammenarbeit mit anderen Organisationen, Regierungen und der Zivilgesellschaft ist entscheidend, um Enkeltauglichkeit

zu fördern. Durch Partnerschaften können Ressourcen gebündelt und gemeinsame Lösungen für komplexe Herausforderungen entwickelt werden.

- Politische Teilnahme: Engagiere Dich für politische Maßnahmen, die langfristige Nachhaltigkeit fördern, wie z. B. Gesetze zur Reduzierung von Treibhausgasemissionen, Förderung erneuerbarer Energien und Schutz natürlicher Ressourcen.
- Bildung und Erziehung: Die Förderung von Enkeltauglichkeit beginnt in der Kindheit. Bildungseinrichtungen können dazu beitragen, ein Bewusstsein für Umwelt- und Nachhaltigkeitsfragen zu schaffen und junge Menschen zu ermächtigen, Veränderungen herbeizuführen.
- Innovation und Technologie: Investitionen in Forschung und Entwicklung von nachhaltigen Technologien und innovativen Lösungen können dazu beitragen, die Lebensqualität zukünftiger Generationen zu verbessern und gleichzeitig Umweltbelastungen zu reduzieren.

Durch eine Kombination dieser Ansätze können wir Enkeltauglichkeit im privaten und beruflichen Umfeld fördern und dazu beitragen, eine lebenswerte Zukunft für kommende Generationen zu sichern.

Aufgerufen am 22. 04. 2024

16.1.2 Perplexity

Es gibt verschiedene Möglichkeiten, Enkeltauglichkeit im privaten und beruflichen Umfeld zu fördern:

Im privaten Bereich:

- Nachhaltiger Konsum durch bewusste Kaufentscheidungen (regional, saisonal, Bio-Produkte etc.)[2]
- Reduzierung des ökologischen Fußabdrucks durch Änderung des Mobilitätsverhaltens (Fahrrad, ÖPNV statt Auto)[1]
- Energiesparmaßnahmen im Haushalt (effiziente Geräte, Dämmung etc.)
- Unterstützung von Umweltinitiativen durch Spenden oder Mitgliedschaften[2]

Im beruflichen Umfeld:

- Einführung eines betrieblichen Umweltmanagementsystems zur Ressourcenschonung[4]
- Angebot von Dienstfahrrädern oder E-Bikes statt Dienstwagen[5]
- Förderung von Fahrgemeinschaften unter Mitarbeitern[5]
- Kompensation des CO2-Fußabdrucks der Mitarbeiter (z. B. durch Zertifikate)[1]

- Sensibilisierung und Aufklärung der Mitarbeiter zu Nachhaltigkeitsthemen[1/4]
- Einbindung der Mitarbeiter in Nachhaltigkeitsinitiativen des Unternehmens[3]

Der Schlüssel liegt in der Kombination von Verhaltensänderungen im Privat- und Arbeitsleben sowie der Förderung nachhaltiger Strukturen in Unternehmen und Kommunen.[1/2/4/5]

[1] *https://www.noz.de/sport/vfl-osnabrueck/artikel/vfl-osnabrueck-nach-kritik-kein-steak-esser-muss-strafe-zahlen-45742938*

[2] *https://www.wissenschaftsplattform-klimaschutz.de/files/WPKS_Studie-Resonanz faehigkeit.pdf*

[3] *https://www.netzwerk-buergerbeteiligung.de/netzwerkerinnen/*

[4] *https://www.lammsbraeu.de/hubfs/NeumarkterLammsbraeu/resources/documents/Nachhaltigkeitsberichte/Nachhaltigkeitsbericht_2020.pdf*

[5] *https://www.luechow-dannenberg.de/Portaldata/1/Resources/lk-dokumente/zeitlos/Masterplanbericht_100__KlImaschutz_in_DAN.pdf*

Aufgerufen am 22.04.2024

16.1.3 Microsoft Copilot

„Enkeltauglichkeit“ ist ein Begriff, der oft verwendet wird, um die Nachhaltigkeit und langfristige Planung in verschiedenen Aspekten des Lebens zu beschreiben. Hier sind einige Möglichkeiten, wie man Enkeltauglichkeit im privaten und beruflichen Umfeld fördern kann:

Im privaten Umfeld:

- Bildung: Erziehen Sie Ihre Kinder und Enkelkinder über die Bedeutung der Nachhaltigkeit und den Schutz unserer Umwelt.
- Nachhaltiger Lebensstil: Fördern Sie einen Lebensstil, der den Verbrauch von Ressourcen minimiert. Dies könnte den Verzicht auf Einwegprodukte, die Wiederverwendung von Gegenständen und das Recycling beinhalten.
- Energieeffizienz: Nutzen Sie energieeffiziente Geräte und erneuerbare Energiequellen in Ihrem Zuhause.

Im beruflichen Umfeld:

- Nachhaltige Geschäftspraktiken: Implementieren Sie nachhaltige Geschäftspraktiken, wie z. B. die Reduzierung von Abfall, die Nutzung erneuerbarer Energiequellen und die Minimierung des Kohlenstoff-Fußabdrucks Ihres Unternehmens.
- Mitarbeiterbildung: Bieten Sie Schulungen und Workshops an, um das Bewusstsein und das Wissen Ihrer Mitarbeiter über Nachhaltigkeit zu erhöhen.

- Gemeinschaftliches Engagement: Engagieren Sie sich in Ihrer Gemeinschaft, um Nachhaltigkeitsinitiativen zu fördern und zu unterstützen.

Indem wir diese Praktiken in unserem täglichen Leben umsetzen, können wir dazu beitragen, eine nachhaltigere und „enkeltauglichere" Welt zu schaffen.

Aufgerufen am 22. 04. 2024

16.2 Was sagen unsere Enkelkinder?

Was verbinden unsere Enkelkinder mit dem Begriff Nachhaltigkeit und was erwarten unsere Enkelkinder von ihrer Zukunft? Um Antworten auf diese Fragen zu erhalten, liegt es auf der Hand, unsere Enkelkinder zu fragen.

Hier zwei Beispiele. Gianluca Egidio Carnevale, 11 Jahre (Kasten), und Chiara Sophie Carnevale (Bild 16.1), 13 Jahre, beide aus Bremen. Beide haben sich Gedanken gemacht, wie ihre Zukunft aussieht.

Sie halten uns den Spiegel vor!

Wir müssen akzeptieren, dass unsere Enkelkinder die Ernsthaftigkeit der Lage erkannt haben. Sie befürchten, sich mit den Missständen auseinandersetzen zu müssen, die wir zu verantworten haben und bislang nicht beseitigen konnten. Um nur einige aufzuzählen, hierzu gehören Themen wie der Klimawandel, die Luftverschmutzung, der Müll und die Überbevölkerung.

- Was erwarten sie, wenn sie so alt wie ihre Eltern oder Großeltern sind und eine eigene Familie haben?
- Wie gestaltet sich das Zusammenleben in der Familie und in der Öffentlichkeit?
- Wie sieht es mit der Umwelt aus?
- Wie gestalten sich die wirtschaftlichen Abläufe?

Gedanken zum Thema Nachhaltigkeit, von Gianluca Egidio Carnevale

Zusammenleben

Kinder lernen mit den Medien (z. B. mit 3D-Brillen, automatischer Spracheingabe etc.), weil es nicht so anstrengend ist. Schule, so wie heute, wird es nicht mehr geben. Stattdessen Online-Unterricht.

In der Öffentlichkeit unterstützen Roboter die Menschen, z. B. im Restaurant bei der Bedienung.

Menschen, die es sich leisten können, haben einen Roboter. Die helfen den Menschen wie Diener, z. B. beim Geschirr spülen, Wäsche waschen, Hemden bügeln, Rasen mähen, Fenster putzen etc.

Die Menschen bleiben immer zu Hause, außer bei Veranstaltungen (z. B. Freimarkt oder Osterwiese).

Bei Krankheiten kommt der Arzt nach Hause.

Umwelt

Das Wetter in Bremen wird sehr warm und feucht sein aufgrund des Klimawandels. Vergleichbar mit dem Wetter in den Tropen.

Es gibt deutlich weniger Verpackungen wie heute. Doppelverpackungen sind z. B. verboten. Aber es gibt immer noch viele Müllprobleme, weil zwischen den Jahren 2000 und 2020 nicht auf Müll geachtet wurde. Viele Sachen sind aus Recyclingmaterial. Man will Müll vermeiden und es steht nicht genügend Material zur Verfügung.

Viele Tiere (z. B. Hasen, Gänse, Vögel etc.) werden in großen Gebieten eingezäunt, damit sie geschützter sind und nicht ausgerottet werden.

Es wird nur noch wenig Wälder geben, weil viele Bäume abgeholzt wurden oder Tiere oder Insekten sie vernichtet haben.

Wirtschaft

Es gibt nur noch E-Autos, E-Bikes und E-Motorräder für die Fortbewegung. E-Lkws transportieren die Waren und fahren, wie in Ketten, hintereinander. Es gibt keine Flugzeuge und Schiffe für den eigenen Bedarf wegen der Verschmutzungen (z. B. Öl und Treibstoffe).

Fliegen werde ich nicht mehr so häufig, aufgrund der Verschmutzungen.

Ich werde viel online bezahlen oder mit Karte. Es wird nur noch ganz wenig Bargeld benötigt.

Viele Menschen lassen das Geld für sich arbeiten (z. B. mit Bitcoins und Kryptowährungen).

Einkaufen werde ich nur online und Drohnen werden den Einkauf anliefern.

Bild 16.1 Nachhaltigkeit oder eher nicht? von Chiara Sophie Carnevale

Nachhaltigkeit oder eher nicht? Texte aus Bild 16.1

Wenn man immer neue Häuser baut, (1) wird viel Abgas in die Luft gepumpt, z. B. durch die vielen Fahrzeuge.

Wenn man aber neben die vorhandenen Häuser was anbaut, (2) müssen keine neuen Fahrzeuge kommen, um einen neuen Grundsatz zu bauen.

Wenn die Ozonschicht so kaputt ist, können die Generationen nach uns nur noch überdacht oder drinnen spielen (3).

Achten wir jetzt aber auf die Ozonschicht und leben nachhaltig, so können die Generationen nach uns normal spielen (4).

Nachhaltigkeit

Klima sollte prima sein, doch durch unseren Besitz wird es nur noch erhitzt.

Wenn wir die Nachhaltigkeit nicht beachten, können WIR betrachten, wie der Müll wächst.

Wenn wir allerdings nachhaltig leben, pflegen wir unser Umgeben.

Das Fazit ist: Lebt wie ihr wollt, aber achtet auf die Natur.

Und wenn nicht: Guckt, was das Karma mit euch macht.

16.3 Mein Beitrag zur Enkeltauglichkeit und für die zukünftigen Generationen

Für persönliche Notizen

Die effektive Messng und Steuerung versteckter Abhängigkeiten zwischen Umwelt- und Finanzzielen wird entscheidend sein, um die Industrie konsequent und zügig auf zirkuläres net-zero umzustellen.
Erfolg hat drei Buchstaben: TUN (J. W. Goethe). Ich hoffe auf einen starken, gemeinsamen Impact und dass dieses Buch viele inspiriert, neue, unkonventionelle Wege in der Nachhaltigkeit zu gehen.
Nachhaltigkeit ist mehr als Qualitätsmanagement - Nutzen wir alle die Gelegenheit, um Nachhaltigkeit mitzugestalten!
Wir sind viele. Wir können es schaffen, diese Welt zu einem Ort zu machen, an dem jedes Lebewesen einen guten Platz hat.
Foto Design by AI Morph

17 Abkürzungsverzeichnis

BAFA	Bundesamt für Wirtschaft und Ausfuhrkontrolle
BEHG	Brennstoffemissionshandelsgesetz
BIP	Bruttoinlandsprodukt
BMWK	Bundesministerium für Wirtschaft und Klimaschutz
BNG	Bruttonationalglück
CCF	Corporate Carbon Footprint
CDP	Carbon Disclosure Project
CEO	Chief Executive Officer
CO_2-Footprint	CO_2-Fußabdruck
CO_2e	CO_2-Equivalent
COP	Conference of the Parties
CSDDD	Corporate Sustainability Due Diligence Directive
CSRD	Corporate Sustainability Reporting Directive
CSR-RUG	Corporate Social Reporting-Richtlinie-Umsetzungsgesetz
DNK	Deutscher Nachhaltigkeitskodex
DoE	Design of Experiments
EFQM	European Foundation Quality Management
EFRAG	European Financial Reporting Advisory Group
EMAS	Eco-Management and Audit Scheme

EMASplus	Eco-Management and Audit Scheme Plus
ESG	Environmental Social Governance
ESRS	European Sustainability Reporting Standard
GAAP	Generally Accepted Accounting Principles
GHG	Greenhouse Gas Protocol
GRI	Global Reporting Initiative
GWÖ	Gemeinwohl-Ökonomie
HS	Harmonized Structure
IDG	Inner De velopment Goals
IPCC	Intergovernmental Panel on Climate Change
ISO	Internationale Organisation für Normung
ISO 14001	Umweltmanagementsysteme – Anforderungen mit Anleitung zur Anwendung
ISO 14040	Umweltmanagement – Ökobilanz – Grundsätze und Rahmenbedingungen
ISO 14064	Treibhausgase – Teil 1: Spezifikation mit Anleitung zur quantitativen Bestimmung und Berichterstattung von Treibhausgasemissionen und Entzug von Treibhausgasen auf Organisationsebene
ISO 20400	Nachhaltiges Beschaffungswesen – Leitfaden
ISO 22301	Sicherheit und Resilienz – Business Continuity Management System – Anforderungen
ISO 26000	Leitfaden zur gesellschaftlichen Verantwortung
ISO 27001	Informationssicherheit, Cybersicherheit und Datenschutz – Informationssicherheitsmanagementsysteme – Anforderungen
ISO 30415	Personalmanagement – Diversity und Inclusion
ISO 31000	Risikomanagement – Leitlinien
ISO 37000	Anleitung für Governance von Organisationen
ISO 37002	Hinweismanagementsysteme – Leitlinien
ISO 37301	Compliance-Managementsysteme – Anforderungen mit Leitlinien zur Anwendung
ISO 45001	Management für Sicherheit und Gesundheit bei der Arbeit – Anforderungen mit Anleitung zur Anwendung

ISO 50001	Energiemanagementsysteme – Anforderungen mit Anleitung zur Anwendung
ISO 50005	Energiemanagementsysteme – Leitfaden für eine phasenweise Umsetzung
ISO 53001	Management Systems for UN Sustainable Development Goals – Requirements
ISO 9001	Qualitätsmanagementsysteme – Anforderungen
KMU	Kleine und mittlere Unternehmen
NFRD	Non-Financial Reporting Directive
OECD	Organisation for economic Co-operation and Development
OEM	Original Equipment Manufacturer
PCAF	Partnership for Carbon Accounting Financials
PCF	Product Carbon Footprint
ROI	Return on Investment
SCO	Sustainability Chief Officer
SDG	Sustainable Development Goals
SoLawi	Solidarische Landwirtschaft
TCFD	Task Force on Climate-related Financial Disclosures (TCFD)
THG	Treibhausgase
UBA	Umweltbundesamt
UGA	Umweltgutachterausschuss
WBCSD	World Business Council for Sustainable Development
WIR	World Resources Institute
ZNU	Zentrum für Nachhaltige Unternehmensführung

18 Die Autor:innen

M. Sc. **Dana Aleff** ist Geschäftsführerin der Circonomit GmbH. Sie studierte Maschinenbau an der RWTH Aachen. Parallel zum Studium begann sie mit der Forschung zu Produktionstechnik, Energietechnik, Umweltwirkungsbilanzierung am WZL Werkzeugmaschinenlabor der RWTH und am LTT Lehrstuhl für Technische Thermodynamik der RWTH.

Prof. Dr. **Linda Chalupová** ist eine renommierte Nachhaltigkeitsexpertin, Autorin und zertifizierte Aufsichtsrätin mit einer Professur für Umwelt- und Nachhaltigkeitswissenschaften an der Hochschule Fulda. Ihre Expertise in ESG, nachhaltigem Wirtschaften, Managementsystemen und Leadership sowie ihre Erfahrungen als HSEQ-Direktorin eines global agierenden Konzerns prägen ihre Arbeit. Prof. Dr. Chalupová nutzt ihre umfangreichen Kenntnisse aus verschiedenen Branchen, um Unternehmen strategisch zu Nachhaltigkeitsstrategien und Berichterstattung zu beraten. Sie publiziert Beiträge für breites sowie Fachpublikum. Engagiert in zahlreichen Fachverbänden, Vorständen und Gremien (u. a. AdAR, DGQ, DIN, ISO, DFK, DGE, Nachhaltigkeitsausschuss der IHK), teilt sie als gefragte Keynote-Speakerin und Gutachterin ihr Wissen mit dem Ziel, Wissenschaft und Praxis für effektive Lösungen in der nachhaltigen Entwicklung zu vereinen.

Dr. **Wilhelm Floer** hat als promovierter Maschinenbauingenieur und Qualitätsmanagement-Experte zahlreiche praktische Erfahrungen im Rahmen von Audits gesammelt. Er war über zehn Jahre im QM-Bereich Automotive in den unterschiedlichsten Positionen bei verschiedenen Unternehmen (OEM und First Tier) tätig. Bei einem namhaften Haushaltsgerätehersteller hat er sich unter anderem für agiles QM und als Energie- und Umweltmanagementvertreter für Nachhaltigkeitsthemen eingesetzt sowie als Co-Autor bei der Erstellung der Nachhaltigkeitsberichte mitgewirkt. Für die Deutsche Gesellschaft für Qualität (DGQ) leitet er verschiedene Trainings, berät Unternehmen aus unterschiedlichen Bereichen und ist Mitglied des Leitungsteams des DGQ Fachkreis Nachhaltigkeit. Seit Anfang 2024 steht Dr. Wilhelm Floer als Consultant für Managementsysteme und Nachhaltigkeitsthemen zur Verfügung. Er führt Trainings für verschiedene Bildungsinstitute durch und steht als Auditor für zahlreiche Regelwerke (z. B. ISO 9001, 14001, 50001, IATF16949, VDA6.3) zur Verfügung. Als Autor gibt er seine Erfahrungen in diversen Publikationen und Medien zu den Thema Nachhaltigkeit und QM weiter.

Sandra Paul ist Textilingenieurin mit Schwerpunkt technische Textilien und steht für lebendige und authentische Managementsysteme, Methoden und Visualisierungen. Sie hat 25 Jahre Erfahrung als Leiterin Qualitätsmanagement in einem produzierenden Unternehmen für Hygieneprodukte. Als Trainerin und Consultant legt sie ihren Fokus in die Begleitung von Unternehmen in Richtung einer nachhaltigen Entwicklung unter der Berücksichtigung der ESG-Kriterien. Die Einbeziehung der relevanten Stakeholder auf Augenhöhe sind für sie die Basis eines erfolgreichen und zukunftsfähigen Unternehmens.

Darüber hinaus ist sie zertifizierte Gemeinwohl-Beraterin, ASCA Social Auditorin für die Einhaltung der Menschenrechte in der Lieferkette und Mitglied des Leitungsteams Fachkreis Nachhaltigkeit bei der DGQ (Deutsche Gesellschaft für Qualität).

Mit Visual Plot zeichnet sie wertebasierte Zukunftsbilder für Unternehmen und Organisationen, visualisiert Strategie- und Visionsmeetings, übersetzt Modelle in die Bildsprache und bietet Flipchart-Kurse für Anfänger:innen und Fortgeschrittene an.

Index

A

B

C

W

Z